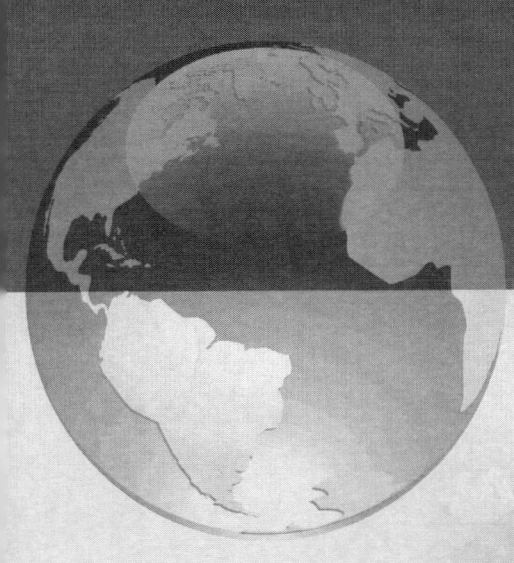

成本會計學

劉艷麗 主編

崧燁文化

前 言

　　成本會計作為會計學的一個重要分支，在整個會計體系中佔有十分重要的地位，但作為一門獨立的學科，它又有自身特有的理論和方法體系。
理書的主要內容及其特點有：

　　第一，根據最新的企業會計準則編寫。

　　第二，較為全面、深入地闡述了成本的含義，成本會計的對象、環節，成本會計的組織形式、核算程序等基本理論問題，這對於全面認識成本會計的內容和作用，把握成本會計的課程核心是非常重要的。

　　第三，根據現行會計準則和會計制度，以工業企業為例，對產品製造成本的核算方法進行了較為全面、系統的闡述，特別是對工業企業產品成本的品種法、分批法、分步法、分類法和定額法等基本方法，從其基本特點、判斷程序、計算方法、適用範圍等方面，均作了較為詳盡的闡述，同時，對變動成本法、標準成本法以及作業成本法等輔助方法也作了概括的介紹。

　　第四，為了便於老師教學與學生自學，本書每章前面都列出了本章的學習目標、重要知識點、關鍵詞彙，在每章的后面都附有練習題，並在本書最后集中給出了參考答案。此外，為了增加可閱讀性和趣味性，每章開始都給出了一個案例作為本章的引導。

　　本書在編寫過程中參考了大量國內外有關著作和教材，在此一併表示衷心的感謝！由於編者水平所限，書中難免有各種不妥和紕漏，懇請讀者朋友給予批評指正。

編者

目 錄

1 緒論 …………………………………………………………………… (1)
   1.1 成本的含義及其作用 ………………………………………… (2)
   1.2 成本會計的產生及發展 ……………………………………… (4)
   1.3 成本會計的對象、職能和任務 ……………………………… (7)
   1.4 成本會計工作的組織 ………………………………………… (10)
   習題 ………………………………………………………………… (12)

2 成本核算的要求和一般程序 ………………………………………… (13)
   2.1 產品成本核算的原則 ………………………………………… (14)
   2.2 企業成本核算的要求 ………………………………………… (16)
   2.3 費用的分類 …………………………………………………… (20)
   2.4 產品成本核算的一般程序及成本核算的主要會計科目 …… (24)
   習題 ………………………………………………………………… (28)

3 要素費用在各種產品之間的分配和歸集 …………………………… (29)
   3.1 要素費用核算概述 …………………………………………… (30)
   3.2 材料費用的核算 ……………………………………………… (31)
   3.3 外購動力費用的核算 ………………………………………… (36)
   3.4 職工薪酬的核算 ……………………………………………… (37)
   3.5 折舊費用的核算 ……………………………………………… (43)
   3.6 利息稅金和其他費用的核算 ………………………………… (46)
   習題 ………………………………………………………………… (48)

4 輔助生產費用的歸集與分配 ………………………………………… (49)
   4.1 輔助生產費用的歸集 ………………………………………… (50)
   4.2 輔助生產費用的分配 ………………………………………… (52)

習題 ·· (62)

5　製造費用的歸集和分配 ·· (66)
　　5.1　製造費用的歸集 ·· (67)
　　5.2　製造費用的分配 ·· (72)
　　習題 ·· (80)

6　廢品損失和停工損失的核算 ·· (85)
　　6.1　廢品損失的歸集和分配 ·· (86)
　　6.2　停工損失的歸集和分配 ·· (92)
　　習題 ·· (96)

7　生產費用在完工產品和在產品之間的分配 ······································ (99)
　　7.1　在產品概述 ···(100)
　　7.2　在產品數量的核算 ··(101)
　　7.3　生產費用在完工產品和在產品之間的歸集及分配方法 ············(103)
　　習題 ··(115)

8　產品成本計算方法概述 ··(119)
　　8.1　生產類型的分類 ··(120)
　　8.2　生產類型和管理要求對成本計算方法的影響 ························(122)
　　8.3　產品成本的計算方法 ··(125)
　　8.4　各種產品成本計算方法的實際應用 ······································(127)
　　習題 ··(129)

9　產品成本計算的基本方法 ··(132)
　　9.1　產品成本計算的品種法 ··(133)
　　9.2　產品成本計算的分批法 ··(147)
　　9.3　產品成本計算的分步法 ··(159)

習題 ·· (182)

10　產品成本計算的輔助方法 ··· (194)
　　10.1　產品成本計算方法的分類法 ································· (195)
　　10.2　產品成本計算的定額法 ·· (200)
　　習題 ·· (212)

11　產品成本計算的擴展方法 ··· (217)
　　11.1　標準成本法 ··· (218)
　　11.2　作業成本法 ··· (226)
　　11.3　各種產品成本計算方法的實際應用 ························ (235)
　　習題 ·· (236)

12　成本報表和報表分析 ··· (245)
　　12.1　成本報表概述 ·· (246)
　　12.2　成本報表及其編製 ··· (250)
　　12.3　成本分析 ·· (257)
　　12.4　成本報表分析 ·· (265)
　　習題 ·· (277)

習題參考答案 ·· (279)

1 緒論

教學目標：

　　通過本章的學習，要求學生從理論上掌握成本的經濟實質和現實含義，以及成本在現實經濟生活中的作用；瞭解成本會計的產生和發展歷程，熟練掌握成本會計的對象和任務，並對成本會計的組織工作有所瞭解。

教學要求：

知識要點	能力要求	相關知識
成本的含義	(1) 理解成本的經濟實質； (2) 理解會計的現實含義	(1) 馬克思成本理論分析； (2) 經濟學上不同的成本概念； (3) 會計學上不同的成本概念
成本的作用	(1) 瞭解商品價值的概念； (2) 瞭解商品價格的概念	(1) 成本是補償生產耗費的價值尺度； (2) 成本是制定產品價格的重要基礎； (3) 成本是計算企業盈虧的依據； (4) 成本是企業進行決策的依據； (5) 成本是綜合反應企業工作業績的指標
成本會計的發展	(1) 瞭解成本會計的產生； (2) 瞭解成本會計的發展階段	(1) 原始的成本會計階段； (2) 近代的成本會計階段； (3) 現代的成本會計階段
成本會計的對象、任務和職能	(1) 理解成本會計的對象； (2) 理解成本會計的任務； (3) 理解成本會計的職能	(1) 成本會計的對象可以概括為：各行業企業生產經營業務的成本和期間費用。 (2) 現代成本會計的主要職能有：成本預測、成本決策、成本計劃、成本控制、成本核算、成本分析和成本考核。 (3) 成本會計的職能是對成本會計實務的高度概括和抽象
成本會計的組織工作	(1) 瞭解成本會計組織工作的原則； (2) 瞭解成本會計的組織形式	成本會計的組織工作是有效進行成本會計管理工作的重要保障

基本概念：

　　成本　成本會計　剩余價值　經濟實質　成本對象　成本核算形式　組織工作

導入案例：

由光線影業出品，徐崢首次自編、自導、自演的喜劇電影《人再囧途之泰囧》自上映以來受到觀眾的極力熱捧，被讚為「年度最好笑喜劇」，上映 5 天票房就已經突破了 3 億元，創造了華語片首周票房紀錄。上映一個月票房達到了 12 億元，觀影人次超過 3,900 萬人，成為華語片票房冠軍。自《泰囧》上映以來，電影出品公司光線傳媒的股價幾乎是瘋狂飆漲。而這部成本僅為 3,000 萬元的電影，卻成為國產片中最賺錢的電影。

1.1 成本的含義及其作用

1.1.1 成本的含義

成本是現代社會經濟生活中被廣泛使用的一個重要概念。它是商品生產發展到一定階段，人們為了比較生產中的所費與所得，並對所費進行補償，而產生的一個用價值表現的生產耗費的概念，在現代社會經濟生活中被廣泛使用。成本是商品經濟的產物，是商品經濟中的一個經濟範疇，是商品價值的主要組成部分。

對於成本的含義，應當在明確其經濟實質的基礎上，重點掌握其在會計學上的現實含義。

1. 成本的經濟實質

馬克思在《資本論》一書中，系統闡述了成本的經濟學含義。他指出：「按照資本主義方式生產的每一個商品 W 的價值，用公式來表示是 $W = C + V + M$。如果我們從這個產品價值中減去剩余價值 M，那麼，在商品剩下來的，只是一個在生產要素上耗費的資本價值 C+V 的等價物或補償價值。」「商品價值的這個部分，即補償所消耗的生產資料價格和所使用的勞動力價格的部分，只是補償商品使資本家自身耗費的東西，所以對資本家來說，這就是商品的成本價格。」[①]

以上論述，指出的只是產品成本的經濟實質，並不是泛指一切成本。馬克思一方面從耗費角度指明了產品成本的經濟實質是 C+V，由於 C+V 的價值無法計量，人們所能計量和把握的成本，實際上是 C+V 的價格即成本價格；另一方面從補償角度指明了成本是補償商品生產中資本自身消耗的東西，實際上是說明了成本對再生產的作用。也就是講產品成本是企業維持簡單再生產的補償尺度，由此可見，在一定的產品銷售量和銷售價格的條件下，產品成本水平的高低，不但制約著企業的生存，而且決定著剩余價值 M，即利潤的多少，從而制約著企業再生產擴大的可能性。馬克思對於成本的考察，既看到耗費，又重視補償，這是對成本性質完整的理解。商品生產條件下，

[①] 資本論：第 3 卷 [M]. 北京：人民出版社，1974：30.

成本是耗費和補償的對立統一，因為耗費是個別生產者的行為，而補償則是社會過程。生產中耗費要求補償和流通中能否補償是兩個不同的事情，這就迫使商品生產者不但要重視成本信息，更要重視成本管理，力求以較少的耗費尋求補償，來獲取最大限度的利潤。一般理論成本不包括生產經濟中許多特殊情況和經濟生活中若干方針政策問題以及外界客觀條件的影響。

2. 成本的現實含義

會計帳戶上規定的成本與經濟學家眼中的成本，即會計成本與經濟成本，二者在含義上存在較大差異。企業都有自己的會計帳戶，它記錄了企業在過去一段時期內生產和經營過程中的實際支出，這些支出被稱為會計成本。會計成本常被用於對以往經濟行為的審核和評價。

成本包括了產品成本、期間成本、變動成本、重置成本、沉沒成本、差別成本、機會成本等各種具體概念。一般認為，會計學意義上的各種成本概念，都屬於現實意義上的成本。會計學上成本的內涵，應該是對成本進行高度概括，能揭示出成本的本質的，不僅能用來解釋產品成本，而且能用來解釋實際工作中遇到的各種具體工作。因此，會計學上的成本含義應該是：特定的會計主體為了達到一定的目的而發生的可以用貨幣計量的代價。具體來說包括以下幾個方面的含義：第一，成本必須發生於某一特定的會計主體，以符合會計主體假設的要求。第二，成本的發生是為了達到一定的目的。如果成本的發生沒有明確的目的，則是浪費，因為生產是人類有目的的活動。第三，所發生的成本必須是可以用貨幣計量的，否則就無法進行成本的核算。成本會計也屬於會計，因此應符合會計的貨幣計量假設。

成本的內容往往要服從於管理的需要。此外，由於從事經濟活動的內容不同，成本含義也不同。隨著社會經濟的發展、企業管理要求的提高，成本概念和內涵都在不斷地發展、變化，人們所能感受到的成本範圍逐漸擴大。這標誌著人們加深了對成本的認識，使成本理論更加豐富、充實和完善，從而為成本會計適應現代企業管理的需要拓寬了新的領域。

1.1.2　成本的作用

成本在市場經濟條件下的經濟管理工作中具有十分重要的作用：

1. 成本是補償生產耗費的價值尺度

企業要維持再生產，進行持續經營的必要條件是必須補償其在生產中發生的耗費，成本就是生產耗費補償的價值尺度。企業在取得銷售收入後，必須把相當於成本的數額用於補償生產經營中發生的資金損耗，否則，就不能維持企業的簡單再生產和擴大再生產。

2. 成本是制定產品價格的重要基礎

企業在制定產品價格時，需要考慮的因素很多，既要考慮國家的價格政策、產品的市場需求狀態和消費水平等因素，更要考慮產品的耗費成本、企業的個別生產成本和產品的社會平均成本。產品價格是產品價值的貨幣表現，在現階段，人們只能通過計算成本，間接地、相對地反應和掌握產品的價值，因此，產品成本是制定產品價格

的重要基礎。

3. 成本是計算企業盈虧的依據

企業為了未來的利益，進行生產、技術和投資決策時，與備選方案相聯繫的各種形式的未來成本，是進行經營決策、選擇最優方案的重要依據。同時，產品成本也是企業確定經營損益的重要依據，只有抵補了生產經營過程中發生的耗費後，企業才有可能盈利。

4. 成本是企業進行決策的依據

企業進行正確的生產經營決策，需要考慮的因素很多，成本是主要因素之一。這是因為，在價格等因素一定的前提下，成本的高低直接影響著企業盈利的多少。而較低的成本，則可以使企業在激烈的市場競爭中處於有利地位。

5. 成本是綜合反應企業工作業績的重要指標

成本是一項綜合性的經濟指標，產品成本的高低是企業生產技術和經營管理水平的綜合反應。企業勞動生產率的高低、原材料的利用程度、固定資產的使用效率、資金運用的節約程度、生產工藝過程的合理與生產組織的協調水平、產品質量的優劣、產品產量的大小、企業定額或預算管理工作的好壞、經營管理水平的高低等都會通過成本直接或間接地體現，因此成本是衡量企業工作業績的重要標誌。

1.2　成本會計的產生及發展

成本會計是基於商品經濟條件下，為求得產品的總成本和單位成本而核算全部生產成本和費用的會計活動。現代成本會計拓寬了傳統成本會計的內涵和外延，其涉及的內容廣泛，以中國會計界目前的共識來看，現代成本會計的基本內容是：成本預測、成本決策、成本計劃、成本控制、成本核算、成本分析、成本考核、成本檢查。由於成本預測、成本決策、成本計劃、成本控制、成本核算等內容通常在管理會計和財務管理等書中有較為系統的介紹，因此本書將主要闡述的是狹義的成本會計的內容與方法，即主要是指成本核算，按照一定的程序、標準和方法，對企業發生的各種費用進行歸集和分配，計算出成本計算對象的總成本和單位成本的一系列程序和方法。

成本會計先後經歷了早期成本會計、近代成本會計、現代成本會計和戰略成本會計四個階段。成本會計的方式和理論體系，隨著發展階段的不同而有所不同。

1. 早期成本會計階段（1880—1920 年）

成本會計起源於英國。隨著英國產業革命的完成，會計人員為了滿足企業管理上的需要，起初是在會計帳簿之外，用統計的方法來計算成本。此時，成本會計出現了萌芽。后來傳入美國及其他國家後，隨著企業的生產規模的進一步擴大，市場競爭日趨激烈，生產成本越來越得到普遍的重視。早期發展階段，成本會計在實務方面取得以下進展：

一是建立了材料核算和管理辦法。如設立材料帳戶和材料卡片，標明「最高庫存量」和「最低庫存量」，以確保材料既能保證生產的需要，又可以節約使用資金；實行

材料管理的「永續盤存制」，採取領料單制度控制材料耗用量，按先進先出法計算材料耗用成本。

二是建立了工時記錄和人工成本計算方法。主要做法是對人工使用卡片記錄工作時間和完成產量；將人工成本先按部門歸集，再分配給各種產品，以便控制和準確計算人工成本。

三是確立了間接費用的分配方法。隨著工廠制度的建立，生產設備大量增加，間接費用也快速增長，在實踐中先後提出了按實際數額進行分配和按間接費用正常分配的理論。

四是利用分批成本計算法和分步成本計算法計算產品成本。根據製造業的生產工藝特點，選擇分批計算產品成本或分步驟計算產品成本。

五是出現了專門的成本會計組織。美國於 1919 年成立了全國成本會計師聯合會；同年，英國也成立了成本和管理會計師協會。這些成本會計組織成立後，對成本會計進行了一系列的研究，為奠定成本會計的理論基礎和完善成本會計方法作出了重大貢獻。

2. 近代成本會計階段（1921—1945 年）

成本會計的理論和方法在這一階段得到了進一步的完善與發展，成本會計有了以下方面的進展：

一是標準成本制度的實施。19 世紀末 20 世紀初，以泰勒為代表的「科學管理」思想，對成本會計的發展產生了深刻的影響。在此之前，沒有控制成本，發生多少算多少，生產中浪費了，只有事後計算實際計算成本時才知道。標準成本制度實施後，成本會計不僅僅是事後計算和確定產品的生產成本和銷售成本，還要事先制定成本標準，並據以控制日常生產消耗與定期分析成本。這樣，成本會計增加了「管理上的成本控制與分析」的新職能，發展成為管理成本和降低成本的手段。這標誌著成本會計已經進入了一個新階段。

二是預算制度的完善。西方國家普遍認為：控制成本最有效的辦法，除了制定標準成本外，還有預算控制，標準成本制度和預算控制是成本控制的兩大支柱。預算控制最開始採用的是固定預算方法，即根據預算期間某一業務量確定相應的預算數。但是由於產量變動使間接費用預算數和實際數無法比較，影響了預算控制的實際效果，1928 年，美國一公司的會計師和工程師根據成本與產量的關係，設計了一種彈性預算方法，分別編製固定預算和彈性預算。這就使相關費用項目的實際數與預算數更具有可比性，而且可使企業合理地控制不同屬性的費用支出，便於有效地控制成本，也利於考核經營者的工作業績。所以，彈性預算是近代成本會計的重大進步，也是節約間接費用的最好辦法。

三是成本會計的應用範圍更廣泛。在這一階段，成本會計的應用範圍從原來的工業企業擴大到各個行業，並由企業的製造部門深入應用到一個企業內部的各主要部門，特別是應用到企業經營的銷售環節。

3. 現代成本會計階段（1945—1980 年）

第二次世界大戰以後，經濟迅速發展，生產自動化程度大大提高，產品更新速度

加快；企業規模越來越大，跨國公司大量出現，市場競爭愈演愈烈。企業只進行事後、事中的成本控制已經遠遠不夠，為了適應社會經濟出現的新情況，企業不得不在生產過程之前就開始考慮降低成本，這一階段運籌學、系統工程和電子計算機等各種學科和技術，在成本會計中得到了廣泛的應用，從而使成本會計發展到了一個新階段，即成本會計發展重點由如何事中控制成本、事後計算和分析成本轉移到如何預測、決策和規劃成本，形成了新型的注重管理的經營性成本會計。成本會計的外延已經遠遠超出了成本核算的範圍。

其主要表現有：一是開展成本預測與決策。為了控制成本，現代成本運用預測理論和方法，建立起數量化的管理技術，對未來成本發展變動趨勢進行估計和測算；運用決策理論和方法，依據成本預測資料，選取最優成本方案，做出正確的成本決策。變動成本法完成了成本性態的分析，將企業產品劃分為變動成本和固定成本，對企業成本、業務量和利潤之間各變量關係進行分析，有利於企業進行成本預測。

二是實行目標成本管理。隨著目標管理理論的應用，成本會計有了新的發展。產品設計前，按照客戶所能接受的價格，確定產品售價和目標利潤，然後確定目標成本管理，使成本會計與工程技術等有機結合，有助於企業形成產品品質和功能優化、成本降低的競爭優勢。

三是實施責任成本計算。第二次世界大戰後，隨著美國企業規模的日益擴大和管理的日趨複雜，管理由集權制轉為分權制，為了加強對企業內部各級單位的業績考核，1952年美國會計學家倡導責任會計，提出建立成本中心、利潤中心和投資中心相結合的會計制度，將成本目標進一步分解為各級責任單位的責任成本，進行責任成本核算，使成本控制更為有效。

四是推行質量成本核算。隨著工業生產的發展，企業對質量管理日益重視。到20世紀60年代，質量成本概念基本形成，並確定了質量成本項目、質量成本的計算和方法，擴大了成本會計的研究領域，促使企業在提高產品質量的同時，進一步注重質量成本的分析。

五是施行作業成本管理。美國會計學家在20世紀80年代后期提出了作業成本法，即以作業為基礎的成本計算制度，施行作業成本管理。作業成本計算是一種真正具有創新意義的成本計算方法，它是適應當代高新科學技術製造環境而形成和發展起來的。

4. 戰略成本會計階段（1981年以後）

20世紀80年代，英國學者西蒙首先提出了戰略成本管理。該理論認為，電腦技術的進步、生產方式的改變、產品生命週期的縮短以及全球性競爭的加劇，大大改變了產品成本結構與市場競爭模式，成本管理的視角應由單純的生產經營過程管理和重股東財富，擴展到與顧客需求及利益直接相關的、包括產品設計和產品使用環節的產品生命週期管理，更加關注產品的顧客可察覺價值。同時要求企業更加注重內部組織管理，盡可能地消除各種增加顧客價值的內耗，以獲取市場競爭優勢。此時，戰略相關性成本管理信息已成為成本管理系統不可缺少的部分。國外學者對於戰略成本管理研究的成功，主要表現為通過成本管理來提供對戰略決策有用的成本信息。一般認為，戰略成本管理的內容包括價值鏈分析、戰略定位分析、成本動因分析等。

隨著全球競爭加劇，產業結構不斷發生變化，新的經濟環境對成本會計提供了新的發展機遇，也提出了新的挑戰，這必將促進成本會計的進一步發展和完善。

1.3 成本會計的對象、職能和任務

1.3.1 成本會計的對象

成本會計是會計的一個分支，是以成本為對象的一種專業會計。成本會計的對象，就是成本會計反應和監督的內容。由於成本會計主要是研究物質生產部門為製造產品而發生的生產成本，所以，成本會計核算和監督的具體內容就是指產品生產過程中的生產成本。

1. 工業企業成本會計的對象

企業的成本，包括產品的生產成本以及不計入產品生產成本的銷售費用、管理費用和財務費用。按照工業企業會計制度的有關規定，工業企業的銷售費用、管理費用和財務費用，與產品生產並沒有直接聯繫，按照發生的期間歸集，是直接計入當期損益的，構成了企業的期間費用，因此，工業企業成本會計的對象是產品的生產成本和期間費用。

2. 成本會計的一般對象

商品流通企業的成本，包括商品購銷成本以及不計入商品購銷成本的經營費用、管理費用和財務費用；施工企業的成本，包括工程成本以及不計入工程成本的管理費用和財務費用；旅遊、飲食服務企業的成本，包括營業成本以及不計入營業成本的營業費用、管理費用和財務費用等。

工業企業和這些行業企業的產品生產成本、工程成本、商品購銷成本和營業成本等，可以總稱為生產經營業務成本。工業企業和這些行業企業的銷售費用、經營費用、營業費用、管理費用和財務費用等，直接計入當期損益，構成了企業的期間費用。

因此，成本會計的對象可以概括為：各行業企業生產經營業務的成本和期間費用，簡稱成本、費用。成本會計實際上是成本、費用會計。

隨著成本概念的發展、變化，成本會計的對象和成本會計本身也在相應地發展、變化。

1.3.2 成本會計的職能

成本會計的職能是對成本會計實務的高度概括和抽象，是指成本會計作為一種管理經濟的活動，在生產經營過程中所能發揮的作用。由於現代成本會計與管理緊密結合，因此，它實際上包括了成本管理的各個環節。現代成本會計的主要職能有：成本預測、成本決策、成本計劃、成本控制、成本核算、成本分析和成本考核。

1. 成本預測

成本預測，是指運用一定的科學方法，依據成本的有關數據及其與各種技術經濟

因素之間的依存關係，結合企業發展狀況、前景及應採取的措施，通過一定的程序、方法和模型，對未來成本水平及其變化趨勢作出科學的估計。

通過成本預測，掌握未來的成本水平及其變動趨勢，有助於減少決策的盲目性，使經營管理者易於選擇最優方案，作出正確決策。

2. 成本決策

成本決策，是指在成本預測的基礎上，根據成本預測及有關成本資料，運用定性與定量的方法，對企業生產經營的成本方案進行計算分析，從中選擇最優方案。

成本決策貫穿於整個生產經營過程，涉及面廣，因此，在每個環節都應選擇最優的成本決策方案，這樣才能達到總體的最優。做好成本決策對於企業爭取制定成本計劃，促進企業提高經濟效益，具有十分重要的意義。

3. 成本計劃

成本計劃，是根據成本決策所確定的方案和目標，規定企業在計劃期內產品生產耗費和各種產品的成本水平，以及為相應降低成本水平而採取的具體措施。

成本計劃屬於成本的事前管理，是企業生產經營管理的重要組成部分。成本計劃執行的過程，也是進行成本控制的過程。通過對成本的計劃與控制，分析實際成本與計劃成本之間的差異，指出有待加強控制和改進的領域，達到評價有關部門的業績，增產節約，從而促進企業發展的目的，做好成本計劃對企業的經營管理有重要的意義。

4. 成本控制

成本控制，是企業在生產經營過程中，根據一定時期預先建立的成本管理目標，將實際發生的費用嚴格控制在限額標準之內，對各種影響成本的因素和條件採取的一系列預防和調節措施，以保證成本管理目標實現的管理行為。

成本控制是成本管理的一部分，其對象是成本發生的過程，包括設計過程、採購過程、生產和服務提供過程、銷售過程、物流過程、售後服務過程、管理過程、后勤保障過程等所發生的成本控制。成本控制的結果應能使被控制的成本達到規定的要求。為使成本控制達到規定的、預期的成本要求，就必須採取適宜的和有效的措施。

開展成本控制活動的目的就是防止資源的浪費，使成本降到盡可能低的水平，並保持已降低的成本水平。進行成本控制，有利於實現預期的成本目標和不斷降低成本。

5. 成本核算

成本核算，是指將企業在生產經營過程中發生的各種成本費用，按照一定的程序，採取一定的方法，進行分配和歸集，以計算出各成本對象所應負擔的總成本和單位成本。

成本核算通常以會計核算為基礎，以貨幣為計算單位。成本核算是成本管理的重要組成部分，對於企業的成本預測和企業的經營決策等存在直接影響。通過成本核算，不僅可以考核和分析成本計劃的執行情況，發現企業生產經營中存在的問題，還可以為制定產品價格提供依據。

6. 成本分析

成本分析，是利用成本核算及其他有關資料，全面分析成本水平及其構成的變動情況，研究影響成本變動的各種因素和原因，尋找降低成本的途徑的分析方法。

成本分析是成本管理的重要組成部分，其作用是正確評價企業成本計劃的執行結果，揭示成本升降變動的原因，為編製成本計劃和制定經營決策提供重要依據。

7. 成本考核

成本考核，是指將一定時期的成本、成本效益的各項實際完成指標同計劃指標、定額指標和預算指標進行對比，評價企業成本管理工作的成績及存在問題的一項工作。

成本考核的作用是，評價各責任中心特別是成本中心業績，促使各責任中心對所控制的成本承擔責任，並借以控制和降低各種產品的生產成本。

在成本會計的各個職能中，成本核算是最基本的職能，沒有成本核算就沒有成本會計。成本會計的各個職能是相互聯繫、互為條件的，並貫穿於企業生產經營活動的全過程，在全過程中發揮作用。

1.3.3 成本會計的任務

成本會計作為一項綜合性很強的價值管理工作，應該在企業的成本管理工作中發揮主導作用。成本會計的中心任務或目標是：降低成本、費用，改進生產經營管理，爭取企業生產經營效益的最優化。根據企業經營管理的要求，結合成本會計對象的特點，成本會計的具體任務包括以下幾個方面：

一是根據成本決策，制定企業的目標成本，編製成本計劃，作為企業降低成本和費用的努力方向，作為成本控制、分析和考核的依據。

目標成本是企業在一定時期為保證實現目標利潤而制定的成本控制指標，制定的正確與否，直接影響著成本控制的有效性。因此，目標成本的確定，必須以企業可靠的數據資料為依據，必須切實可行，既能激發職工的工作積極性，又是經過主觀努力可以實現的。這樣制定出的目標成本才能起到控制成本的作用。

二是根據成本計劃、相應的消耗定額和有關的法規制度，促使企業執行成本計劃，控制各項成本費用，積極尋求降低成本的途徑和方法。

企業作為自主經營、自負盈虧的商品生產者和經營者，在追求經濟利益最大化的動力驅使下，務必會以節約增產為原則，重視經濟核算，不斷提高企業的經濟效益。成本會計負擔著極為重要的任務，在遵守國家有關成本費用開支範圍和標準的前提下，按照企業的有關規定、計劃和預算，嚴格控制各項費用的開支，監督企業內部各單位嚴格按照計劃、預算和規定辦事，並積極探求降低成本的各種方法和途徑，促進企業經濟效益不斷提高。

三是正確、及時地進行成本核算，反應成本計劃的執行情況，為企業生產經營決策提供成本信息。

按照國家相關法律法規和制度的要求，出於企業經營管理的需要，及時、正確地進行成本核算，提供真實、有用的成本信息，這是成本會計的基本任務。在成本管理中，對各項費用的監督與控制主要是在成本核算過程中，利用有關核算資料進行的。成本的各項任務也是以成本核算所提供的成本信息為基本依據的。

四是分析和考核各項消耗定額和成本計劃的執行情況和結果，通過成本考核和分析，檢查企業成本計劃的完成情況，促使企業改進生產經營管理，挖掘降低成本、費

用的潛力，提高經濟效益。

在成本管理工作中，要認真、全面地開展成本分析工作。因為成本是一個綜合性很強的經濟指標，其計劃的完成情況是諸多因素共同作用的結果。通過成本分析，揭示影響成本升降的各種因素及影響程度，以便正確評價企業及企業內部各有關單位在成本管理工作中的業績和企業成本管理工作中存在的問題，從而改進企業成本管理工作，提高其經濟效益。

1.4 成本會計工作的組織

為了有效進行成本會計工作，充分發揮其職能作用，企業必須加強成本會計工作的組織。科學的成本會計工作的組織，主要包括建立健全成本會計機構、配備必要的成本會計人員、制定和推行合理的內部成本會計制度等幾個方面的內容。

1.4.1 成本會計工作組織的原則

要做好成本會計的組織工作，企業應根據本單位生產經營活動的特點、生產規模的大小和成本管理的要求等具體情況來組織成本會計工作。具體來說，必須遵循以下幾項主要的原則：

1. 成本會計工作要實現經濟與技術相結合

成本是一項綜合性的經濟指標，它受多種因素的影響。其中產品的設計與加工工藝等技術是否先進、在經濟上是否合理，對產品成本的高低有著決定性的影響。在傳統的成本會計工作中，會計部門多注重產品加工中的耗費，而對產品的設計、加工工藝、質量、性能等與產品成本之間的聯繫則考慮較少，甚至有的成本會計人員不懂基本的工藝技術問題。

這種成本會計工作與技術工作的脫節，使得企業在降低產品成本方面受到很大限制。因此，為了在提高產品質量的同時不斷地降低成本，提高企業經濟效益，在成本會計工作的組織上應貫徹與技術相結合的原則。不僅要求工程技術人員要懂得相關的成本知識，樹立成本意識，而且成本會計人員也必須改變傳統的知識結構，具備與正確進行成本預測、參與經營決策相適應的生產技術方面的知識。只有這樣，才能在成本管理上實現經濟與技術的結合，才能使成本會計工作真正發揮其應有的作用。

2. 成本會計工作必須與經濟責任制相結合

實行成本管理上的經濟責任制是降低成本的一條重要途徑。由於成本會計工作是一項綜合性的價值管理工作，涉及面寬、信息靈，因此，企業應充分發揮成本會計的優勢，將其與成本管理上的經濟責任制有機地結合起來，這樣可以使成本管理工作收到更好的效果。例如，為了配合成本分級歸口管理，不僅要搞好廠一級的成本會計工作，而且應該完善各車間的成本會計工作，使之能進行車間成本的核算和分析，並指導和監督班組的日常成本管理，從而使成本會計工作滲透到企業生產經營過程的各個環節，更好地發揮其在成本管理經濟責任制中的作用。

3. 成本會計工作必須建立在廣泛的群眾基礎之上

降低成本、費用，改進生產經營管理，爭取企業生產經營效益的最優化，是成本會計的中心任務或目標。各種耗費是在生產經營的各個環節中發生的，成本的高低取決於各科室、車間、班組和職工的工作質量。同時，各級、各部門的職工群眾最熟悉生產經營情況，最瞭解哪裡有浪費現象、哪裡有節約的潛力，因此，要加強成本管理，實現降低成本的目標，就不能僅靠幾個專業人員，而必須充分調動廣大群眾在成本管理上的積極性和創造性。為此，成本會計人員還必須做好成本管理方面的宣傳工作，經常深入實際，與廣大職工群眾建立起經常性的聯繫，瞭解生產經營過程中的具體情況，並吸收廣大群眾參加成本管理工作，增強廣大職工群眾的成本意識和參與意識，以便互通信息，掌握第一手資料，從而把成本會計工作建立在廣泛的群眾基礎之上。

1.4.2 成本會計工作的組織

1. 設置成本會計機構

成本會計機構是處理成本會計工作的職能單位。在專設的會計機構中是單獨設置成本會計科、室或組等，還是只配備成本核算人員來專門處理成本會計工作，這是根據企業規模和成本管理要求來考慮和選擇的。

2. 配備必需的成本會計人員

成本會計人員是指在會計機構或專設成本會計機構中所配備的成本工作人員，對企業日常的成本工作進行處理。諸如成本計劃、費用預算、成本預測、決策、實際成本計算和成本分析、考核等。成本核算是企業核算工作的核心，成本指標是企業一切工作質量的綜合表現，為了保證成本信息質量，對成本會計人員業務素質要求比較高。要求從業人員不僅會計知識面廣，有較好的成本理論和實踐基礎，同時還需熟悉企業生產經營的流程（工藝過程）。當然，還必須具備刻苦勤奮的基本素質和良好的職業道德。

3. 確定成本會計工作的組織原則和組織形式

任何工作的組織都必須遵循一定的原則，成本會計工作也不例外，它的組織原則如前所述，主要有：①成本會計工作必須與經濟和技術相結合；②成本會計工作必須與經濟責任制相結合；③成本會計工作必須建立在廣泛的群眾基礎之上。

成本會計工作的組織形式，主要是從方便成本工作的開展和及時準確地提供成本信息的需要，而按成本要素劃分為材料成本、人工成本和間接費用成本組織核算。

4. 制定成本會計制度

成本會計制度是指對進行成本會計工作所作的規定。它的內涵與外延隨著經濟環境的變化在不斷發展變化。在商品經濟條件下，現代企業的成本會計制度內容包括成本預測、決策、規劃、控制、計算、分析和考核等所作出的有關規定，指導著成本會計工作的全過程，這也被稱作廣義的成本會計制度。

具體的成本會計制度有：關於成本預測、決策制度；關於計劃（或標準成本）成本編製的制度；關於成本核算制度；關於成本控制制度；關於成本分析、考核制度等。

本章小結

　　現實生活中，成本包括了產品成本、期間成本、變動成本等各種具體概念。一般認為，會計學意義上的各種成本概念，都屬於現實意義上的成本。會計學會計成本常被用於對以往經濟行為的審核和評價，即特定的會計主體為了達到一定的目的而發生的可以用貨幣計量的代價。

　　成本會計是基於商品經濟條件下，為求得產品的總成本和單位成本而核算全部生產成本和費用的會計活動。成本會計的方式和理論體系，隨著發展階段的不同而有所不同。

　　成本會計的對象，就是成本會計所反應和監督的內容。成本會計的職能，是指成本會計作為一種管理經濟的活動，在生產經營過程中所能發揮的作用，幫助企業降低成本、費用，改進生產經營管理，提高經營效益。要做好成本會計的組織工作，企業應根據本單位生產經營活動的特點、生產規模的大小和成本管理的要求等具體情況來組織成本會計工作。

習題

1. 成本的經濟實質是什麼？會計學意義上的成本含義是什麼？
2. 成本的作用表現在幾個方面？
3. 工業企業的成本會計對象主要包括哪些內容？
4. 成本會計的基本職能是什麼？還有哪些其他職能？
5. 在瞭解成本會計的形成與發展過程中，你受到哪些啟發？

2 成本核算的要求和一般程序

教學目標：

　　通過本章的學習，要求學生能夠理解成本核算的各項原則；掌握企業成本核算的各項要求、成本核算的一般程序並能正確把握各項成本費用的分類。

教學要求：

知識要點	能力要求	相關知識
產品成本核算的原則	理解成本核算的各項原則	(1) 可靠性原則； (2) 分期核算原則； (3) 配比原則； (4) 按歷史成本計價原則； (5) 一貫性原則； (6) 重要性原則； (7) 權責發生制原則
成本核算的要求	掌握企業成本核算的各項要求	(1) 核算應與管理相結合，滿足管理的要求； (2) 正確劃分各種費用界限； (3) 正確確定財產物資計價和價值結轉的方法； (4) 做好各項基礎工作； (5) 採取適當的方法計算產品成本
費用的分類	正確把握各成本費用的分類	(1) 成本費用按經濟內容的分類； (2) 成本費用按經濟用途的分類
成本核算的一般程序及主要的會計科目	理解並掌握成本核算的一般程序	(1) 確定成本計算對象，設置成本明細帳； (2) 正確歸集和分配各項生產費用； (3) 歸集分配輔助生產費用、製造費用等； (4) 將廢品損失計入產品成本； (5) 計算完工產品成本和月末在產品成本

基本概念：

　　成本核算要求　費用分類　成本核算的程序　成本會計科目

導入案例：

　　世通公司成立於 1979 年，主要從事互聯網數據傳輸、長途電話和商業通信等業務。到 2002 年 3 月底，世通公司的資產總值超過了 1,000 億美元，是安然公司的兩倍，是環球電訊公司的四倍。但如今這家特大型企業卻瀕臨破產，成為「新經濟」最受矚目的失敗案例之一。

　　2002 年 4 月，世通公司前任執行官埃伯斯被迫辭職後，新任 CEO 西奇摩爾隨即對公司財務進行了一次常規的審計，結果令世人吃驚。世通內部審計發現，自 2001 年初以來的五個季度中，世通將總額 38 億美元的營業開支計在資本項目下，如果沒有這部分違規入帳，世通 2001 年度和 2002 年第一季度應該為巨額虧損。世通公司曾經宣稱，自己 2001 年的利潤為 14 億美元，而 2002 年第一季度也營利 1.3 億美元。現在它不得不改口說，這些其實「都是假的」。6 月 26 日，世通公司虛報利潤高達 38 億美元的醜聞正式曝光，成為美國商業史上最大的一筆詐騙案。世通公司將收益性支出記在資本性支出項目名下，並不是世通公司不懂得美國的會計規則，而是明如故犯。目的只有一個：虛報利潤。這樣，不僅可以製造一片利好的假象，以獲得投資者的青睞，吸引股市，更可以提高股票價格，使公司內持有期權的管理人員直接獲得利益。虛報盈利的醜聞曝光後，無疑為風波不斷的華爾街投下了又一顆重磅炸彈，不僅炸醒了華爾街一直熱血沸騰的投資者，也炸醒了美國的政治高層。2002 年 6 月 27 日，美國財政部長保羅·奧尼爾向公眾表示：「世通公司的醜聞令人難以置信，應該對做假帳的公司管理人員提起刑事訴訟，將其投入監獄。」2002 年 7 月 21 日晚，世通公司依據美國《破產法》第十一章，正式向紐約南部地方聯邦法院遞交了破產保護申請。

　　通過該案例可以看出，正確劃分費用的界限，不僅是正確核算產品成本的基礎，同時也會間接影響企業利潤，進而可能對經濟社會也造成一定的影響。

2.1　產品成本核算的原則

　　成本核算就是按照國家統一的會計制度的要求，對產品生產經營過程中實際發生的生產費用進行歸集和分配。對於企業來說，為了提供管理上需要的資料，成本核算所提供的信息應能夠滿足企業管理者進行成本分析、成本決策和成本考核的需要；成本核算應講究質量，使提供的信息符合規定。因此，要提高成本核算的質量，就必須使成本核算符合一定的原則。成本核算必須遵守的原則主要有：

1. 可靠性原則

　　可靠性原則指的是成本核算結果所提供的成本信息與客觀的經濟事項相一致，不應摻假，或人為地提高、降低成本。另外，成本核算資料按一定原則由不同的會計人員加以計算時應該得出相同的結果，只有這樣，成本信息使用者才不至於得出錯誤的結論。

2. 分期核算的原則

成本的分期核算原則指成本會計在進行成本核算時，應將企業持續不斷的生產經營過程按會計期間分別予以計算和報告，為管理者提供及時有效的成本信息。企業的生產活動是川流不息的，企業為了取得一定期間內所生產產品的成本，必須將企業的生產活動按一定階段（月、季、年）劃分為各個時間段，這樣才能計算各期產品的成本。成本核算的分期，必須與會計年度的分期相一致，即按年、季、月劃分成本核算期，這樣有利於與財務會計配合確定企業各期的經營成果。必須指出，成本核算的分期與產品的成本計期不一定會保持一致，不論企業生產類型如何，成本核算工作，包括費用的歸集和分配，都必須按月進行。至於完工產品成本計算，它與生產類型有關，可能是定期的，也可能是不定期的。

3. 配比的原則

為了確定某一會計期間的產品銷售利潤，除需確定本期營業收入外，還應確定應由本期成本負擔的費用，將費用和相應的收入相配比。這對企業成本計算來說，就是為實現本期收入而發生應由本期成本負擔的費用，不論是否已經支付，都要計入本期成本；凡不是為實現本期收入所發生不應由本期成本負擔的費用（即已計入以前各期的成本，或應由以后各期成本負擔的費用），雖然在本期支付，也不應計入本期成本，以便正確提供各期的成本信息。

4. 按歷史成本計價的原則

歷史成本指實際成本，按歷史成本計價的原則就是成本核算應按實際成本計價。包括兩方面的內容：一是對生產所耗用的原材料、燃料、動力和折舊等費用，都要按實際成本計價。例如，原材料、燃料的明細帳如果按計劃成本計價，在計入產品成本時，需將計劃成本調整為實際成本。二是完工產品成本要按實際成本計價。即產品完工轉出時，帳面上已歸納的屬於該產品的實際成本應隨之轉出，不能多轉或少轉。這並不是說「庫存商品」帳戶不能按計劃成本（或定額成本、標準成本）計價，在採用計劃成本記帳時，實際成本與計劃成本（或定額成本、標準成本）之間的差異，應相應結轉。

5. 一貫性原則

一貫性原則，是指成本核算所採用的方法前後各期必須一致，以便各期的成本資料有統一的口徑，前后連貫。這樣，才能保證成本核算資料的可比性。它體現在各個方面，如耗用材料實際成本的計算方法、折舊的計提方法、輔助生產費用和製造費用的分配方法、在產品的計價方法等。堅持一貫性原則，並不是說對成本核算中所採用的方法就不能作必要的變動。如果變更成本核算方法是為了適應客觀環境變化的需要，是為了取得並提供更加準確、更加有用的信息，那變動是必要的，是可以的。但是，在進行這種變動時，必須在成本報表中將由於方法變動造成對成本的影響進行詳細的說明。

6. 重要性原則

重要性原則，是指對於成本有重大影響的項目，應作為重點，力求精確，而對於那些不太重要的瑣碎項目，就可以從簡處理，不必要求過嚴。例如，對於產品直接耗

用的原材料應該直接計入有關產品成本,而對於那些雖是直接耗用,但數額不大的材料,可以計入製造費用。

7. 權責發生制原則

權責發生制原則的基本內容是指,凡是應計入本期的收入和支出,無論其款項是否收到或付出,均應作為本期的收入或支出。凡不應該計入本期的收入或支出,即使款項已經收到或付出,也不應作為本期的收入或支出。在進行成本核算時,應遵循全責發生制原則,正確處理各期的預提及待攤費用,不能人為地調節成本費用,只有這樣,才能保證各期的成本費用真實可靠。

2.2　企業成本核算的要求

2.2.1　成本核算應與管理相結合,滿足管理的要求

企業成本核算應當與加強管理相結合,所提供的成本信息應當滿足經營管理和決策的需要。企業管理的主要目的就是降低成本費用,提高經濟效益。因此,成本核算與管理相結合,就是要根據企業管理的要求組織成本核算,核算要服務於管理,服從於管理。具體應做到以下兩點:

第一,成本核算不僅要對各項費用支出進行事後的核算,提供事後的成本信息,而且必須以國家有關的法規、制度和企業成本計劃和相應的消耗定額為依據,加強對各項費用支出的事前事中的審核和控制,並及時進行信息反饋。對於合法、合理、有利於發展生產提高經濟效益的開支,要積極予以支持,否則就要堅決加以抵制,確實已經無法制止的要追究責任,採取措施,防止以後再發生。對於各項費用的發生情況,以及費用脫離定額(或計劃)的差異進行日常的計算和分析,及時進行反饋。對於定額或計劃不符合實際情況的,要按規定程序予以修訂。

第二,成本計算必須正確、及時。只有成本資料的正確,才能據以考核和分析成本計劃的完成情況,才能保證國家的財政收入和企業再生產資金得到合理的補償。同時,成本計算的正確與否,衡量的標準首要看提供的核算資料能否滿足管理的需要。在成本計算中,既要防止片面的簡單化,不能滿足成本管理要求的做法,也要防止脫離成本管理要求,為算而算,搞繁瑣哲學的傾向。必須從管理要求出發,在滿足管理需要的前提下,按照重要性原則分清主次,區別對待,主要從細,次要從簡,細而有用,簡而有理,為企業的經營管理和經營決策提供必要的成本信息。為此,企業應選用既簡便又合理的成本計算方法,正確計算產品成本。

2.2.2　正確劃分各種費用的界限

企業發生的各項支出,有的可以計入產品成本,有的不能計入產品成本,有的可以計入當期的產品成本,有的不能計入當期產品成本。因此,為了正確地核算生產費用和經營管理費用,正確地計算產品實際成本和企業損益,必須正確劃分以下五個方

面的費用界限：

1. 正確劃分生產經營管理費用與非生產經營管理費用的界限

生產經營管理費用指的是企業在日常的經營管理過程中所發生的與生產經營活動直接相關的各項支出，包括應計入產品成本的各項支出以及應計入期間費用的支出。企業的經濟活動是多方面的，除了生產經營活動以外，還有其他方面的經濟活動，因而費用的用途也是多方面的，並非都應計入生產經營管理費用。例如，企業購置和建造固定資產、購買無形資產以及進行對外投資，這些經濟活動都不是企業日常的生產經營活動，其支出都屬於資本性支出，不應計入生產經營管理費用。又如企業的固定資產盤虧損失、固定資產報廢清理損失、由於自然災害等原因而發生的非常損失以及出於非正常原因發生的停工損失等，都不是由於日常的生產經營活動而發生的，也不應計入生產經營管理費用，而應該計入營業外支出。亂計和少計生產經營管理費用，都會使成本費用不實，不利於企業成本管理。亂計生產經營管理費會減少企業利潤和國家財政收入；少計生產經營管理費用則會虛增利潤，超額分配，使企業生產經營管理費用得不到應有的補償，影響企業再生產的順利進行。因此，每一個企業都應正確劃分生產經營管理費用和非生產經營管理費用的界限，遵守國家關於成本費用開支範圍的規定，防止亂計和少計生產經營管理費用的錯誤做法。

2. 正確劃分生產成本與期間費用的界限

企業的生產經營管理費用不僅包括應計入產品生產成本的各項支出，如生產產品所發生的直接材料、直接人工和製造費用等，還包括和產品沒有直接對應關係的期間費用，如企業管理部門的辦公費用、企業的業務招待費用、各種廣告費用等。在分清楚企業生產經營管理費用與非生產經營管理費用界限的基礎上，企業還必須進一步將計入生產經營性的各項支出劃分為生產成本與期間費用。因為產品成本要在產品生產完成並銷售以後才計入企業的損益，而當月投入生產的產品不一定當月產成、銷售，當月產成、銷售的產品不一定是當月投入生產的，因而本月發生的生產費用往往不是計入當月損益，從當月利潤中扣除的產品銷售成本。但是，工業企業發生的經營管理費用則作為期間費用處理，不計入產品成本，而直接計入當月損益，從當月利潤中扣除。因此，為了正確計算產品成本和期間費用，正確計算企業各月份的損益，必須正確地劃分產品生產費用和各項期間費用的界限。應當防止混淆產品生產費用與期間費用的界限，借以調節各月產品成本和各月損益的錯誤做法。

3. 正確劃分各個月份的費用界限

為了按月分析和考核產品成本和經營管理費用，正確計算各月損益，還應將應計入產品成本的生產費用和作為期間費用處理的經營管理費用，在各個月份之間進行劃分。本月發生的費用，都應在本月全部入帳，不能將其一部分延至下月入帳；也不應在月末以前提前結帳，將本月成本、費用的一部分作為下月成本、費用處理。更重要的是，應該貫徹權責發生制原則，正確地劃分各期費用的界限。本月份支付，但屬於本月及以後各月份受益的費用，應在各月間合理分攤計入成本（受益期限超過一年的費用，應記作遞延資產，在一年以上的期間內，分月攤入成本）。本月雖未支付，但本月已經受益，應由本月負擔的費用，應預提計入本月的成本。正確劃分各期的費用界

限，實質上是從時間上確定各個成本計算期的費用和產品成本，是保證成本核算正確性的重要環節。值得注意的是，應該堅決防止利用費用待攤和預提的辦法人為調節各個月份的產品成本和經營管理費用，從而人為調節各月損益的錯誤做法。產品成本，是保證成本核算正確性的重要環節。

4. 正確劃分各種產品的費用界限

無論企業的生產類型、生產規模、管理要求如何，為了正確計算生產經營損益以及加強成本管理，分析和考核各種產品或勞務的成本計劃或成本定額的執行情況，必須計算出各種產品的實際成本。因此，對本期的生產費用還應在各種產品之間劃分清楚。屬於某種產品單獨發生，能夠直接計入此種產品成本的費用，應直接計入該種產品的成本。屬於幾種產品共同發生，不能直接計入某種產品成本的，則應採用適當的分配方法，分配計入這幾種產品的成本。既要防止隨意分配費用，又要特別注意防止在盈利產品與虧損產品、可比產品與不可比產品之間任意增減生產成本，以盈補虧、掩蓋超支、虛報產品成本降低業績的錯誤做法。

5. 正確劃分完工產品與在產品的費用界限

通過以上四種費用界限的劃分，已將應計入產品成本的生產費用全部計入各種產品的生產成本。月末在計算產品成本時，如果某種產品都已完工，這種產品的各項費用之和，就是這種產品的完工產品成本。如果某種產品都未完工，這種產品的各項費用之和，就是這種產品的月末在產品成本。但是如果某種產品一部分已經完工，另一部分尚未完工，這種產品的各項生產費用，還應採用適當的分配方法（如約當產量法、定額分配法等）在完工產品與月末在產品之間進行分配，分別計算完工產品成本和月末在產品成本，以準確計算完工產品成本。

以上五個方面費用界限的劃分過程，也就是產品成本的計算和各項期間費用的歸集過程，在這一過程中，應貫徹受益原則，即誰受益誰負擔費用、何時受益何時負擔費用、負擔費用的多少應與受益程度的大小成正比，從而保證某種產品成本的核算的正確無誤。

2.2.3　正確確定財產物資的計價和價值結轉的方法

工業企業的財產物資是生產資料，它包括了固定資產和生產經營過程中所要耗費的各種存貨，其價值要隨著生產經營過程的耗費，轉移到產品成本、費用中去。這些財產物資可以認為是尚未轉移為成本、費用的價值儲存。因此，財產物資的計價和價值結轉的方法，也是影響成本費用正確性的重要因素。如固定資產的正確計價和價值結轉，應包括其原值的計算方法、折舊方法、折舊率的高低以及固定資產與低值易耗品的劃分標準。低值易耗品和包裝物，在按其取得時實際成本計價的同時，還要合理制定其攤銷方法。各種原材料應按實際採購成本計價，其價值的結轉，在材料按實際成本進行日常核算時，企業可以根據情況，對發出材料選用加權平均法、移動加權平均法、個別計價法、先進先出法等確定其實際成本；在材料按計劃成本進行日常核算時，應當按期結轉其成本差異，將計劃成本調整為實際成本。這些物資的計價及結轉方法在產品成本計算的過程中都十分重要。為了正確計算成本和費用，對於各種財產

物資的計價和價值的結轉，以及各種費用的分配，都應制定比較合理、簡便的方法。同時，為了使各企業和各期的產品成本可比，有的要在全國範圍內規定統一的方法，有的應在同行業同類型企業範圍內規定統一的方法。而方法一經確定，必須保持相對穩定，不應任意改變，要防止任意改變財產物資計價和價值結轉的方法，如任意改變固定資產折舊率以及不按規定方法和期限計算、調整材料成本差異等，其結果勢必造成人為調節成本和費用的錯誤做法。為了保證企業生產費用數據的真實、可靠，要正確計算產品成本和經營管理費用必須做好以下各項基礎工作：

1. 制定和修訂各項定額

定額是企業在正常生產條件（指設備條件和技術條件等）及相對穩定的經濟環境下，對生產的數量、質量，以及人力、物力和財力等方面所規定的應達到的數量標準。定額是編製成本計劃、分析和考核成本水平的依據，也是審核和控制成本的標準。應該根據企業當前設備條件和技術水平，充分考慮職工群眾的積極因素，制定和修訂先進而又可行的原材料、燃料、動力和工時等項消耗定額，並據以審核各項耗費是否合理、是否節約，借以控制耗費，降低成本、費用。制定和修訂產量、質量定額，是搞好生產管理、成本管理和成本核算的前提。企業的定額主要有產量定額、材料消耗定額、動力消耗定額、設施利用定額、勞動（工時）定額、各項費用定額等。這些定額的制定都應該先進、合理、切實可行，並隨著生產的發展、技術的進步、勞動生產率的提高，不斷修訂，以充分發揮其應有的作用。

2. 建立健全材料的物資計量、收發、領退和盤點制度

為了進行成本管理和成本核算，還必須對材料物資收發、領退和結存進行計量，建立和健全材料物資的計量、收發、領退和盤點制度。材料物資的收發、領退，在產品、半成品的內部轉移和產成品的入庫等，均應填製相應的憑證，經過一定的審批手續，並經過計量、驗收與交接，防止任意領發和轉移。庫存的材料、半成品和產成品以及車間的在產品和半成品，均應按照規定進行盤點、清查，防止丟失、積壓、損壞、變質和被貪污盜竊。只有這樣，才能保證帳物相符，保證計算的正確性。

3. 建立和健全原始記錄工作

原始記錄是反應生產經營活動的原始資料，是進行成本預測、編製成本計劃、執行成本核算、分析消耗定額和成本計劃執行情況的依據。只有計量沒有記錄，核算就沒有書面的憑證依據。因此，為了進行成本的核算和管理，對於生產經營過程中工時和動力的耗費、在產品和半成品的內部轉移以及產品質量的檢驗結果等，均應做出真實的記錄。原始記錄對於勞動工資、設備動力、生產技術等方面的管理，以及有關的計劃統計工作，也有重要意義。應該制定既符合各方面管理需要，又符合成本核算要求，既科學易行，又講求實效的原始記錄制度，並組織有關職工認真做好各種原始記錄的登記、傳遞、審核和保管工作，以便正確、及時地為成本核算和其他有關方面提供所需原始資料。

4. 做好廠內計劃價格的制定和修訂工作

在計劃管理基礎較好的企業中，為了分清企業內部各單位的經濟責任，便於分析和考核內部各單位成本計劃的完成情況，還應對材料、半成品和廠內各車間相互提供

的勞務（如修理、運輸等）制定廠內計劃價格，作為內部結算和考核的依據。廠內計劃價格應該盡可能接近實際並相對穩定，年度內一般不作變動。在制定了廠內計劃價格的企業中，對於材料領用、半成品轉移以及各車間、部門之間相互提供勞務，都應按計劃價格結算，月末再採用一定的方法計算和調整價格差異，據以計算實際的成本、費用。按計劃價格進行企業內部的往來結算，還可以簡化、加速成本和費用的核算工作。

2.2.4 做好各項基礎工作

要保證成本會計所提供的成本信息的質量，必須加強產品成本核算的各項基礎工作。如果基礎工作做得不好，就會影響成本計算的準確性。要做好成本核算的各項基礎工作，需要會計部門和其他各部門密切配合，共同做好這項工作。成本核算的基礎工作主要有：制定各種先進而可行的消耗定額並及時地進行修訂；完善物資的計量、收發、領退制度；建立各種原始記錄的收集整理制度；確定合適的企業內部結算價格；建立各責任單位的責任成本等。

2.2.5 根據企業的生產特點和管理要求，採取適當的方法計算產品成本

產品成本是在生產過程中形成的，產品生產組織和生產工藝特點及管理要求的不同是影響產品成本計算方法選擇的重要因素。企業生產的特點按其組織方式，有大量生產、成批生產和單件生產；按工藝過程的特點，有連續式生產和裝配式生產。企業採用何種成本計算方法，在很大程度上取決於產品生產的特點。計算產品成本是為了管理成本，管理要求不同的產品，也應該採用不同的成本計算方法。同一企業可以採用一種成本計算方法，也可以採用多種成本計算方法，即多種成本計算方法同時使用或多種成本計算方法結合使用，但是對於企業來說成本計算方法一經選定，就不應經常變動，此問題將在后面詳細講述。

2.3　費用的分類

工業企業生產經營過程中的耗費是多種多樣的，為了科學地進行成本管理，正確計算產品成本和期間費用，需要對種類繁多的費用進行合理分類。費用可以按不同的標準分類，工業企業在生產經營過程中發生的費用，最基本的分類是按生產費用的經濟內容和經濟用途進行分類。

2.3.1 費用按經濟內容的分類

一個企業為進行正常的生產經營活動，會發生很多費用。例如，首先企業為了生產產品，需要領用材料用於加工產品並構成產品實體，因此，要發生材料費用；要生產產品就必須有一定數量的生產工人來加工產品，為此要支付給工人工資，發生人工費用；為生產產品還必須有一定的設備，用於加工產品，為此，因使用設備將會發生

折舊費用；此外，生產車間為了組織產品生產，還將發生各種料費、工費和其他費用。其次，除了生產產品之外，企業在正常經營過程中，還將發生以下各項費用：公司經費、企業房屋建築物的折舊費、修理費、保險費、管理人員的工資費用、借款利息、研究開發費等。再次，企業在正常生產經營活動中會發生購建固定資產、無形資產的支出，以及對外投資支出。這些在一定時期發生的費用均是用貨幣表現的，其具體內容按照費用經濟內容可以劃分為：勞動對象消耗的費用、勞動手段消耗的費用和活勞動中必要勞動消耗的費用。前兩方面為物化勞動耗費，即物質消耗；后一方面為活勞動耗費，即非物質消耗。這三類可以被稱為製造業企業費用的三大要素。為了具體反應製造業企業各種費用的構成和水平，還可將這三大類進一步分為以下幾種費用要素：

（1）外購材料。是指企業為進行生產經營管理而耗用的從外部購入的原料及主要材料、半成品、輔助材料、修理用備件、包裝物和低值易耗品等。

（2）外購燃料。是指企業為進行生產經營管理而耗用的從外部購入的各種燃料，包括固體燃料、液體燃料、氣體燃料。

（3）外購動力。是指企業為生產耗用而從外部購進的各種動力，如外購的電力、蒸汽動力等。

（4）職工薪酬。是指企業為獲得職工提供的服務而給予各種形式的報酬以及其他相關支出。包括：職工工資、獎金、津貼和補貼；職工福利費；醫療保險費、養老保險費、失業保險費、工傷保險費和生育保險費等社會保險費；住房公積金；工會經費和職工教育經費；非貨幣性福利；因解除與職工的勞動關係給予的補償；其他與獲得職工提供的服務相關的支出等。

（5）折舊費。是指企業按照規定方法，對生產經營用固定資產計提的折舊費用。

（6）利息支出。指企業按規定計入生產費用的借款利息支出減去利息收入后的金額。

（7）稅金。是指企業按照規定計入管理費用的各種稅金，如房產稅、車船使用稅、土地使用稅、印花稅等。

（8）其他支出。是指不屬於以上各要素的費用但應計入產品成本或期間費用的費用支出，如差旅費、辦公費、租賃費、外部加工費、保險費和訴訟費等。

費用要素是一種反應費用原始形態的分類。將費用劃分為若干要素進行反應，對於企業的生產經營管理有以下作用：

（1）有助於企業瞭解在一定時期內發生了哪些費用、各要素的比重是多少，借以分析各個時期各種要素費用的結構和水平。

（2）這種分類反應了企業外購材料、燃料費用及職工工資的實際數額，可以為編製材料採購資金計劃、勞動工資計劃以及核定儲備資金定額、考核儲備資金週轉速度提供資料。

（3）這種費用的劃分，能將物化勞動的耗費明顯地從勞動耗費中劃分出來，進行單獨反應，有利於企業計算工業淨產值，並為計算國民收入提供資料。這種分類核算不足之處是不能反應各種費用的經濟用途，因而不便於分析各種費用的支出是否節約、合理。因此，對於工業企業的這些費用還必須按經濟用途進行分類。

2.3.2 費用按經濟用途的分類

企業的各種生產費用按照不同的經濟用途可以進行如下分類：首先，企業的全部費用可以劃分為用於日常生產經營的生產經營管理費用（即收益性支出）和用於其他有關方面的非生產經營管理費用（即資本性支出）。其次，生產經營管理費用按照是否用於產品生產還可以分為用於產品生產，可以計入產品成本的生產費用和用於組織、管理產品生產及銷售的日常經營管理活動的經營管理費用。最后，計入產品成本的生產費用在生產過程中的用途也各不相同。為了具體反應用於生產產品的生產費用的各種用途，可以將生產經營費用分為計入產品成本的生產費用和直接計入當期損益的期間費用兩大類。下面分別講述這兩類費用按照經濟用途的分類。

1. 計入產品成本的生產費用按經濟用途的分類

計入產品成本生產費用按經濟用途可以進一步劃分為若干項目，即產品成本項目，具體有如下內容：

（1）直接材料。指直接用於產品生產、構成產品實體的原材料、主要材料以及有助於產品形成的輔助材料。

（2）直接人工。指直接參加產品生產的工人薪酬。

（3）製造費用。指間接用於產品生產的各項費用，以及雖直接用於產品生產，但不便於直接計入產品成本，因而沒有專設成本項目的費用（如機器設備的折舊費用）。製造費用包括為組織和管理生產所發生的生產單位管理人員工資、職工福利費、生產單位房屋與機器設備等的折舊費、設備租賃費、機物料消耗、低值易耗品攤銷、取暖費、水電費、辦公費、差旅費、運輸費、保險費、設計制圖費、試驗檢驗艘、勞動保險費、季節性、修理期間的停工損失以及其他製造費用。

企業可根據生產的特點和管理要求對上述成本項目做適當調整。對於管理上需要單獨反應、控制和考核的費用，以及成本中比重較大的費用，應專設成本項目；否則，為了簡化核算，不必專設成本項目。例如，如果廢品損失在產品成本中所佔比重較大，在管理上需要對其進行重點控制和考核，則應單設「廢品損失」成本項目。又如，如果工藝上耗用的燃料和動力較多，應設置「燃料及動力」項目；如果工藝上耗用的燃料和動力不多，為了簡化核算，可將其中的工藝用燃料費用並入「原材料」成本項目，將其中的工藝用動力費用並入「製造費用」成本項目。

2. 期間費用按經濟用途的分類

工業企業的期間費用按經濟用途可分為管理費用、銷售費用和財務費用三項，各自所核算的內容如下：

（1）管理費用。是指企業為組織和管理生產經營活動所發生的各種管理費用，包括企業在籌建期間發生的開辦費、公司經費、工會經費、勞動保險費、待業保險費、董事會費、諮詢費（含顧問費）、聘請仲介機構費、審計費、訴訟費、排污費、綠化費、稅金、土地使用費、土地損失補償費、技術轉讓費、技術開發費、礦產資源補償費、無形資產攤銷、業務招待費、研究費用、存貨盤虧或盤盈，以及企業生產車間（部門）和行政管理部門發生的固定資產修理費等。

（2）財務費用。是指企業為籌集生產經營所需資金而發生的籌資費用，包括利息支出（減利息收入）、匯兌損益、調劑外匯手續費、金融機構等手續費以及企業發生的現金折扣或收到的現金折扣等。

（3）銷售費用。是指企業在銷售產品和材料、提供勞務過程中發生的各項費用，以及為銷售本企業產品而專設的銷售機構的各項經費。包括運輸費、裝卸費、包裝費、保險費、委託代銷手續費、廣告費、展覽費、租賃費（不包括融資租賃費），以及為銷售本企業產品而專設的銷售機構（含銷售網點、售貨服務網點等）的銷售部門人員工資、職工福利費、辦公費、差旅費以及其他經費等。

除了上述兩種基本分類外，企業的費用或成本還可以按照不同的標準進行如下幾種分類：

（1）按照生產費用與產品生產工藝的關係分為直接生產費用和間接生產費用。其中直接生產費用又叫直接費用，指直接用於產品生產並能直接計入產品成本或按一定比例分配后計入產品成本的生產費用，如生產工藝過程中耗用的原料及主要材料、燃料及動力、產品生產工人工資及福利費、生產用機器設備折舊費等。這些費用有時是用於兩種以上產品的生產，因而還需按一定比例分配后計入各種產品成本。這一類費用一般是直接計入按產品種類等成本計算對象分別設置的「生產成本——基本生產成本」帳戶中。間接生產費用又叫間接費用，指與生產工藝沒有關係，間接用於產品生產的費用，如生產管理部門人員的工資、辦公費、差旅費、機物料消耗、車間廠房的折舊費等。這類費用一般計入車間或其他生產部門的「製造費用」。這種分類便於瞭解企業產品成本構成情況，分析企業不同時期的管理水平。管理水平越高，產品成本中間接費用的比重越低。因此，這種分類有利於促使企業提高管理水平，降低一般費用的開支，提高經濟效益。

（2）按照生產費用計入產品成本的方法分為直接計入費用和間接計入費用。直接計入費用簡稱直接費用，是指可以分清哪種產品所耗用、能直接計入某種產品成本的生產費用。如直接用於某種產品生產的專用原材料費用，就可以根據有關的領料單直接計入該種產品成本。間接計入費用簡稱間接費用，是指不能分清哪種產品所耗用、不能直接計入某種產品成本，而必須按照一定標準分配后才能計入有關的各種產品成本的生產費用。如生產部門管理人員的薪酬、加工的幾種產品共同耗用零件的生產設備折舊費等。

值得注意的是，直接生產費用大多是直接計入費用，間接生產費用大多是間接計入費用，但也不都是如此，如在某車間只生產一種產品時，直接生產費用和間接生產費用都可以直接計入該種產品成本，因而都是直接計入費用；而在用同一種材料同時生產幾種產品的生產單位中，直接生產費用和間接生產費用都不能直接計入某種產品成本，因而都是間接計入費用。

這種費用的劃分方法有利於企業正確計算產品成本，對於直接計入費用必須，根據有關費用的原始憑證直接計入該產品成本，對於間接計入費用，則要選擇合理的分配標準將其分配計入有關各種產品的成本。

（3）按照生產費用與產品產量的關係分為變動費用、固定費用和混合費用三種。

變動費用又稱變動成本，是指費用總額隨著產品產量的變動而成正比例變動的費用。如直接材料、直接人工中的計件工資都是和單位產品的產量直接相聯繫的，其總額會隨著產量的增減成正比例增減。但從產品的單位成本看，則恰恰相反，產品單位成本中的直接材料、直接人工將保持不變，不受產量變動的影響。固定費用也叫固定成本，是指費用總額不直接受產量變動的影響的生產費用，如車間廠房的折舊、機器的修理費用及生產工人薪酬中的計時工資等。這類費用總額在相關產量範圍內保持不變，但從產品的單位成本看，則恰恰相反，隨著產量的增加，每單位產品分攤的份額將相應地減少。混合費用指其總額雖然受業務量變動的影響，但與業務量不成正比例變動的費用。在產品成本項目的構成中，製造費用的較大部分都是混合費用。這類費用既有固定費用的特性，又有變動費用的特性。

（4）按照成本可控與否分為可控成本和不可控成本。可控成本是指責任單位可以調節和控制的成本；不可控成本是超出責任單位的職責範圍因而不能控制的成本。可控成本是一種責任成本，可控成本必須與責任主體相聯繫。就整個企業而言，一切成本都應是可控成本。

（5）按照成本與決策方案的相關性分為相關成本和不相關成本。相關成本是與特定決策方案有關的、因決策方案的採用而必須發生的成本。非相關成本是指與決策方案無關的成本。如過去已發生的各項費用，未來方案已無法改變，因而在進行未來方案的選擇時可以不予以考慮。這種分類主要是為了更好地預測和決策，以及規劃未來成本。

除了以上幾種分類之外，還有其他成本費用分類方法，其分類標準也不盡相同。不同的目的會出現不同的分類，如歷史成本、未來成本、實際成本、計劃成本、標準成本、定額成本、沉沒成本等。

2.4　產品成本核算的一般程序及成本核算的主要會計科目

2.4.1　產品成本核算的一般程序

成本核算是對生產費用的發生和產品成本的形成進行的核算。因此，成本核算的過程，就是按一定的程序，對發生的生產費用進行匯總、分配，將應計入產品成本的生產費用歸集於各種產品，計算出各種產品實際總成本和單位成本的過程。產品成本核算程序就是指從生產費用的發生、歸集開始，直到計算出完工產品成本為止的整個核算順序和步驟，一般包括以下幾個具體步驟：

1. 確定成本計算對象，設置生產成本明細帳

成本計算對象是生產費用的承擔者，即歸集和分配生產費用的對象。確定成本計算對象，就是要解決生產費用由誰來承擔的問題。成本計算對象的確立，是設置產品成本明細帳，正確計算產品成本的前提，也是區別各種成本計算方法的主要標誌。不同性質的企業，成本計算對象的確定是不相同的，可以是某種產品、某一生產步驟、

產品的某一批別，也可以是同類產品。至於選用什麼作為成本計算對象，則取決於企業的生產特點和管理要求。不論成本計算對象如何確立，最後都要達到計算各種產品生產成本的基本要求，即能夠分成本項目確定某種產品的單位成本和總成本。確定產品成本計算對象是計算產品成本的前提。由於企業的生產特點、管理要求、規模大小、管理水平的不同，企業成本計算對象也不同。企業應根據自身的生產特點和管理的要求，選擇合適的產品成本計算對象設置生產成本明細帳。

2. 對本期發生的生產費用進行歸集與分配

將生產經營過程中發生的各項要素費用按照成本項目進行分配，企業應該將應計入本月產品成本的原材料、燃料、動力、職工薪酬、折舊費等費用要素在各種產品之間，按照成本項目進行歸集和分配。對於為生產某種產品直接發生的生產費用，能分清成本核算對象的，直接計入該產品成本；對於由幾種產品共同負擔的，或為產品生產服務發生的間接費用，可先按發生地點和用途進行歸集匯總，然後分配計入各受益產品。在進行費用的歸集與分配時，應按照國家的相關規定，對於企業發生的生產費用進行審核和控制，確定各項費用是否應該開支，已開支的費用是否應該計入產品成本。凡是不符合費用開支規定的，不予入帳，並追究相應的違規責任。凡應計入資本性支出、營業外支出或期間費用的，均應計入相應的帳戶，不得計入產品生產成本。此外，企業應根據權責發生制原則和配比原則的要求，分清各項費用，特別是跨期攤提費用的歸屬期。本月支付應由本月負擔的生產費用，計入本月產品成本。以前月份支付應由本月負擔的生產費用，分配攤入本月產品成本。應由本月負擔而在以後月份支付的生產費用，預先計入本月產品成本。對於本月開支應由以後月份負擔的生產費用，做待攤費用處理。對於已由以前月份負擔而在本月支付的生產費用，應從預提費用列支。

3. 歸集與分配輔助生產費用

輔助生產費用的歸集與分配根據生產的類型進行。在單品種輔助生產車間，其生產費用都是直接費用，直接歸集計入所生產的產品或勞務成本；在多品種輔助生產車間，其生產費用需直接或分配歸集各種產品或勞務的費用。所歸集的輔助生產費用，要採用科學合理的方法在各受益對象。主要是基本生產車間和管理部門之間進行分配。如果企業的輔助生產車間不止一個，且輔助生產車間相互之間也提供勞務，在分配輔助生產費用時，還應該考慮相互之間費用的分配。在這種情況下，實務中經常採用的輔助費用分配方法有直接分配法、交互分配法、順序分配法、代數分配法和計劃分配法等。

4. 歸集與分配製造費用

在一個生產車間或部門生產多種產品或提供多種勞務的情況下，歸集的製造費用應採用適當的方法分配轉入該車間或部門的各種產品或勞務的成本。對於製造費用的分配，應特別注意其分配標準的恰當選擇。製造費用的分配標準既可以是實際的，如產品的體積、重量、容積、產品生產所耗用的生產工時、生產工人的工資等，也可以是計劃標準或定額標準，如定額工時等。

5. 將廢品損失計入產品成本

期末計算各種產品的不可修復廢品損失，並將「廢品損失」明細帳中記的本期廢品淨損失轉入該產品「生產成本——基本生產成本」，根據計算結果做會計分錄並登帳。

6. 計算完工產品成本和月末在產品成本

將生產費用計入各成本核算對象後，對於既有完工產品又有月末在產品的產品，應採用適當的方法，把生產費用在其完工產品和月末在產品之間進行分配，求出按成本項目反應的完工產品和月末在產品的成本。月末完工產品和在產品生產費用的分配方法主要有約當產量法、不計在產品成本法、期末固定在產品成本法、在產品只計所耗原材料法以及定額分配法和定額比例法等。

2.4.2 成本核算的主要會計科目

為了進行成本核算，企業一般應設置「生產成本」「製造費用」「銷售費用」「管理費用」「財務費用」「長期待攤費用」等科目，如果需要單獨核算廢品損失和停工損失，還應設置「廢品損失」和「停工損失」科目。下面分別加以介紹。

(1)「生產成本」科目。「生產成本」科目屬於成本類科目，該科目用於核算企業進行工業生產，包括生產各種產品（包括產成品、自制半成品、提供勞務等）、自制工具、自制設備等所發生的各項生產費用。該科目的借方登記生產過程中發生的直接材料、直接工資直接費用以及分配轉入的製造費用。該科目的貸方登記完工入庫的產成品、自制半成品的實際成本以及分配轉出的輔助生產費用。該科目的期末余額在借方，為尚未完工的各項在產品成本。「生產成本」科目應設置「基本生產成本」和「輔助生產成本」兩個明細科目進行明細核算。在發生各項生產費用時，應按成本核算對象和成本項目分別歸集。屬於直接材料、直接工資等直接費用的，直接記入「基本生產成本明細帳」和「輔助生產成本明細帳」中。屬於企業輔助生產車間為生產產品提供的動力等費用，應在「輔助生產成本」中核算。

(2)「製造費用」科目。「製造費用」科目屬於成本類科目，該科目用來核算各生產單位（分廠、車間）為組織和管理生產所發生的各項費用以及所發生的固定資產使用和維修費，包括工資和福利費、修理費、辦公費、水電費、機物料消耗、勞動保護費、季節性和修理期間的停工損失等。企業行政管理部門為組織和管理生產經營活動而發生的管理費用，應作為期間費用，記入「管理費用」科目，不在本科目中核算。企業在發生製造費用時，應記入該科目的借方；製造費用應按企業成本核算辦法的規定，分配記入有關的成本核算對象，記入該科目的貸方。製造費用應按不同的車間、部門設置明細帳進行明細核算。除季節性生產或採用累計分配率法分配製造費用的企業外，本科目月末應無余額。必須指出，在大中型企業中，根據管理需要，可將「生產成本」科目分為「基本生產成本」和「輔助生產成本」兩個明細科目。對於屬於輔助生產車間的製造費用，可直接記入「生產成本——輔助生產成本」科目的借方，也可仍然通過「製造費用」科目，再轉入「生產成本——輔助生產成本」科目的借方。另外，在中小型企業中，如果業務比較簡單，也可以將「生產成本」和「製造費用」

兩個科目合併為「生產費用」科目。

(3)「管理費用」科目。「管理費用」屬於費用類科目，該科目核算企業為組織和管理生產經營活動所發生的各種費用，包括企業的董事會和行政管理部門在企業的經營管理中發生的，或者應當由企業統一負擔的各項費用。具體包括公司經費、工會經費、董事會費、聘請仲介機構費、諮詢費、訴訟費、業務招待費、房產稅、車船使用稅、土地使用稅、印花稅、技術轉讓費、礦產資源補償費、研究費用、排污費以及企業生產車間（部門）和行政管理部門等發生的固定資產修理費用等。企業發生管理費用時，借記「管理費用」帳戶，貸記「銀行存款」「累計折舊」「原材料」「應交稅費」等有關帳戶。期末將該帳戶余額結轉入「本年利潤」帳戶，結轉后無余額。

(4)「財務費用」科目。「財務費用」科目屬於費用類科目，核算企業為籌集生產經營所需資金等而發生的費用，包括利息支出（減利息收入）、匯兌損益以及相關的手續費、企業發生的現金折扣或收到的現金折扣等。企業發生財務費用時，借記「財務費用」帳戶，貸記「銀行存款」「長期借款」「應付利息」等有關帳戶。期末將該帳戶余額結轉入「本年利潤」帳戶，結轉后無余額。

(5)「銷售費用」科目。「銷售費用」科目屬於費用類科目，核算企業在銷售商品和材料、提供勞務過程中發生的各項費用，包括保險費、包裝費、展覽費和廣告費、商品維修費、預計產品質量保證損失、運輸費、裝卸費等費用，以及為銷售本企業商品而專設的銷售機構（含銷售網點、售后服務網點等）的職工薪酬、業務費、折舊費、固定資產修理費等費用。企業發生銷售費用時，借記「銷售費用」帳戶，貸記「銀行存款」「累計折舊」「應付職工薪酬」等有關帳戶。期末將該帳戶余額結轉入「本年利潤」帳戶，結轉后無余額。

(6)「廢品損失」帳戶。「廢品損失」帳戶應按車間設置明細帳，帳內按產品品種和成本項目登記廢品損失的詳細資料。該科目的借方歸集不可修復廢品的生產成本和可修復廢品的修復費用。不可修復廢品的生產成本應根據不可修復廢品損失表，借記「廢品損失」科目，貸記「基本生產成本」科目。可修復廢品的修復費用，應根據各種費用分配表所列廢品損失數額，借記「廢品損失」科目，貸記「原材料」「應付職工薪酬」「輔助生產成本」和「製造費用」等科目。該科目的貸方登記廢品殘料回收的價值、應收賠款和應由本月生產的同種合格產品負擔的廢品損失，及從「廢品損失」科目的貸方轉出，分別借記「原材料」「其他應收款」「基本生產成本」等科目。經過上述歸集和分配，「廢品損失」科目月末無余額。

(7)「停工損失」帳戶。該帳戶由單獨組織停工損失核算的企業設置，用以核算企業基本生產車間因管理組織不當造成停工而發生的各種損失，包括各種意外停工期間應支付的職工工資和福利費、材料損失、應負擔的製造費用等。該帳戶按成本計算對象或費用發生地點設置明細帳，按成本項目分設專欄組織核算。帳戶的借方歸集停工期間的各種損失，貸方結轉過失者賠償款、按規定轉由其他帳戶負擔的部分和計入基本生產成本計算對象的淨損失。除跨月停工外，本帳戶月末應無余額。

本章小結

　　本章主要闡述了成本核算的原則、要求、帳戶設置與帳務處理程序及費用要素與成本項目等成本核算有關的基本問題。成本核算原則是進行成本核算時所應遵循的原則與規範。成本核算的重要內容，應當符合企業會計準則和會計制度中所規定的會計核算原則，大部分體現出成本核算的特色，這些會計原則便是成本核算的原則。成本核算的要求包括算管結合、算為管用，正確劃分各種費用界限，正確確定財產物資的計價方法和價值轉移方法，做好成本核算的基礎工作，適應生產特點和管理要求採用適當的成本計算方法。費用要素與成本項目是對企業費用所做的最基本的分類。將費用以經濟內容為依據進行分類所得到的類別就是費用要素，將生產費用以經濟用途為依據進行分類所得到的類別就是成本項目。進行產品成本核算需要設置相應的成本核算帳戶，最具典型意義的成本核算帳戶有「生產成本」和「製造費用」等。成本核算的帳務處理程序通常包括歸集與分配各種要素費用、攤銷和預提本月的成本費用、分配輔助生產費用、分配製造費用、結轉完工產品成本、結轉期間費用、結轉完工的工程成本等。

習題

1. 企業進行成本核算時應遵循哪些基本原則？為什麼？
2. 為保證成本核算資料的正確性，成本核算應滿足哪些要求？
3. 為正確計算產品成本，應正確劃分哪些費用界限？
4. 成本核算的基礎工作有哪些？為什麼？
5. 什麼是費用要素？什麼是成本項目？費用要素與成本項目各包括哪些？
6. 進行成本核算，應設置哪些帳戶？這些帳戶具體核算哪些內容？
7. 成本核算的帳務處理程序如何？

3 要素費用在各種產品之間的分配和歸集

教學目標：

通過本章學習，學生應該能夠瞭解材料的分類；掌握發出材料實際成本的確定、材料費用的分配、外購動力費用的核算、工資費用的核算、折舊的計算方法和歸集分配；瞭解其他費用的核算。

教學要求：

知識要點	能力要求	相關知識
材料費用的核算	瞭解材料費用的分類； 掌握材料費用的歸集和分配	(1) 材料費用的分類； (2) 材料費用的歸集； (3) 材料費用的分配
外購動力費用的核算	掌握外購動力費用的歸集和分配	(1) 外購動力費用的歸集； (2) 外購動力費用的分配
工資費用的核算	掌握工資費用的歸集和分配	(1) 工資費用的計算； (2) 工資費用的歸集； (3) 工資費用的分配
折舊費用的核算	掌握固定資產折舊的計算方法和會計分錄	(1) 折舊費用的計算； (2) 折舊費用的會計分錄
其他費用的核算	瞭解利息、稅金等的核算	(1) 利息費用的核算； (2) 應付稅金的核算

基本概念：

直接材料 直接人工 外購動力 固定資產折舊 利息費用 稅費

導入案例：

求實機床廠主要生產Ⅰ型機床和Ⅱ型機床兩種產品，產品銷往全國各地。廠內設有鑄造、機械加工和裝配三個基本生產車間，設有機修和配電兩個輔助生產車間。

企業管理上要求各車間進行成本控制，成本效率與經濟效益掛勾，同時，企業有Ⅰ型機床和Ⅱ型機床兩種產品的材料消耗定額及生產工人工時定額和生產工人工資資

料，有兩個輔助生產車間勞務量資料。

企業成本核算員對實際發生的各項生產費用是這樣處理的：領用的材料費用，能分清成本計算對象的直接記入相應的帳戶中。兩種產品共同耗用的原材料，能取得第一手資料的，就按該資料顯示的標準分配，確實沒有相應資料的，就按產品數量分配；支付的人工費用分配，能分清成本計算對象的直接記入相應的帳戶中，兩種產品共同耗用的計時工資按生產工人工時比例法進行分配；耗用的燃料動力費用，按電表記錄的耗電度數進行分配，兩種產品共同耗用的電費，各自一半平均分配電費；各部門使用固定資產的折舊費，按各使用部門分配，基本生產車間固定資產折舊費直接記入「製造費用」，不直接分配給兩種產品；歸集的輔助生產費用，因企業管理上要求各車間進行成本控制，成本效益與經濟效益掛勾，採用交互分配法進行分配；歸集的製造費用，按各生產車間採用生產工人工時比例法進行分配。

各生產車間負責人認為成本核算員對實際發生的各項生產費用的處理符合實際，沒有意見，但財務負責人對成本核算員的處理提出了質疑。如果你是該企業成本核算員，你會怎樣分配各項生產費用？

3.1 要素費用核算概述

3.1.1 要素費用核算的意義

要素費用主要包括外購材料、外購燃料、外購動力、工資薪酬、固定資產折舊、稅金及利息支出等費用。要素費用的核算，就是按照成本核算的一般程序，對生產加工企業在生產經營管理過程中發生的各項要素費用進行審核、控制並加以歸集，然後按「誰受益誰負擔」的原則，在有關產品和部門之間進行分配的過程。要素費用的核算是計算各種產品成本和各項期間費用的基礎，是整個成本核算工作的第一步，只有通過要素費用的核算，才可以劃清生產經營管理費用與非生產經營管理費用的界限，以及生產費用與經營管理費用的界限。所以，要素費用核算的正確與否，直接影響著整個成本核算結果的真實性和可靠性，是成本核算的重要內容。

3.1.2 要素費用核算的總體要求

要素費用雖然種類較多、作用不同，但其核算的基本程序大致相同。

(1) 對各項要素費用進行審核、控制，歸集計算本期各要素費用的發生額。會計人員首先應對當月發生的要素費用進行審核，確定其費用應不應該開支，對不符合規定的開支要嚴加控制，防止亂計和少計成本；對應該開支的費用也應盡量節約。根據經過審核的原始憑證，分別歸集計算各要素費用的本期發生額。

(2) 將企業發生的各項要素費用分別按用途在有關受益產品、部門之間進行分配。直接用於產品生產並專設有成本項目、為某一種產品單獨耗用的費用，如生產某一種

產品單獨耗用的材料費用、單獨生產某一種產品的生產工人工資費用等，直接記入「生產成本」總帳及其所屬明細帳。直接用於產品生產並專設有成本項目，但為幾種產品共同耗用的費用，在直接記入「生產成本」總帳的同時，還需採用一定的分配標準，分配記入「生產成本」各明細帳。分配計入費用的計算公式可概括為：

$$費用分配率 = \frac{待分配費用總額}{分配標準總和}$$

某產品對象應負擔的費用 = 該對象的分配標準 × 費用分配率

（3）直接用於產品生產但沒有專門設立成本項目的費用（如生產用機器設備的折舊費等），或間接用用於產品生產的費用（如車間領用的消耗性材料、車間管理人員工資費用等），都應記入「製造費用」總帳及其所屬明細帳。

（4）企業管理部門用於組織和管理生產經營活動、銷售部門用於產品銷售、財務部門用於籌集生產經營資金而發生的各項要素費用，不計入產品成本，作為期間費用按用途分別計入管理費用、銷售費用或財務費用。

在實際工作中，各項要素費用的分配，都需編製相應的費用分配表，表中應列示費用的分配去向及金額，根據費用分配表，編製會計分錄，並據以登記各種成本、費用總帳和明細帳。

3.2 材料費用的核算

生產用材料無論是外購的還是自製的，其核算都包括材料費用的歸集和分配兩個過程。

3.2.1 材料費用的歸集

材料費用的歸集就是按材料品種和規格計算確定本期耗用的材料總成本，進行材料發出的核算。正確計量各種材料的發出數量及發出材料的單位成本是保證材料費用歸集順利進行的基礎。

材料發出應根據領料單或領料登記表等發料憑證進行。會計部門應對發料憑證所列材料的種類、數量和用途等項目進行審核，檢查所領材料的種類和用途是否符合規定，數量有無超過定額或計劃。只有經過審核、簽章的發料憑證才能據以發料，並作為發料核算的憑證。為了更好地控制材料的領發，降低材料費用，應該盡量採用限額領料單，實行限額領料制度。

生產所剩余料，應該編製退料單，據以返回倉庫。對於車間已領未用，下月需要繼續耗用的材料，為了簡化核算工作，可以採用「假退料」辦法，即材料實物原地不動，只是填製一份本月份的退料單，表示該項余料已經退庫，同時編製一份下月份的領料單，表示該項余料在下月份領用出庫。為了進行材料收入、發出和結存的明細核算，應該按照材料的品種、規格設立材料明細帳，根據收、發料憑證所列收、發材料數量和金額，登記材料明細帳，利用期初結存材料的數量和金額，以及本月收、發材

料的數量和金額，計算、登記期末結存材料的數量和金額。

企業按實際成本計價進行材料日常收發核算時，應設置「原材料」帳戶，對材料的收入、發出進行核算。該帳戶的借方登記驗收入庫材料的實際成本，貸方登記發出材料的實際成本，期末餘額在借方，表示期末結存庫存材料的實際總成本。該帳戶應按材料種類、規格設立明細帳，對材料進行明細分類核算。原材料明細分類帳採用數量金額式帳，可以反應庫存材料的收入、發出和結存的數量及金額。

在實際工作中，為了簡化核算手續，對於材料的日常收發可不必逐筆登記「原材料」總帳。月末（或定期），根據收、發料憑證分別匯總編製「收料憑證匯總表」和「發料憑證匯總表」，據以登記原材料總帳，並根據「發料憑證匯總表」匯總計算當期的材料費用。

【例 3-1】2015 年 4 月，昌運公司會計部門根據領料單、限額領料單等，編製「發料憑證匯總表」，如表 3-1 所示。

表 3-1　　　　　　　　　　　發料憑證匯總表
2015 年 4 月　　　　　　　　　　　　　單位金額：元

材料用途	材料類別	原材料	輔助材料	包裝材料	其他材料	合計
生產用	甲產品	40,000	4,000	1,600		45,600
	乙產品	36,000	3,400	1,400		40,800
	小計	76,000	7,400	3,000		86,400
車間管理用					2,300	2,300
行政管理用			600		2,700	3,300
對外銷售			1,500			1,500
合計		76,000	9,500	3,000	5,000	93,500

根據「發料憑證匯總表」，企業會計部門作會計分錄如下：

借：生產成本——基本生產成本——甲產品　　　　　　45,600
　　　　　　　　　　　　　　——乙產品　　　　　　40,800
　　製造費用　　　　　　　　　　　　　　　　　　　 2,300
　　管理費用　　　　　　　　　　　　　　　　　　　 3,300
　　其他業務成本　　　　　　　　　　　　　　　　　 1,500
　　貸：原材料　　　　　　　　　　　　　　　　　　93,500

3.2.2　材料費用的分配

企業生產經營過程中耗用的所有材料，無論是自制材料，還是外購材料，都應根據審核無誤的領、退料憑證，按材料的具體用途進行分配：產品生產直接耗用的材料，直接記入「生產成本——基本生產成本」科目；輔助生產車間耗用的材料，記入「生產成本——輔助生產成本」；生產車間一般消耗的材料，計入製造費用；管理部門消耗的材料，計入管理費用；專設銷售機構消耗的材料，計入銷售費用；專項工程消耗的

材料，計入在建工程；對外銷售的材料，計入其他業務成本。

企業產品生產直接耗用的材料，應在生產成本明細帳中開設「直接材料」成本核算項目專欄歸集。凡是一種產品單獨耗用的材料，其費用屬於直接計入費用，應根據領退料憑證直接記入該產品成本明細帳的「直接材料」成本項目；凡是幾種產品共同耗用的材料，其費用屬於間接計入費用，應選擇既合理又簡便的方法在有關受益產品之間進行分配，記入有關產品成本明細帳的「直接材料」成本項目。所選擇的分配標準要盡可能與成本的發生有密切聯繫，分配標準的資料應較易取得且計算比較簡單。由於原料、主要材料的耗用量一般與產品的重量、體積有關，因而原料、主要材料費用一般可以按產品的重量比例或體積比例進行分配。如果難於確定適當的分配方法，或者作為分配標準的資料不易取得，而原料或主要材料的消耗定額比較準確，原料或主要材料費用也可以按材料的定額消耗量或定額費用比例分配。

1. 重量比例分配法

重量比例分配法就是根據消耗同種原材料的各種產品的重量之和與原材料費用總額的比例進行分配的方法，這種方法適用於原材料耗用數量與產品重量有直接關係的業務。其計算公式如下：

$$材料費用分配率 = \frac{各種產品消耗的材料費用總額}{各種產品的重量之和}$$

某產品負擔的材料費用＝該對象重量×材料費用分配率

【例 3-2】昌運公司生產甲、乙兩種產品，共同耗用一種原材料 2,000 千克，單價 40 元/千克。甲產品的重量為 3,000 千克，乙產品的重量為 7,000 千克。採用重量比例分配法分配材料費用結果如下所示：

材料費用分配率＝（2,000×40）÷（3,000+7,000）＝8（元）
甲產品分配的材料費用＝3,000×8＝24,000（元）
乙產品分配的材料費用＝7,000×8＝56,000（元）

在會計實務中，材料費用分配通常是用分配表來完成的，其格式如表 3-2 所示。

表 3-2　　　　　　　　　　材料費用分配表
(重量比例分配法)

產品＼項目	分配標準（千克）	分配率（元/千克）	材料費用（元）
甲產品	3,000	8	24,000
乙產品	7,000	8	56,000
合計	10,000	9,500	80,000

2. 定額消耗量（定額費用）比例法

材料費用的分配標準很多，在材料消耗定額比較準確的情況下，原材料費用可以按照產品的材料定額消耗量的比例或材料定額費用的比例進行分配。

定額消耗量比例法是以產品定額消耗量為標準，進行材料費用分配的一種方法。

適用於各項材料消耗定額健全而且比較準確的企業。按定額消耗量比例分配的計算程序是：首先，計算出某種產品材料定額消耗量；其次，計算單位材料定額消耗量應分攤的材料實際消耗量（計算材料消耗量分配率）；再次，計算出某種產品應分攤的材料數量；最後，計算出某種產品應分攤的材料費用。

定額費用比例法是指在各種產品共同耗用原材料的種類較多的情況下，為了簡化分配計算工作，可以按照各種材料的定額費用的比例分配材料實際費用的方法。定額消耗量（或定額費用）比例法的計算公式如下：

各種產品材料定額消耗量（定額費用）＝各種產品材料單位消耗定額×該種產品實際產量

$$材料費用分配率 = \frac{耗用材料費用總額}{全部產品定額消耗量（定額費用）}$$

各種產品應分配材料費用＝該產品定額消耗量（定額費用）×材料費用分配率

【例3-3】昌運公司生產甲、乙兩種產品，共同耗用某種原料 6,000 千克，每千克 1.44 元，共計 8,640 元。生產甲產品 1,200 件，單件甲產品原料消耗定額為 3 千克，生產乙產品 800 件，單件乙產品原料消耗定額為 1.5 千克。原料費用分配計算如下：

甲產品原料定額消耗量＝1,200×3＝3,600（千克）

乙產品原料定額消耗量＝800×1.5＝1,200（千克）

原料消耗量分配率＝6,000÷（3,600+1,200）＝1.25

甲產品應分配原料數量＝3,600×1.25＝4,500（千克）

乙產品應分配原料數量＝1,200×1.25＝1,500（千克）

甲產品應分配原料費用＝4,500×1.44＝6,480（元）

乙產品應分配原料費用＝1,500×1.44＝2,160（元）

上述計算方法，可以考核原料消耗定額的執行情況，有利於加強成本管理。如表 3-3 所示。實際工作中為了簡化計算，也可以採用按定額消耗量的比例，直接分配原料費用的方法。仍以上例資料計算分配如下：

原料費用分配率＝8,640÷（3,600+1,200）＝1.8

甲產品應分配原料費用＝3,600×1.8＝6,480（元）

乙產品應分配原料費用＝1,200×1.8＝2,160（元）

兩種分配方法計算結果相同，但後一種分配方法不能提供原料實際消耗量資料，因此，不便於考核材料消耗定額的執行情況。

表 3-3　　　　　　　　　材料費用分配表
(定額消耗量比例分配法)

項目 產品	產品產量 （件）	單位消耗定額 （千克/件）	定額耗用量 （千克）	分配率	材料實際耗用量 （千克）	材料費用 （元）
甲產品	1,200	3	3,600	1.25	4,500	6,480
乙產品	800	1.5	1,200	1.25	1,500	2,160
合計	2,000		4,800		6,000	8,640

3. 材料費用分配表的編製與帳務處理

在實際工作中，材料費用的分配是通過編製材料費用分配匯總表進行的，材料費用分配匯總表根據歸類后的領退料憑證和有關資料編製，它是材料費用分配核算的匯總原始憑證。表中應列示成本、費用帳戶的金額，並按成本項目或費用項目列示。在採用實際成本計價核算時，表中金額可根據領料憑證上的實際成本加總填入。在採用計劃成本計價核算時，表中金額欄應分「計劃成本」和「差異」兩欄列示。計劃成本欄根據領料憑證上計劃成本加總填入，然后根據本月材料成本差異分配率計算應負擔的差異，填入差異欄。實際成本計價方式下，材料費用分配匯總表格式如表 3-4 所示：

表 3-4　　　　　　　　　　　材料費用分配匯總表
　　　　　　　　　　　　　　　 (實際成本計價)　　　　　　　　　　　　單位金額：元

借方帳戶	貸方帳戶	成本或費用項目	原材料 直接計入	分配計入	合計
基本生產成本	甲產品	直接材料	5,000	1,200	6,200
	乙產品	直接材料	3,500	2,800	6,300
	小計		8,500	4,000	12,500
輔助生產成本	供電車間	直接材料	3,000		3,000
	模具車間	直接材料	7,000		7,000
	小計		10,000		10,000
製造費用	生產車間	機物料消耗	1,200		1,200
管理費用		辦公耗材	600		600
銷售費用		其他	1,500		1,500
合計			21,800	4,000	25,800

根據表 3-4 編製的會計分錄如下：

借：生產成本——基本生產成本——甲產品　　　　　　6,200
　　　　　　　　　　　　　　　——乙產品　　　　　　6,300
　　　　——輔助生產成本——供電車間　　　　　　　　3,000
　　　　　　　　　　　　——模具車間　　　　　　　　7,000
　　製造費用　　　　　　　　　　　　　　　　　　　 1,200
　　管理費用　　　　　　　　　　　　　　　　　　　　 600
　　銷售費用　　　　　　　　　　　　　　　　　　　 1,500
　　貸：原材料　　　　　　　　　　　　　　　　　　25,800

3.3 外購動力費用的核算

3.3.1 外購動力費用支出的核算

外購動力費用是指向外單位購買電力、蒸汽、煤氣等動力所支付的費用。外購動力費用主要是以計量儀器、儀表所顯示的計量數乘以單價計算的，一般由動力供應單位定期抄錄數量，開列帳單，向耗用企業收取款項。企業在付款時，應該按外購動力的用途，直接借記各有關成本、費用帳戶，貸記「銀行存款」帳戶。但是，在實際工作中，外購動力費用一般是在每月下旬的某日支付的，而且所支付的是上月付款日到本月付款日期間的動力費用，不是本月實際發生的動力費用。為了正確計算當月動力費用，就需要將帳單所列餘額扣除上月付款日到上月末的費用，加上當月付款日到當月末的動力費用，核算工作量很大。為了簡化工作量，外購動力費用可通過「應付帳款」帳戶核算，即在付款時先作為暫付款處理，借記「應付帳款」帳戶，貸記「銀行存款」帳戶。月末，按照外購動力的用途和數量分配費用時，再借記相關成本、費用帳戶，貸記「應付帳款」帳戶，沖銷原來記入「應付帳款」帳戶的暫付款。如果供應單位每月抄表日基本固定，且每月從抄表日到月末的耗用數量相差不多，也可不通過「應付帳款」帳戶，在支付外購動力費用時直接借記各有關成本、費用帳戶，貸記「銀行存款」帳戶。

3.3.2 外購動力費用分配的核算

企業外購的動力，有的直接用於產品生產，有的用於照明、取暖、制冷等其他用途，因此，動力費用應按用途和使用部門進行分配。對於直接用於產品生產的動力費用，如果生產成本單獨設立「燃料及動力」成本項目，要記入「基本生產成本」明細帳的「燃料及動力」成本項目。如果沒有專門設立此成本項目，應與一般用途的動力費用一樣，按其使用部門分別記入「製造費用」「管理費用」等帳戶。計入成本、費用的動力費用，在有儀表記錄的情況下，按儀表所示耗用數量和單價直接計入；在沒有儀表記錄的情況下，可按生產工時的比例、機器工時的比例或定額消耗量比例分配計入，計算公式如下：

$$分配率 = \frac{共同耗用外購動力費用總額}{各種產品分配標準數額之和}$$

某產品應分配的外購動力費用 = 該種產品分配標準數額 × 分配率

【例 3-4】昌運公司 2015 年 6 月份電費帳單應付金額為 25,000 元，已通過銀行轉帳支付。當月實際耗用外購電 48,000 度，每度電 0.55 元。其中：基本生產車間生產甲、乙兩種產品，共耗電 35,000 度；供水車間耗電 5,000 度；機修車間耗電 4,000 度；基本生產車間照明耗電 2,000 度；公司管理部門耗電 1,000 度；營銷部門耗電 1,000 度。生產用電按產品生產工時分配，甲產品生產工時 4,000 小時，乙產品生產工時

3,000 小時。基本生產成本專設有「燃料及動力」成本項目。

　　甲、乙產品用電量分配率＝35,000÷（4,000＋3,000）＝5（度/小時）

　　甲產品耗用電量＝4,000×5＝20,000（度）

　　乙產品耗用電量＝3,000×5＝15,000（度）

　　實務中，外購動力費用的分配可通過編製外購動力費用分配表的形式進行。格式如表 3-5 所示。

表 3-5　　　　　　　　　　　外購動力費用（電費）分配表

2015 年 6 月　　　　　　　　　　　　　　　　　單位金額：元

借方帳戶		成本、費用項目	應付帳款			電費單價（元/度）	分配金額（元）
			耗用電量				
	貸方帳戶		生產工時（小時）	分配率（度/小時）	分配量（度）		
基本生產成本	甲產品	燃料及動力	4,000		20,000	0.55	11,000
	乙產品	燃料及動力	3,000		15,000		8,250
	小計		7,000	5	35,000		19,250
輔助生產成本	供水車間	水電費			5,000		2,750
	機修車間	水電費			4,000		2,200
	小計				9,000		4,950
製造費用	生產車間	水電費			2,000		1,100
管理費用		水電費			1,000		550
銷售費用		水電費			1,000		550
合計					48,000		26,400

　　根據表 3-5 編製的會計分錄如下：

　　借：生產成本——基本生產成本——甲產品　　　　　　11,000

　　　　　　　　　　　　　　　　　　——乙產品　　　　　　　8,250

　　　　　　　　　　——輔助生產成本——供水車間　　　　　2,750

　　　　　　　　　　　　　　　　　　——機修車間　　　　　2,200

　　　　製造費用　　　　　　　　　　　　　　　　　　　　　1,100

　　　　管理費用　　　　　　　　　　　　　　　　　　　　　　550

　　　　銷售費用　　　　　　　　　　　　　　　　　　　　　　550

　　　　貸：原材料　　　　　　　　　　　　　　　　　　　26,400

3.4　職工薪酬的核算

　　根據中國 2014 年 7 月開始實施的新職工薪酬準則的定義，職工薪酬是指企業為獲得職工提供服務或解除勞動關係而給予的各種形式的報酬或補償，包括短期薪酬、辭

退福利、離職后福利以及其他長期職工福利。由於職工薪酬直接關係到產品成本和產品價格的高低，直接影響企業生產經營的成果，因此，加強職工薪酬的核算，對正確進行產品成本核算，降低成本費用有著重大意義。

企業會計準則對於「職工」的範圍界定如下：與企業訂立勞動合同的所有人員，含全職、兼職和臨時職工，以及雖未與企業訂立勞動合同但由企業正式任命的人員，如董事會成員、監事會成員等；還包括雖未與企業訂立勞動合同或未由其正式任命，但為其提供與職工類似服務的人員，如勞務用工合同人員等也納入職工範疇。

3.4.1 職工薪酬的構成

1. 短期薪酬

短期薪酬指企業在職工提供相關服務的年度報告期間結束后十二個月內需要予以支付的職工薪酬。一般包括下面一些內容：

（1）職工工資、獎金、津貼和補貼。這是指按照國家統計局的規定構成工資總額的計時工資、計件工資、支付給職工的超額勞動報酬和增收節支的勞動報酬、為了補償職工特殊或額外的勞動消耗和因其他特殊原因支付給職工的津貼，以及為了保證職工工資水平不受物價影響支付給職工的物價補貼等。

（2）職工福利費。指企業醫務室、職工浴室、理髮室、托兒所等福利機構人員的工資、醫務經費、職工生活困難補助，以及按照國家規定開支的其他職工福利支出。

（3）住房公積金。指企業按照國務院《住房公積金管理條例》規定的基準和比例計算，向住房公積金管理機構繳存的住房公積金。

（4）工會經費和職工教育經費。指企業為了改善職工文化生活、為職工學習先進技術和提高業務素質，用於開展工會活動和職工教育及職業技能培訓等的相關支出。

（5）非貨幣性福利。包括企業以自己的產品或外購商品發放給職工作為福利；企業提供給職工無償使用的自己擁有的資產或租賃資產供職工無償使用，如提供給企業高級管理人員使用的住房等；免費為職工提供諸如醫療保健的服務等，如以低於成本的價格向職工出售住房等。

2. 辭退福利

辭退福利指企業在職工勞動合同到期之前解除與職工的勞動關係，或者鼓勵職工自願接受裁減而給與職工的補償。

3. 離職后福利

離職后福利是指企業為獲得職工提供的服務而在職工退休或與企業解除勞動關係后，提供的各種形式的報酬和福利，如養老保險、失業保險等。離職后福利計劃分為設定提存計劃和設定受益計劃兩種。

（1）設定提存計劃是指向獨立的基金繳存固定費用后，企業不再承擔進一步支付義務的離職后福利計劃，其支付義務的承擔主體是企業以外的第三者，一般為社會保險經辦機構、基金公司等。例如企業為職工繳納的養老保險和失業保險，職工離職后由保險機構支付其相應的福利金額，如果以后保險機構不能按約定向職工支付福利，企業也不再承擔替代支付的義務，這就是一項設定提存計劃。

（2）設定受益計劃是指除設定提存計劃以外的其他離職后福利計劃。設定受益計劃的義務承擔主體是享受服務的企業本身。例如，某企業為了能夠留住高級管理人才，制訂了一項計劃，該計劃約定：如果滿足條件的管理人員能夠連續在企業工作滿十年，離職后企業將每年承擔其醫藥費用的 50%。在這項計劃中，義務的承擔者為企業本身，這項規定就屬於設定受益計劃。

4. 其他長期職工福利

這是指除短期薪酬、離職后福利、辭退福利之外所有的職工薪酬，包括長期帶薪缺勤、長期殘疾福利、長期利潤分享計劃等。

3.4.2 職工薪酬的計算

在工業企業中，短期薪酬中的工資計算一般包含按出勤時間計算（計時工資）和按產出量計算（計件工資）兩種，其他獎金、福利、住房公積金等則按照工資的一定比例計提；辭退福利一般在職工離職時一次性支付；離職后福利計劃中的設定提存計劃應根據中國養老保險、失業保險等相關制度的規定向相關部門繳納；離職后福利的設定受益計劃應根據企業年金計劃中所確定的標準計算出企業每年應為職工繳納的金額。由於職工薪酬所涉及的計時工資、計件工資以及設定受益計劃的計算較為複雜，因此本書重點介紹這三種計算方法。

1. 計時工資的計算

職工的計時工資是根據考勤記錄登記的每一職工出勤或缺勤日數，按照規定的工資標準計算的。工資標準按其計算的時間不同，有按月計算的月薪、按日計算的日薪或按小時計算的小時工資等。企業固定職工的計時工資一般按月薪計算，臨時職工的計時工資大多按日薪計算，也有按小時工資計算的。採用月薪制，不論各月日曆日數多少，每月的標準工資相同。為了按照職工出勤或缺勤日數計算應付的月工資，還應根據月工資標準計算日工資率，即每日平均工資。採用日薪制，每日工作時數為 8 小時。如果有出勤不滿 8 小時的情況，還應根據日標準工資計算小時工資率，即每小時平均工資。下面著重講述月薪制計時工資的計算方法。

採用月薪制計算應付工資，由於各月日曆日數不同，有的月份 30 日，有的月份 31 日，2 月份則只有 28 日或 29 日，因而同一職工各月的日工資率不盡相同。在實際工作中，為簡化日工資的計算，日工資率一般按以下兩種方法之一計算：①每月固定按 30 日計算；以月工資標準除以 30 日，算出每月的日工資率。②每月固定按年日曆日數 365 日減去 104 個雙休日和 11 個法定節假日，再除以 12 個月算出的平均工作日數 20.83 日計算，以月工資標準除以 20.83 日計算出每月的日工資率。此外，應付的月工資，可以按日工資率乘以職工出勤日數計算，也可以按月工資標準扣除缺勤工資（即日工資率乘以缺勤日數）計算。

綜上所述，應付月工資一般有四種計算方法：

（1）按 30 日計算日工資率，按扣缺勤日數計算月工資。

（2）按 30 日計算日工資率，按出勤日數計算月工資。

（3）按 20.83 日計算日工資率，按扣缺勤日數計算月工資。

(4) 按 20.83 日計算日工資率，按出勤日數計算月工資。

在按 30 日計算日工資率的企業中，由於節假日視作工作日，因而出勤期間的節假日，也按出勤日算工資，事假、病假等缺勤期間的節假日，也按缺勤日扣工資。在按 20.83 日計算日工資率的企業，節假日不算作工作日，所以節假日既不算工資、也不扣工資。企業可以自行決定採用哪一種方法，但確定以後不得隨意變動。

【例 3-5】某企業某工人的月工資標準為 3,000 元。2015 年 5 月份共 31 天，病假 3 天、事假 2 天，雙休日休假 10 天，出勤 16 天。根據該工人的工齡，其病假工資按工資標準的 90% 計算。該工人的病假和事假期間沒有節假日。按上述四種方法分別計算該工人 5 月份的計時工資。

(1) 按 30 日計算日工資率，扣缺勤天數計算計時工資。

日工資率 = 3,000÷30 = 100（元／日）

應扣缺勤病假工資 = 100× 3×（1−90%）= 30（元）

應扣缺勤事假工資 = 100×2 = 200（元）

計時工資 = 3,600−30−200 = 2,770（元）

(2) 按 30 日計算日工資率，按出勤天數計算計時工資。

日工資率 = 3,000÷30 = 100（元／日）

應付出勤工資 = 100×（16+10）= 2,600（元）

應付病假工資 = 100×3×90% = 270（元）

計時工資 = 2,600+270 = 2,870（元）

(3) 按 20.83 日計算日工資率，扣缺勤天數計算計時工資。

日工資率 = 3,000÷20.83 = 144.02（元／日）

應扣缺勤病假工資 = 144.02× 3×（1−90%）= 43.21（元）

應扣缺勤事假工資 = 144.02×2 = 288.04（元）

計時工資 = 3,000−43.21−288.04 = 2,668.75（元）

(4) 按 20.83 日計算日工資率，按出勤天數計算計時工資。

日工資率 = 3,000÷20.83 = 144.02（元／日）

應付出勤工資 = 144.02×16 = 2,304.32（元）

應付病假工資 = 144.02×3×90% = 388.85（元）

計時工資 = 2,304.32+388.85 = 2,693.17（元）

從以上四種計算方法的舉例中可以看出，在按 30 日計算日工資率的情況下，按實際出勤天數計算月工資比按扣缺勤天數計算工資多 100 元（2,870−2,770），即多算 1 日的工資。這是由於該月日曆日數是 31 日，大於作為日工資率計算依據的日數 30 日剛好一天。在日曆日數是 30 日的月份，兩者計算結果應相同。

此外，還可以看出，在按 20.83 計算日工資率的情況下，按實際出勤天數計算月工資比按扣缺勤天數計算工資多 24.42 元（2,963.17−2,668.75），即多算 0.17 天（24.42÷144.02）的工資額。這是因為，該月的法定工作日數是 21 日（31−10），日薪制按出勤日數計算月工資，是以 20.83 日為基礎計算的，兩者相差 0.17 日工資額。由於每月的法定工作日數都是整數，而作為日工資率計算依據的日數都是小數，因此，

在按 20.83 日計算日工資率的情況下，無論按實際出勤天數計算月工資還是按扣缺勤天數計算月工資，兩者的計算結果在每一個月份都會有所不同。

計算計時工資的上述四種方法各有利弊，但按 20.83 日計算日工資率，節假日不算工資，更能體現按勞分配的原則，而且職工缺勤日數一般比出勤日數少，計算缺勤工資比計算出勤工資簡便。

2. 計件工資的計算

職工的計件工資，應根據產量記錄中登記的每一工人的產品產量，乘以規定的計件單價計算求得。這裡的產量包括合格品產量和不是由於工人本人過失造成的不合格品產量，如料廢產品數量。由於工人本人過失造成的不合格品，如工廢產品則不計算計件工資，在有些情況下，甚至還應由工人賠償廢品損失。計件工資的計算公式如下：

應付計件工資＝∑月內每種產品的產量×該種產品的計件單價

某種產品的計件單價＝工時定額×小時工資率

【例3-6】2015 年 6 月份，昌運公司職工劉某加工甲產品 150 個，經驗收發現其中工廢 3 個，由於材料缺陷發生料廢 2 個，合格品 145 個，每個計件單價 5 元；加工乙產品 200 個，經驗收全部合格，每個計件單價 3 元。要求計算應付劉某的計件工資。

應付計件工資＝（150-3）×5+200×3＝1,335（元）

如果同一工人生產計件單價不同的各種產品，為了簡化計算工作，也可以根據每一工人完成的產品定額工時總數和工人所屬等級的小時工資率計算工資。其計算公式如下：

應付計件工資＝定額工時×小時工資率

【例3-7】2015 年 6 月份，昌運公司職工張某加工甲產品 180 個，經驗收發現其中工廢 10 個，工時定額為 0.5 小時；B 零件 210 個，其中料廢 5 個，工時定額為 0.3 小時。張某的小時工資為 15 元，要求計算應付張某的計件工資。

張某完成的定額工時及計件工資計算如下：

定額工時＝（180-10）×0.5+210×0.3＝148（小時）

應付計件工資＝148×15＝2,220（元）

3. 設定受益計劃的計算

企業會計準則規定，企業應將設定受益計劃義務歸屬於職工能夠獲得離職后福利而提供服務的期間，而不是離職前為企業提供服務的所有期間。例如，一項計劃規定，為企業服務滿 10 年以上的職工，將會在離職時獲得一次性 10,000 元的福利補助，預計某職工將在 15 年后離職，則其 15 年后所能獲得的 10,000 元福利應平均歸屬於其提供服務的最初 10 年。企業在某期確認和設定受益計劃相關的負債時，要將未來支付給職工的離職后福利折現，其金額包含兩項內容：一是與當期服務相關的設定受益計劃義務的現值，二是前期累計確認的設定受益計劃義務現值所產生的利息。我們通過一個具體的例子來說明其計算過程。

【例3-8】假設某企業為了吸引高級人才長期留在企業而出抬一項規定，該規定的內容如下：學歷為碩士以上的人員，如果能夠連續為企業服務 5 年以上，離職后可以一次性獲得 50,000 元的補助。假定該規定開始執行當期，企業預計有某位學歷為博士

的工程師剛好5年後要離職。表3-6可以反應該工程師5年內每年設定受益計劃義務的形成過程（本例中假設折現率為10%）。

表3-6　　　　　　　　　　設定受益計劃義務計算表

單位：元

項目 年份	當期 義務 ①	前期累 計義務 ②	折現 系數 ③	當期義務 現值 ④=①×③	前期累計 義務現值 ⑤=②×③*	前期累計 義務利息 ⑥=⑤×10%	當期應確 認負債 ⑦=④+⑥
1	10,000	0	0.68	6,800	0	0	6,800
2	10,000	10,000	0.75	7,500	6,800	680	8,180
3	10,000	20,000	0.83	8,300	15,000	1,500	9,800
4	10,000	30,000	0.91	9,100	24,900	2,490	11,590
5	10,000	40,000	1.00	10,000	36,400	3,640	13,630*
合計	50,000	—	—	—	—	—	50,000

＊說明：（1）本列「前期累計義務現值」等於第2列「前期累計義務」乘以第3列中相對應的上一年的折現率。
　　　　（2）由於四捨五入的原因，13,630由50,000-6,800-8,180-9,800-11,590倒擠算出。

3.4.3　職工薪酬費用分配的核算

企業財務部門應該根據計算出的職工工資，按照車間、部門分別編製薪酬結算單，在薪酬結算單中，按照職工類別和姓名分行填列應付每一職工的各種工資、代發款項（如代發應付福利費）、代扣款項（如代扣職工水電費等）和應發金額。薪酬結算單是與職工進行薪酬結算的依據。

薪酬費用的分配應通過薪酬費用分配匯總表進行。該表應根據薪酬結算單等有關資料編製，其格式參見表3-7。

為了總括反應職工薪酬的結算和分配業務，企業應設置「應付職工薪酬」帳戶，該帳戶核算企業應支付給職工的各種薪酬。每月支付工資、獎金、津貼、福利費等，從應付職工薪酬中扣還的各種款項等，借記「應付職工薪酬」帳戶，貸記「銀行存款」「庫存現金」「其他應收款」「應交稅費——應交個人所得稅」等帳戶。

每月月末根據薪酬分配匯總表，進行薪酬費用的分配。直接進行產品生產的生產工人薪酬費用，借記「基本生產成本」，並記入其明細帳戶「直接人工」成本項目；輔助生產車間的生產工人薪酬費用，借記「輔助生產成本」，並記入其明細帳戶的相關成本項目；生產車間的管理人員的薪酬費用，借記「製造費用」帳戶；企業行政管理部門的人員（包括炊事人員、工會人員）薪酬費用，借記「管理費用」帳戶；專設銷售機構人員薪酬費用借記「銷售費用」帳戶；固定資產構建等專項工程人員的薪酬費用，借記「在建工程」帳戶。以上各帳戶所對應的貸方都是「應付職工薪酬」帳戶。

為了詳細地反應和監督企業應付職工薪酬的結算情況，企業還應按職工類別、薪酬總額的組成內容進行明細核算，在「應付職工薪酬」帳戶下應設置「工資」「職工福利」「社會保險費」「住房公積金」「工會經費」「職工教育經費」「非貨幣性福利」

「辭退福利」「股份支付」等明細項目。

「應付職工薪酬」帳戶期末一般沒有餘額,如果企業本月實發職工薪酬是按上月考勤記錄計算的,實發工資與按本月考勤記錄計算的應付薪酬的差額,即為本帳戶的期末餘額。如果企業實發薪酬與應付薪酬相差不大,也可以按本月實發薪酬作為應付薪酬進行分配,這樣本帳戶期末即無餘額。如果不是由於上述原因引起的應付薪酬大於實發薪酬的,期末貸方餘額反應為企業應付未付的職工薪酬。

【例3-8】昌運公司2015年6月職工「薪酬費用分配匯總表」,如表3-7所示。

表3-7　　　　　　　　　　薪酬費用分配匯總表
2015年6月　　　　　　　　　　　　　　　單位金額:元

借方帳戶	貸方帳戶	應付職工薪酬		
	成本或費用項目	直接計入	分配計入	合計
基本生產成本	甲產品 直接人工	36,000	27,000	63,000
	乙產品 直接人工	32,400	25,600	58,000
	小計	68,400	52,600	121,000
輔助生產成本	供電車間 直接人工	8,000		8,000
	模具車間 直接人工	7,200		7,200
	小計	15,200		15,200
製造費用	生產車間 人工費用	6,800		6,800
管理費用	人工費用	15,400		15,400
銷售費用	人工費用	13,600		13,600
合計		119,400	52,600	172,000

根據表3-7編製的會計分錄如下:

借:生產成本——基本生產成本——甲產品　　　　63,000
　　　　　　　　　　　　　　　——乙產品　　　　58,000
　　　　　　——輔助生產成本——供電車間　　　　8,000
　　　　　　　　　　　　　　　——模具車間　　　　7,200
　　製造費用　　　　　　　　　　　　　　　　　　6,800
　　管理費用　　　　　　　　　　　　　　　　　　15,200
　　銷售費用　　　　　　　　　　　　　　　　　　13,600
　　貸:應付職工薪酬　　　　　　　　　　　　　　172,000

3.5　折舊費用的核算

固定資產折舊是指固定資產在使用過程中,由於損耗而減少的價值,這部分價值會轉移到生產的產品中或構成企業的經營成本或費用。折舊費用的核算主要包括兩個部分:折舊的計算和折舊費用的分配。

3.5.1 折舊的計算

會計上計算折舊的方法很多，有平均年限法、工作量法、雙倍余額遞減法和年數總和法等，企業應在國家規定的範圍內選擇折舊的計提方法。

1. 平均年限法

平均年限法又稱直線法，是按照應提折舊總額除以固定資產使用年限，平均計算折舊額的方法。其計算公式如下：

$$年折舊額 = \frac{固定資產原始價值 \times (1-預計淨殘值率)}{預計使用年限}$$

$$月折舊額 = \frac{年折舊額}{12}$$

【例3-9】昌運公司一棟行政用辦公用大樓原價為2,000萬元，平均預計使用年限為50年，預計淨殘值率為2%。要求按平均年限法計算該行政辦公大樓每月應計提的折舊額。

年折舊額=2,000萬×（1-2%）÷50=39.2（萬元）

月折舊額=39.2萬÷12=3.27（萬元）

2. 工作量法

工作量法是以固定資產預計可完成的工作量為分攤標準，根據各期實際完成的工作量計算折舊額的一種方法。採用這種方法計提折舊，各期固定資產的折舊額隨工作量的變動而成正比例變動。計算公式如下：

$$每一工作量折舊額 = \frac{固定資產原價 \times (1-殘值率)}{預計總工件量}$$

某固定資產月折舊額=該項固定資產當月實際完成工作量×每一工作量折舊額

【例3-10】昌運公司一輛行政用轎車原值為30萬元，預計淨殘值2萬元，預計總行駛里程50萬千米，當月行駛4,000千米。則：

每千米折舊額=（300,000-20,000）÷500,000=0.56（元/千米）

本月折舊額=4,000×0.56=2,240（元）

3. 雙倍余額遞減法

雙倍余額遞減法是指在不考慮固定資產預計淨殘值的情況下，根據每期期初固定資產帳面淨值乘以兩倍的直線法折舊率計算折舊的方法。其計算公式如下：

$$年折舊率 = \frac{2}{預計使用年限} \times 100\%$$

年折舊額=年初固定資產帳面淨值×年折舊率

$$月折舊率 = \frac{年折舊率}{12}$$

採用雙倍余額遞減法計提折舊的固定資產，應當在固定資產折舊年限到期前兩年內，將固定資產淨值（扣除淨殘值）平均攤銷。

【例3-11】昌運公司的一臺生產用機器，原價為200萬元，預計使用年限為5年，

預計淨殘值為2萬元。要求按雙倍余額遞減法，計算機器每年應計提的折舊額。

年折舊額＝2,000萬×（1-2%）÷50＝39.2（萬元）

月折舊額＝39.2萬÷12＝3.27（萬元）

該企業編製「折舊計算表」如表3-8所示。

表 3-8　　　　　　　　　　　折舊計算表

(雙倍余額遞減法)　　　　　　　　　　　　單位：萬元

計算期	期初折余價值	年折舊率	年折舊額	累計折舊額	期末折余價值
1	200	40%	80	80	120
2	120	40%	48	128	72
3	72	40%	28.8	156.8	43.2
4	43.2	-	20.6	177.4	22.6
5	22.6	-	20.6	198	2

上表中最后兩年的折舊額的計算過程為［(43.2-2)］÷2＝20.6。各月的折舊額用年折舊額除以12計算。

4. 年數總和法

年數總和法又稱合計年限法，是指將固定資產的原價減去預計淨殘值後的余額，乘以逐年遞減的分數計算折舊的方法。這個分數的分子表示固定資產尚可使用的年限，分母表示各年可使用年數的總和。其計算公式如下：

年折舊額＝（固定資產原始價值-預計淨殘值）×年折舊率

年折舊率＝$\dfrac{尚可使用年數}{年數總和}$

尚可使用年數＝預計使用年數-已使用年數

【例3-12】昌運公司的一臺生產用機器原價為200萬元，預計使用年限為5年，預計淨殘值為2萬元。要求按年數總和法，計算機器每年應計提的折舊額。計算過程如表3-9所示。

表 3-9　　　　　　　　　　　折舊計算表

(年數總和法)　　　　　　　　　　　　　單位：萬元

計算期	固定資產淨值	尚可使用年數	年折舊率	本年折舊額	累計折舊額
1	198	5	5/15	66	66
2	198	4	4/15	52.8	118.8
3	198	3	3/15	39.6	158.4
4	198	2	2/15	26.4	184.8
5	198	1	1/15	13.2	198

表3-8中的年數總和＝5+4+3+2+1＝15，各月折舊額等於各年折舊額除以12。

3.5.2 折舊費用的分配

企業應設量「累計折舊」帳戶核算固定資產折舊數額，該帳戶一般只進行總分類核算，而不進行明細分類核算。企業計提固定資產折舊，應根據固定資產的用途及受益對象，分別借記「製造費用」「銷售費用」和「管理費用」帳戶，貸記「累計折舊」帳戶。實物中固定資產折舊常通過編製「固定資產折舊費用分配表」核算，格式如表3-10所示。

表 3-10　　　　　　　　　　固定資產折舊費用分配表
2015 年 6 月份　　　　　　　　　　　　　　　　　單位：元

借方帳戶	車間部門	上月固定資產折舊額	當月增加固定資產折舊額	當月減少固定資產折舊額	本月固定資產折舊額
製造費用	基本生產車間	53,000		2,000	51,000
輔助生產成本	供水車間	2,700	500	230	2,970
	供電車間	2,450	350	200	2,600
	小計	5,150	850	430	5,570
管理費用	行政管理部門	15,000	1,000	200	15,800
銷售費用	專設銷售機構	12,000			12,000
	合計	85,150	1,850	2,630	84,370

根據表 3-9 編製的會計分錄如下：
借：製造費用　　　　　　　　　　　　　　　　　　51,000
　　生產成本——輔助生產成本——供水車間　　　　2,970
　　　　　　　　　　　　　　——供電車間　　　　2,600
　　管理費用　　　　　　　　　　　　　　　　　　15,800
　　銷售費用　　　　　　　　　　　　　　　　　　12,000
　　貸：累計折舊　　　　　　　　　　　　　　　　84,370

3.6　利息、稅金和其他費用的核算

3.6.1　利息費用的核算

工業企業各種要素費用中的利息費用，如果不是專門為構建固定資產而借入的款項所產生的利息，並不構成產品成本的組成部分，而是財務費用的一個費用項目；專門為構建固定資產所借入的專項借款的利息，在符合資本化條件時要計入在建工程，在所建造的固定資產投入使用時，通過累計折舊計入產品成本或期間費用中。利息費用一般按月計提，按季結算支付。每月末，借記「財務費用」，貸記「應付利息」。實際支付全季利息費用時，應借記「財務費用」及「應付利息」帳戶，貸記「銀行存

款」帳戶。

【例3-13】昌運公司2015年第二季度每月的利息費用為20,000元，季末共支付利息費用60,000元。會計分錄如下：

2015年4月份和5月份計提利息費用時的分錄為：
借：財務費用　　　　　　　　　　　　　　　　　　　20,000
　　貸：應付利息　　　　　　　　　　　　　　　　　　20,000

2015年6月末實際支付利息費用時的分錄為：
借：財務費用　　　　　　　　　　　　　　　　　　　20,000
　　應付利息　　　　　　　　　　　　　　　　　　　　40,000
　　貸：銀行存款　　　　　　　　　　　　　　　　　　60,000

3.6.2 稅金的核算

工業企業各種要素費用中的稅金，也不是產品成本的組成部分，而是管理費用等費用的組成部分，包括房產稅、車船稅、城鎮土地使用稅和印花稅等。

在這些稅金中，有的稅金（如印花稅）可用銀行存款等貨幣資金直接繳納，繳納時，應借記「管理費用」總帳和所屬明細帳（在明細帳中記入「印花稅」等費用項目），貸記「銀行存款」等帳戶，而有的稅金（如房產稅、車船稅和城鎮土地使用稅等）應該通過「應交稅費」帳戶核算。在計算應交稅金時，應借記「管理費用」等帳戶和所屬明細帳（在明細帳中記入「房產稅」「車船稅」和「城鎮土地使用稅」費用項目），貸記「應交稅費」帳戶。在繳納稅金時，應借記「應交稅費」帳戶，貸記「銀行存款」等帳戶。

3.6.3 其他費用的核算

生產業企業各種要素費用中的其他費用，是指除了前述各要素以外的費用，包括郵電費、租賃費、印刷費、圖書資料報刊費、辦公用品費、試驗檢驗費、排污費、差旅費、誤餐補助費、交通費、保險費、職工技術培訓費等。這些費用都沒有專門設立成本項目，應該在費用發生時，按照發生的車間、部門和用途，分別借記「製造費用」「管理費用」等帳戶，貸記「銀行存款」或「庫存現金」等帳戶。

工業企業的各種要素費用經過以上分配，都按照費用的用途分別記入「基本生產成本」「輔助生產成本」「製造費用」「銷售費用」「管理費用」「財務費用」和「在建工程」等帳戶的借方進行歸集。

本章小結

本章主要介紹了材料費用、工資費用、折舊費用及其他各要素費用的核算。材料可分為原材料、外購半成品、輔助材料、修理用備件、燃料、包裝物、低值易耗品等。材料費用核算的原始憑證主要包括領料單、限額領料單和領料登記表。企業材料收發的日常核算，無論是按照實際成本組織，還是按照計劃成本進行，對於發出的材料，

均應將其實際成本計入生產費用或期間費用。當若干產品共同耗用一種材料時，則材料費用需在各產品間進行合理分配。工資費用是企業支付給職工的勞動報酬，它由短期薪酬、辭退福利、離職后福利計劃以及其他長期薪酬等部分內容組成。工資費用核算的原始憑證主要是考勤記錄與產量記錄。工資的計算主要包括計時工資的計算和計件工資的計算等方面。固定資產折舊是固定資產的價值損耗。企業可採用的折舊方法有年限平均法、工作量法、年數總和法、雙倍餘額遞減法等。計提折舊時，應正確確定固定資產折舊的計提範圍，科學估計固定資產的使用年限和淨殘值，並合理選擇固定資產折舊方法。折舊費用應按固定資產的用途分別計入產品成本或當期損益。此外，本章還闡述了外購動力費用、利息費用等費用的核算。

習題

1. 某企業基本生產車間生產 A、B 兩種產品，共同耗用甲材料 13,500 千克，每千克單價為 2.16 元。生產 A 產品 1,800 件，單件 A 產品甲材料消耗定額為 45 千克；生產 B 產品 1,200 件，單件 B 產品甲材料消耗定額為 2.25 千克。

要求：

（1）根據上述資料，採用定額消耗量比例法計算 A、B 兩種產品應分配的甲材料費用。

（2）編製材料費用分配的會計分錄。

2. 某企業 9 月 26 日通過銀行支付外購電費 24,000 元。9 月末查明各車間、部門耗電度數為：基本生產車間耗電 35,000 度，其中車間照明用電 5,000 度；輔助生產車間耗電 8,900 度，其中輔助生產車間照明用電 1,900 度；企業行政管理部門耗電 6,000 度。該月應付外購電力費共計 24,950 元。

要求：

（1）按所耗電度數分配電力費用，A、B 產品按生產工時分配電費。A 產品生產工時為 36,000 小時，B 產品生產工時為 24,000 小時。

（2）編製該月份支付外購電力費用的會計分錄。

（3）編製該月份分配外購電力費用的會計分錄。該企業基本生產產品設有「燃料及動力」成本項目，輔助生產產品設有「燃料及動力」成本項目。

3. 某企業 10 月份有關工資及工時發生情況如下：

（1）基本生產車間生產工人工資 60,000 元，按產品實耗工時比例在甲、乙兩種產品之間進行分配，甲產品實用 12,000 工時，乙產品實用 8,000 工時。

（2）第一基本生產車間管理人員工資 2,000 元，第二車間管理人員工資 3,000 元；

（3）輔助生產機修車間人員工資 19,000 元；

（4）廠部行政管理人員工資 17,600 元；

（5）六個月以上病假人員工資 1,800 元；

（6）醫務、福利人員工資 3,200 元；

要求：根據以上資料，編製該企業 10 月份薪酬費用分配表，並編製有關會計分錄。

4 輔助生產費用的歸集與分配

教學目標：

通過本章的學習，瞭解輔助生產費用核算的內容及歸集，瞭解輔助生產費用各種分配方法的特點及適用範圍，重點掌握輔助生產費用各種分配方法的核算。

教學要求：

知識要點	能力要求	相關知識
輔助生產費用的歸集	(1) 瞭解輔助生產費用的構成； (2) 瞭解輔助生產費用核算的帳戶設置	(1) 直接材料； (2) 直接人工； (3) 製造費用； (4) 從其他輔助生產部門分配轉入的費用； (5) 總帳帳戶的設置； (6) 明細帳帳戶的設置
輔助生產費用的分配	(1) 理解輔助生產費用分配的特點； (2) 掌握輔助生產費用分配的方法	(1) 直接分配法； (2) 順序分配法； (3) 一次交互分配法； (4) 代數分配法； (5) 計劃成本分配法

基本概念：

基本生產費用　輔助生產費用　直接分配法　順序分配法　一次交互分配法　代數分配法　計劃成本分配法

導入案例：

惠康醫療中心位於三亞市，設有住院部和門診部。由於其位於退休職工密集區，病人趨向老齡化，因而當地政府的醫療照顧計劃為其提供醫療保險，對門診病人的醫療照顧由政府按成本補償，每個診所要提供一份關於治療享受醫療照顧病人的成本報告。住院病人的醫療照顧補償是以預計的比例為基礎，求出每位病人的補償額，不考慮醫院成本。另外，該醫療中心還有兩個行政管理部門，即會計部和信息管理部，為住院部和門診部提供勞務。表4-1列示了兩個部門所提供的服務情況。

表 4-1　　　　　　會計部、信息管理部所提供的服務情況匯總表

行政管理部門		會計部	信息管理部
待分配費用		3,600,000 元	5,800,000 元
分配基礎		交易數量	磁盤空間（GB）
耗用服務數量	會計部		8
	信息管理部	40,000	
	住院部	1,200,000	8
	門診部	760,000	9
	合計	2,000,000	25

　　會計部的成本是按照各受益對象的交易量為基礎進行分配的，信息管理部是以各受益對象的存貯 GB 數為基礎進行分配的。醫療照顧計劃指南允許採用以上標準分配成本，同時該指南也允許採用一些其他方法分配成本，只要方法合理、公認即可。

　　要求：設計一種在住院部和門診部之間分配會計部和信息管理部成本的方法，並計算住院病人和門診病人分別負擔多少會計部和信息管理部成本。

4.1　輔助生產費用的歸集

　　工業企業的生產按照生產職能的不同可以分為基本生產與輔助生產。基本生產是指企業主要商品產品的生產活動，如紡織廠的紡紗織布，汽車廠的汽車製造，電池廠的電池製造，鋼鐵企業的煉鐵、煉鋼等。從事基本生產的部門稱為基本生產車間（或部門），從事基本生產而發生的耗費稱為基本生產費用。輔助生產是為基本生產服務而進行的產品生產和勞務供應。輔助生產有兩種情況：一種是為基本生產車間製造工具和模具的，或是為基本生產提供刀具、刃具、模具、夾具的生產；另一種是為基本生產提供水、電、汽或提供修理、運輸等勞務。從事輔助生產的部門稱為輔助生產車間（或部門），從事輔助生產而發生的耗費稱為輔助生產費用。

　　輔助生產車間主要是為基本生產車間、行政管理等部門提供產品或勞務，很少對外服務，因此輔助生產費用一般應由企業內部各受益部門負擔。除此之外，在企業生產過程中，輔助生產部門不但向其他部門提供勞務，其自身內部也相互提供勞務，例如：供電車間消耗動力車間的動力費用，動力車間消耗供電車間電力費用等，這就要求輔助生產車間內部要進行費用的相互分配，以便正確歸集各輔助生產車間的成本費用。由此可以看出，對輔助生產費用的歸集與分配是否正確，不僅決定了輔助生產產品和勞務成本的正確性，還影響企業主要商品產品的成本的正確性。因此，正確合理地歸集和分配輔助生產費用具有重大意義。

4.1.1　輔助生產費用的成本構成項目

　　輔助生產費用的成本構成項目包括：①直接材料。指直接用於輔助生產車間勞務

生產的各種材料（包括外購的和企業自制的）、燃料及動力費用等。②直接人工。指直接從事輔助生產部門勞務生產人員的工資、福利費、社會保險費、住房公積金、職工教育經費、工會經費等各種人工費用。③製造費用。指輔助生產車間內部為組織和管理生產而發生的各項間接費用，包括輔助生產部門管理人員和其他非生產人員工資及社會保險費、職工教育經費、工會經費和非貨幣性福利費、折舊費、辦公費、水電費、機物料消耗等。④從其他輔助生產部門分配轉入的費用。指一個輔助生產車間消耗其他輔助生產車間的勞務，通過一定的方法分配轉入的應由該輔助生產車間負擔的費用。如動力車間消耗供電車間費用300元，則這300元電費應計入動力車間的費用中。具體分配方法在下一節介紹。

4.1.2　輔助生產費用歸集的帳戶設置

輔助生產費用的歸集包括兩個層次，即總帳帳戶的設置和明細帳帳戶的設置。

1. 總帳帳戶的設置

輔助生產費用的核算是通過「生產成本——輔助生產成本」科目進行的。其結構如下：

借方	生產成本——輔助生產成本	貸方
為進行輔助生產而發生的一切費用，包括直接材料、直接人工、分配轉入的製造費用、從其他輔助生產車間分配轉入的費用等		由輔助生產按照一定的標準向基本生產車間、管理部門、其他輔助車間等部門分配的輔助生產費用以及完工入庫的自制工具、模具的成本
余額：輔助生產車間在產品的成本		

2. 明細帳帳戶的設置

輔助生產成本明細帳的設置，應根據各個輔助生產車間的具體情況決定。

（1）輔助生產車間只生產一種產品或只提供一種勞務

在只生產一種產品或只提供一種勞務的輔助生產車間，如供水、供電、供汽、運輸等車間，應按照車間分別設置「輔助生產成本明細帳」，在帳內按規定的成本項目設置專欄，車間發生的所有費用都登記在「輔助生產成本明細帳」內。

（2）輔助生產車間生產多種產品或提供多種勞務

在生產多種產品或提供多種勞務的輔助生產車間，如工具、模具等車間，應按車間以及產品或勞務的種類設置明細帳。發生的單一成本項目的費用記入輔助生產按產品、勞務的種類設置的明細帳中，輔助生產車間發生應由幾種產品、勞務共同承擔的費用，則應先記入「製造費用——輔助生產車間」明細帳中。期末，再從「製造費用——輔助生產車間」轉出，分配記入按產品、勞務的種類設置的輔助生產成本明細帳中。

有的企業輔助生產車間的規模較小，發生的製造費用不多，為了簡化核算，輔助生產車間可以不單獨設置「製造費用——輔助生產車間」明細帳，而直接記入「生產成本——輔助生產成本」帳戶及其明細帳的借方。

輔助生產費用的歸集根據「材料費用分配表」「工資及福利費分配表」「製造費用分配表」「折舊費用分配表」等有關憑證登記「生產成本——輔助生產成本」及其所屬明細帳。輔助生產成本明細帳的格式見表 4-2、表 4-3。

表 4-2　　　　　　　　　　　輔助生產成本明細帳

車間：　　　　　　　　　　　　　　　　　　　　　　　　　　　　單位：元

日期	憑證號	摘要	費用明細項目							合計	轉出	餘額
			材料費	工資及福利費	動力費	折舊費	修理費	辦公費	水電費	其他			
		合計											

表 4-3　　　　　　　　　　　輔助生產成本明細帳

車間：　　　　　　　　　　　　　　　　　　　　　　　　　　　　單位：元

日期	憑證號	摘要	產品成本項目			合計
			直接材料	直接人工	製造費用	
		合計				

4.2　輔助生產費用的分配

4.2.1　輔助生產費用分配的基本思路

輔助生產車間發生的各種費用如何分配計入成本費用，是由輔助生產車間提供產品和勞務的性質以及它在生產中的作用決定的。

1. 提供產品的輔助生產費用分配

若輔助生產車間是生產產品的，如自製材料、工具、模具等，在這些產品完工後，應將其成本從「生產成本——輔助生產成本」帳戶轉入「原材料」或「低值易耗品」等帳戶中。各車間、部門領用時，再比照財務會計中存貨的核算方法，根據具體的用途和數量，一次或分次轉入有關成本費用帳戶。

2. 提供勞務的輔助生產費用分配

如果輔助生產車間提供電、水、蒸汽、運輸、修理等產品或勞務，因沒有實物形態，輔助生產車間發生的費用在歸集後，應根據各受益部門的耗用量，採用一定的分

配方法在各受益部門間進行分配。

輔助生產費用分配的基本原則是：誰受益誰承擔，多收益多承擔，少收益少承擔；分配方法力求簡單、合理、易行。其分配的關鍵是確定輔助生產產品或勞務的單位成本和各受益部門的耗用量。

4.2.2 輔助生產費用的分配方法

輔助生產車間主要向基本生產車間和行政管理等部門提供勞務，但大多數情況下，輔助生產車間之間也相互提供勞務，如供電車間向供汽車間提供電力，供汽車間向供電車間提供蒸汽。這樣，要計算電的成本，首先應計算蒸汽的成本；而要計算蒸汽的成本，又要以計算出電的成本為先決條件。由於它們之間相互制約、互為條件，使輔助生產費用的分配產生了困難，因而輔助生產費用的分配採用了一些特殊的分配方法，主要有直接分配法、一次交互分配法、計劃成本分配法、代數分配法和順序分配法等。

1. 直接分配法

直接分配法是指對輔助生產費用只進行一次分配，即把生產車間所發生的實際費用，僅在基本生產車間和行政管理部門等輔助生產部門以外的各受益部門之間按其耗用數量進行分配，對於各輔助生產車間之間相互提供的產品或勞務數量則不進行分配的一種輔助生產費用的分配方法。其計算公式如下：

$$某輔助生產費用分配率 = \frac{該輔助生產車間直接發生的費用總額}{該輔助生產車間提供的勞務總量 - 為其他輔助生產提供的勞務量}$$

某受益對象應負擔的輔助生產費用＝該受益對象的勞務耗用量×輔助生產費用分配率

【例4-1】 某工業企業設有供電和供水兩個輔助生產車間，由於該企業輔助生產車間只提供一種勞務，因而不設置製造費用明細帳，輔助生產車間發生的費用全部登記在「輔助生產成本明細帳」中。供電車間的「輔助生產成本明細帳」見表4-4。

表4-4　　　　　　　　　　輔助生產成本明細帳

車間：供電車間　　　　　　　2014年6月　　　　　　　　　　單位：元

日期	憑證	摘要	費用明細項目				合計	轉出	餘額
			材料費用	工資費用	折舊費用	其他費用			
略	略	分配材料費	60,000						
		分配工資費		40,000					
		提取折舊費			20,000				
		分配其他費用				15,000			
		合計					135,000		
		本月轉出						135,000	

供水車間本月發生費用為 75,000 元（其輔助生產成本明細帳略），各輔助生產車間提供的勞務數量及各受益對象耗用量見表 4-5。

表 4-5　　　　　　　　　　輔助生產勞務供應通知單

2014 年 6 月

受益對象		供電量（度）	供水量（噸）
輔助生產車間	供電車間		90,000
	供水車間	75,000	
基本生產車間	產品耗用	400,000	20,000
行政管理部門		200,000	40,000
合計		675,000	150,000

根據上述資料，採用直接分配法進行分配時，應先計算費用分配率，然後再按受益量分配。計算結果如下：

電費分配率 $= \dfrac{135,000}{675,000-75,000} = 0.225$（元/度）

水費分配率 $= \dfrac{75,000}{150,000-90,000} = 1.25$（元/噸）

根據以上計算資料，可編製直接分配法下的「輔助生產費用分配表」，見表 4-6。

表 4-6　　　　　　　　輔助生產費用分配表（直接分配法）

2014 年 6 月　　　　　　　　　　　　　　　　　單位：元

項目	待分配費用	分配數量	分配率	基本生產車間 數量	基本生產車間 金額	行政管理部門 數量	行政管理部門 金額
供電車間	135,000	600,000	0.225	400,000	90,000	200,000	45,000
供水車間	75,000	60,000	1.25	20,000	25,000	40,000	50,000
合計					115,000		95,000

根據表 4-6，編製會計分錄如下：

借：製造費用　　　　　　　　　　　　　　　　　115,000
　　管理費用　　　　　　　　　　　　　　　　　 95,000
　貸：生產成本——輔助生產成本——供電車間　　135,000
　　　　　　　　　　　　　　　　——供水車間　 75,000

採用直接分配法分配輔助生產費用的優點在於：計算手續簡單，分配結果比較直觀。但這種方法具有一定的假定性，即假定各輔助生產車間的產品或勞務都為基本生產車間和行政管理部門所耗用，而輔助生產部門之間互相不提供勞務。而實際中，各輔助生產車間之間經常發生相互提供產品和勞務的業務，所以，這種假設是不符合實際的，由此計算出來的輔助生產成本也不完整。因此，這種方法一般只適用於輔助生

產車間之間不提供或很少提供產品或勞務的情況。

2. 順序分配法

所謂順序分配法是指根據各輔助生產車間按其相互提供勞務的多少排成順序，耗用其他輔助生產車間費用少的輔助生產車間排列在前，先將費用分配出去，並且不再參加以后的費用分配；耗用其他輔助生產車間費用多的輔助生產車間排列在后，後將費用分配出去，並且不再對排在前面的輔助生產車間進行分配的一種方法。其計算公式如下：

$$先分配的輔助生產車間費用分配率 = \frac{該輔助生產車間直接發生的費用}{該輔助生產車間提供的勞務總量}$$

$$后分配的輔助生產車間費用分配率 = \frac{該輔助生產車間直接發生的費用 + 由其他輔助車間分來的費用}{該輔助生產車間提供的勞務總量 - 先分配的輔助生產耗用的該輔助車間的勞務量}$$

某受益對象應負擔的輔助生產費用 = 該受益對象的勞務耗用量 × 輔助生產費用分配率

【例 4-2】仍以例 4-1 資料為例，由於供水車間耗用供電車間的費用少，而供電車間耗用供水車間的費用多，因而，供水車間排列在先，先將費用分配出去。分配時既要將水費分配給基本生產車間、行政管理部門，還要分配給排列在后的供電車間。因此，供電車間待分配的費用由兩部分組成，即本車間發生的費用和供水車間轉入的費用。所應分配的勞務數量不包括供水車間耗用的 75,000 度電。水費、電費的分配率計算如下：

$$水費分配率（先分配）= \frac{75,000}{150,000} = 0.5（元/噸）$$

$$電費分配率（后分配）= \frac{135,000 + 45,000}{675,000 - 75,000} = 0.3（元/度）$$

根據順序分配法編製的「輔助生產費用分配表」如表 4-7 所示。

表 4-7　　　　　　　　　輔助生產費用分配表（順序分配法）
2014 年 6 月　　　　　　　　　　　　　　　　　　　　單位：元

項目	分配費用	勞務數量	分配率	分配金額					
				供電車間		基本生產車間		行政管理部門	
				數量	金額	數量	金額	數量	金額
供水車間	75,000	150,000	0.5	90,000	45,000	20,000	10,000	40,000	20,000
供電車間	180,000	600,000	0.3			400,000	120,000	200,000	60,000
合計					45,000		130,000		80,000

根據表 4-7，編製會計分錄如下：

(1) 分配水費的會計分錄：

借：生產成本——輔助生產成本——供電車間　　　　　　45,000
　　製造費用　　　　　　　　　　　　　　　　　　　　10,000
　　管理費用　　　　　　　　　　　　　　　　　　　　20,000

贷：生產成本——輔助生產成本——供水車間　　　　　　　75,000
（2）分配電費的會計分錄：
借：製造費用　　　　　　　　　　　　　　　　　　　　120,000
　　管理費用　　　　　　　　　　　　　　　　　　　　　60,000
　　貸：生產成本——輔助生產成本——供電車間　　　　180,000

採用順序分配法分配輔助生產費用的優點是計算方法簡便，但是這種方法既將待分配的費用分配給輔助生產車間以外的受益單位，又分配給排列在后面的其他輔助生產車間，因此計算工作量有所增加。另外，由於排列在前面的輔助生產車間不負擔排列在后面的輔助生產車間的費用，因此分配結果的準確性仍然受到一定的影響。這種方法適用於各輔助生產車間之間相互受益程度具有明顯順序的企業。

3. 一次交互分配法

一次交互分配法是指將輔助生產車間的費用分兩次進行分配：第一次只是在各個輔助生產車間之間交互分配費用，對基本生產車間和行政管理等各部門不進行分配；第二次是將輔助生產直接發生的費用加上分配轉入的費用，減去分配轉出的費用，計算出各輔助生產的實際費用后，再採用直接分配法，分配給基本生產車間和行政管理部門等各個受益單位。其計算公式如下：

（1）第一階段交互分配（對內分配）：

$$某輔助生產車間費用分配率 = \frac{該輔助生產車間直接發生的費用}{該輔助生產車間提供的勞務總量}$$

某輔助生產車間應分配的其他輔助生產車間的費用＝該輔助生產車間耗用其他輔助生產車間勞務量×其他輔助生產車間費用分配率

（2）第二階段直接分配（對外分配）：

某輔助生產車間費用分配率

$$= \frac{該輔助生產車間直接發生的費用 + 分配轉入數 - 分配轉出數}{該輔助車間提供的勞務總量 - 輔助生產車間內部勞務耗用量}$$

某受益對象應負擔的輔助生產費用＝該受益對象的勞務耗用量×輔助生產費用分配率

【例4-3】仍以例4-1資料為例，採用一次交互分配法，計算結果如下：

（1）內部交互分配率的計算：

$$電費分配率 = \frac{135,000}{675,000} = 0.2 （元/度）$$

供水車間耗用的電費＝75,000×0.2＝15,000（元）

$$水費分配率 = \frac{75,000}{150,000} = 0.5 （元/噸）$$

供電車間耗用的水費＝90,000×0.5＝45,000（元）

（2）對外分配率的計算：

$$電費分配率 = \frac{135,000 + 45,000 - 15,000}{675,000 - 75,000} = 0.275 （元/度）$$

基本生產車間耗用的電費＝40,000×0.275＝110,000（元）

行政管理部門耗用的電費 = 20,000×0.275 = 55,000（元）

水費分配率 = $\dfrac{75,000+15,000-45,000}{150,000-90,000}$ = 0.75（元／噸）

基本生產車間耗用的水費 = 20,000×0.75 = 15,000（元）

行政管理部門耗用的水費 = 40,000×0.75 = 30,000（元）

根據一次交互分配法編製的「輔助生產費用分配表」如表4-8所示。

表4-8　　　　　　　輔助生產費用分配表（一次交互分配法）

2014年6月　　　　　　　　　　　　　　　單位：元

項目		交互分配			對外分配		
輔助生產車間名稱		供電車間	供水車間	合計	供電車間	供水車間	合計
待分配費用		135,000	75,000	210,000	165,000	45,000	210,000
分配數量		675,000	150,000		600,000	60,000	
分配率		0.2	0.5		0.275	0.75	
供電車間	數量		90,000				
	金額		45,000	45,000			
供水車間	數量	75,000					
	金額	15,000		15,000			
基本生產車間	數量				400,000	20,000	
	金額				110,000	15,000	125,000
行政管理部門	數量				200,000	40,000	
	金額				55,000	30,000	85,000
合計					165,000	45,000	

根據表4-8，編製會計分錄如下：

(1) 交互分配的會計分錄：

借：生產成本——輔助生產成本——供電車間　　　　45,000
　　　　　　　　　　　　　　　　——供水車間　　　　15,000
　貸：生產成本——輔助生產成本——供水車間　　　　45,000
　　　　　　　　　　　　　　　　——供電車間　　　　15,000

(2) 對外分配的會計分錄：

借：製造費用　　　　　　　　　　　　　　　　　　125,000
　　管理費用　　　　　　　　　　　　　　　　　　 85,000
　貸：生產成本——輔助生產成本——供電車間　　　 165,000
　　　　　　　　　　　　　　　　——供水車間　　　 45,000

採用一次交互分配法分配輔助生產費用，克服了輔助生產車間之間不分配費用的缺點，使輔助生產車間的成本計算更加準確；同時，也能促使各輔助生產車間降低相互之間的消耗，加強經濟核算。但是採用這種方法分配輔助生產費用，在實行廠部、

車間兩級成本核算的企業裡，各輔助生產車間只能在接到財會部門轉來其他輔助生產車間分入費用後，才能計算出實際費用，進而進行交互分配和對外分配，往往影響了成本計算的及時性。同時，第一階段交互分配時計算的費用分配率並不完整，據此計算分配的結果只具有相對準確性。這種方法適用於輔助生產車間交互服務較多的企業。

4. 代數分配法

代數分配法是運用初等數學中的聯立方程組計算確定輔助生產產品、勞務的單位成本，然後再根據各受益對象（包括輔助生產車間）的耗用量計算各受益對象應分配的輔助生產費用的一種方法。在建立方程組時，每一組方程都是按下列公式建立的：

某輔助生產車間提供產品或勞務的數量×該產品或勞務的單位成本
　　=該輔助生產車間直接發生的費用
　　+該輔助生產車間耗用其他輔助生產車間的產品或勞務的數量
　　　×其他輔助生產車間產品或勞務的單位成本

只要將上式中產品或勞務的單位成本分別用未知數代替，即建立一個方程，將建立的每一個方程聯立成一個方程組，並解出未知數，即可計算出每一種產品或勞務的單位成本，然後按下式即可將輔助生產費用分配出去：

各車間、部門應分配的輔助生產費用=該車間、部門勞務耗用量×單位成本

【例 4-4】仍以例 4-1 資料為例，採用代數分配法分配輔助生產費用。

設每度電的成本為 X，每噸水的成本為 Y。

建立如下聯立方程組：

$$\begin{cases} 675,000X = 135,000 + 90,000Y & ① \\ 150,000Y = 75,000 + 75,000X & ② \end{cases}$$

將①整理得：

$$X = \frac{135,000 + 90,000Y}{675,000} \quad ③$$

將③式代入②式中，得：

$$150,000Y = 75,000 + 75,000 \times \frac{135,000 + 90,000Y}{675,000}$$

化簡得：Y = 0.642,86

將 Y = 0.642,86 代入③式：

$$X = \frac{135,000 + 90,000 \times 0.642,857}{675,000}$$

化簡得：X = 0.285,714

根據以上計算結果，按代數分配法編製的「輔助生產費用分配表」如表 4-9 所示。

表 4-9　　　　　　　　輔助生產費用分配表（代數分配法）

2014 年 6 月　　　　　　　　　　　　　　單位：元

項目		供電車間	供水車間	合計
待分配費用		135,000	75,000	210,000
分配數量		675,000	150,000	
分配率（X、Y 值）		0.285,714	0.642,857	
供電車間	數量		90,000	
	金額		57,857.13	57,857.13
供水車間	數量	75,000		
	金額	21,428.55		21,428.55
基本生產車間	數量	400,000	20,000	
	金額	114,285.6	12,857.14	127,142.74
行政管理部門	數量	200,000	40,000	
	金額	57,142.8	25,714.28	82,857.08
合計		192,856.95	96,428.55	289,285.5

根據表 4-9，編製會計分錄如下：

借：生產成本——輔助生產成本——供電車間　　　　57,857.13
　　　　　　　　　　　　　　　——供水車間　　　　21,428.55
　　製造費用　　　　　　　　　　　　　　　　　　127,142.74
　　管理費用　　　　　　　　　　　　　　　　　　　82,857.08
貸：生產成本——輔助生產成本——供電車間　　　　192,856.95
　　　　　　　　　　　　　　　——供水車間　　　　96,428.55

代數分配法通過求解聯立方程組直接計算各輔助生產車間的單位實際成本，使得分配結果更為精確，但在輔助生產車間較多的情況下，需設的未知數就多，建立的方程組中的方程式就多，求解方程的工作量較大，因此該方法只適用於輔助生產車間較少或會計工作實現電算化的企業。

5. 計劃成本分配法

計劃成本分配法是指按事先確定的輔助生產車間提供的產品或勞務的計劃單位成本和各受益單位的耗用量，計算各受益單位應分配的輔助生產費用的一種方法。各輔助生產車間的實際成本與按計劃單位成本分配轉出的費用之間的差額（即輔助生產成本差異），應在輔助生產車間以外的各受益單位進行分配，為了簡化核算，可以列入「管理費用」科目中。如果是超支差，應增加各受益對象的成本費用；如果是節約差，則應衝減各受益對象的成本費用。採用計劃成本分配法分配輔助生產費用時，其計算公式如下：

某受益對象應負擔的輔助生產費用
　　　＝該受益對象的勞務耗用量
　　　×輔助生產車間提供產品或勞務的計劃單位成本

某輔助生產費用分配的差異額
=(該輔助生產車間直接發生的實際費用+分配轉入額)
－按計劃成本的分配數額

在採用計劃成本法分配輔助生產成本時，確定的各輔助生產車間勞務或產品的計劃單位成本應比較準確。如果實際成本與計劃分配額之間的差額過大，不利於企業內部的經濟核算。因此，在制定計劃成本時，應考慮該產品、勞務的歷史成本資料，對今后產品或勞務成本的變動情況做出正確的預測，並考慮其他一些因素后，合理加以確定。當按計劃成本分配額與實際成本差異額較大時，可及時對計劃成本進行修改，以便使其更加接近實際。

【例4-5】仍以例4-1資料為例，另假定供電車間的計劃單位成本為0.25元，供水車間的計劃單位成本為0.6元，各輔助生產車間的實際成本與按計劃單位成本分配轉出的費用之間的差額列入「管理費用」中。計算結果如下：

(1) 各輔助生產車間實際成本的計算：
供電車間的實際成本=該輔助生產車間直接發生的實際費用+分配轉入額
=135,000+0.6×90,000=189,000（元）
供水車間的實際成本=該輔助生產車間直接發生的實際費用+分配轉入額
=75,000+0.25×75,000=93,750（元）

(2) 各輔助生產車間成本差異的計算：
供電車間成本差異=該輔助生產車間實際成本－按計劃成本的分配數
=189,000－168,750=20,250（元）
供水車間成本差異=該輔助生產車間實際成本－按計劃成本的分配數
=93,750－90,000=3,750（元）

按計劃成本分配法編製的「輔助生產費用分配表」如表4-10所示。

表4-10　　　　　輔助生產費用分配表（計劃成本分配法）

單位：元

項目		供電車間		供水車間		合計
		數量（度）	金額	數量（噸）	金額	
待分配費用			135,000		75,000	210,000
勞務供應量		675,000		150,000		
按計劃成本分配	計劃單位成本		0.25		0.6	
	輔助生產車間 供電車間			90,000	54,000	54,000
	輔助生產車間 供水車間	75,000	18,750			18,750
	基本生產車間	400,000	100,000	20,000	12,000	112,000
	行政管理部門	200,000	50,000	40,000	24,000	74,000
	計劃成本合計		168,750		90,000	258,750
輔助生產成本實際額			189,000		93,750	282,750
輔助生產成本差異額			20,250		3,750	24,000

根據表4-10，編製會計分錄如下：
(1) 按計劃成本分配的會計分錄：
借：生產成本——輔助生產成本——供電車間　　　　　54,000
　　　　　　　　　　　　　　　　——供水車間　　　　　18,750
　　製造費用　　　　　　　　　　　　　　　　　　　112,000
　　管理費用　　　　　　　　　　　　　　　　　　　 74,000
　　貸：生產成本——輔助生產成本——供電車間　　　168,750
　　　　　　　　　　　　　　　　——供水車間　　　　 90,000
(2) 輔助生產成本差異的會計分錄：
借：管理費用　　　　　　　　　　　　　　　　　　　24,000
　　貸：生產成本——輔助生產成本——供電車間　　　 20,250
　　　　　　　　　　　　　　　　——供水車間　　　　 3,750

採用計劃成本分配法，由於各輔助生產車間只需掌握耗用的其他輔助生產車間勞務數量就能夠計算出分配轉入金額，從而確定其實際成本，核算及時且簡便。另外，通過計劃成本與實際成本的分析，可及時瞭解各輔助生產車間費用超支或節約情況，並分析產生差異的原因，有利於考核輔助生產車間的經濟效益，也有利於各部門之間經濟責任的界定。但是該種方法使用的前提是各種單位計劃成本應比較切合實際，否則會造成不合理的成本差異，影響輔助生產費用分配的準確性。因此，這種方法一般適用於輔助生產計劃單位成本制定得比較準確的企業。

本章小結

本章主要介紹了輔助生產費用的歸集與分配。企業的輔助生產部門是為基本生產車間提供輔助產品或提供勞務而專門設立的，輔助生產費用的歸集和分配是通過「生產成本——輔助生產成本」科目進行的。該科目應按車間以及產品或勞務設立明細帳，帳內可以按成本項目或費用項目進行明細核算。

輔助生產費用的分配方法主要有五種：直接分配法、順序分配法、一次交互分配法、代數分配法、計劃成本分配法。

(1) 直接分配法使用不考慮輔助生產車間相互耗用勞務，而將輔助生產車間所發生的費用直接分配給輔助生產車間以外的各個受益部門，適用於輔助生產車間相互提供勞務較少的企業。

(2) 順序分配法是根據各輔助生產車間按其相互提供勞務的多少排成順序，排列在前的輔助生產車間不負擔在后的輔助生產車間的費用，適用於輔助生產車間相互提供的產品或勞務有明顯順序的企業。

(3) 一次交互分配法是按各個輔助生產車間相互耗用勞務進行一次交互分配，再向輔助生產車間以外的受益部門分配費用的方法，適用於輔助生產車間相互提供勞務量較大的企業。

(4) 代數分配法是運用多元一次聯立方程組求解的原理，計算出各輔助生產車間

勞務的單位成本，再根據受益單位實際耗用量分配輔助生產費用的方法，適用於輔助生產車間不多或採用計算機進行成本核算的企業。

（5）計劃成本分配法是按輔助生產車間提供勞務的計劃單位成本和受益單位的實際耗用量分配輔助生產費用，然後將計劃分配額與「實際費用」進行調整的方法，適用於企業的計劃成本資料比較健全、成本核算基礎工作較好的企業。

習題

一、單項選擇題

1. 輔助生產車間完工入庫的修理備用件，應借記（　　）科目，貸記「輔助生產成本」科目。
   A.「週轉材料」　　　　　　　B.「原材料」
   C.「基本生產成本」　　　　　D.「製造費用」

2. 輔助生產費用一次交互分配法中的交互分配是在（　　）之間進行分配的。
   A. 各受益單位　　　　　　　B. 輔助生產車間以外的受益單位
   C. 各受益的基本生產車間　　D. 各受益的輔助生產車間

3. 輔助生產費用的分配方法中，能分清內部經濟責任，便於成本控制的方法是（　　）。
   A. 直接分配法　　　　　　　B. 交互分配法
   C. 計劃成本分配法　　　　　D. 代數分配法

4. 輔助生產費用直接分配法的特點是將歸集的輔助生產費用直接（　　）。
   A. 記入「輔助生產成本」
   B. 分配給所有受益對象
   C. 分配給其他輔助車間
   D. 分配給輔助車間以外的其他受益對象

5. 輔助生產車間為本企業材料採購提供運輸服務的勞務成本，應借計（　　）。
   A.「銷售費用」　　　　　　　B.「材料採購」
   C.「輔助生產成本」　　　　　D.「製造費用」

6. 下列中不屬於輔助生產費用分配方法的是（　　）。
   A. 直接分配法　　　　　　　B. 交互分配法
   C. 累計分配法　　　　　　　D. 代數分配法

7. 下列輔助分配方法中，分配結果最準確的是（　　）。
   A. 直接分配法　　　　　　　B. 交互分配法
   C. 代數分配法　　　　　　　D. 計劃分配法

8. 採用按計劃成本分配法分配輔助生產成本，輔助生產的實際成本是（　　）。
   A. 按計劃成本分配前的實際費用
   B. 按計劃成本分配前的實際費用加上按計劃成本分配轉入的費用
   C. 按計劃成本分配前的實際費用減去按計劃成本分配轉出的費用

D. 按計劃成本分配前的實際費用加上按計劃成本分配轉入的費用，減去按計劃成本分配轉出的費用

9. 在各輔助生產車間相互提供勞務較少的情況下，適宜採用的輔助生產費用分配方法是（　　）。

　　A. 計劃成本分配法　　　　　　B. 直接分配法
　　C. 計劃分配率分配法　　　　　D. 一次交互分配法

10. 輔助生產費用在交互分配后的實際費用要在（　　）分配。
　　A. 輔助車間以外的各受益部門　B. 在各受益單位之間
　　C. 各輔助生產車間　　　　　　D. 各基本生產車間之間

二、多項選擇題

1. 輔助生產車間管理人員的工資，在不同的核算方法下，可能記入（　　）項目。
　　A.「管理費用」　　　　　　　　B.「製造費用」
　　C.「輔助生產成本」　　　　　　D.「銷售費用」

2. 分配結轉輔助生產費用時，可能借記的科目有（　　）。
　　A.「基本生產成本」　　　　　　B.「銷售費用」
　　C.「管理費用」　　　　　　　　D.「在建工程」

3. 輔助生產費用的分配方法中，能反應各項勞務的實際成本的方法是（　　）。
　　A. 交互分配法　　　　　　　　B. 實際分配法
　　C. 計劃成本分配法　　　　　　D. 代數分配法

4. 輔助生產車間的間接費用應記入（　　）。
　　A.「製造費用」帳戶　　　　　　B.「基本生產成本」帳戶
　　C.「輔助生產成本」帳戶　　　　D.「管理費用」帳戶

5. 輔助生產費用按照計劃分配法分配的優點是（　　）。
　　A. 有利於分清企業內部各單位的經濟責任
　　B. 分配結果準確
　　C. 便於考核輔助生產成本計劃的完成情況
　　D. 便於考核各受益單位的成本

6. 輔助生產費用的交互分配法，在兩次分配中的費用分配率分別是（　　）。
　　A. 費用分配率＝待分配輔助生產費用÷該車間提供勞務量
　　B. 費用分配率＝待分配輔助生產費用÷對輔助該生產車間以外提供勞務量
　　C. 費用分配率＝（待分配輔助生產費用＋交互分配轉入費用－交互分配轉出費用）÷該車間提供勞務量
　　D. 費用分配率＝（待分配輔助生產費用＋交互分配轉入費用－交互分配轉出費用）÷對輔助生產車間以外提供勞務量

三、計算業務題

1. 某企業某輔助車間本月共發生生產費用73,326元。其中：原材料費用51,200元，機物料消耗3,420元，分配生產工人工資4,800元、福利費672元，車間管理人員

工資 2,100 元、福利費 294 元、折舊費 3,340 元，以銀行存款支付辦公費等其他費用共計 7,500 元。

要求：

(1) 編製分配各項要素費用的會計分錄；

(2) 編製結轉輔助車間製造費用的會計分錄。

(該企業輔助生產的製造費用通過「製造費用」科目核算；該企業基本生產車間設有「直接材料」「直接人工」「製造費用」「燃料及動力」四個成本項目；輔助生產車間只設前三個成本項目)

2. 某企業輔助生產車間生產低值易耗品一批，不單獨核算輔助生產製造費用。本月發生費用如下：

(1) 生產工人薪酬 8,208 元，其他人員薪酬 1,710 元；

(2) 生產專用工具領用原材料 6,800 元，車間一般性耗料 700 元；

(3) 燃料和動力費用 3,000 元，通過銀行轉帳支付；

(4) 計提固定資產折舊費 2,700 元；

(5) 以銀行存款支付修理費、水電費、辦公費、勞動保護費等，共計 2,400 元；

(6) 專用工具完工，結轉實際成本。

要求：編製會計分錄。

3. 某企業設有修理、運輸兩個輔助車間、部門，本月發生輔助生產費用、提供勞務量如表 4-11：

表 4-11　　　　　　輔助生產費用、提供勞務量匯總表

輔助車間名稱		修理車間	運輸部門
待分配輔助生產費用		19,000 元	20,000 元
勞務供應量		20,000 小時	40,000 千米
耗用勞務數量	修理車間		1,500 千米
	運輸車間	1,000 小時	
	基本車間	16,000 小時	30,000 千米
	管理部門	3,000 小時	8,500 千米

要求：

(1) 根據資料用直接分配法、順序分配法分配輔助生產費用，並編製相關的會計分錄。

(2) 根據資料用代數分配法分配輔助生產費用並編製相關的會計分錄。(分配率的小數保留四位，第五位四捨五入)

4. 某企業 2×14 年 8 月份各輔助生產車間發生輔助生產費用和生產的產品與提供勞務數量的有關資料如下：發電和修理兩個輔助生產車間發生的輔助生產費用分別為 21,000 元和 20,700 元，發電車間和修理車間的計劃單位成本分別為 0.42 元和 4.25 元。輔助生產車間生產的產品與勞務耗用匯總表如表 4-12 所示。

表 4-12　　　　　　　　　　輔助車間勞務匯總表

受益對象	供電度數	修理工時數
發電車間		600
修理車間	5,000	
基本生產車間	21,000	3,500
行政管理部門	4,000	500
合計	30,000	4,600

要求：

（1）根據資料用一次交互分配法分配輔助生產費用並編製相關的會計分錄。

（2）根據資料用計劃成本分配法分配輔助生產費用並編製相關的會計分錄。

5 製造費用的歸集和分配

教學目標：

通過本章的學習，瞭解掌握製造費用的概念、帳戶設置、分配方法和會計處理。掌握製造費用的歸集、分配與核算。熟悉製造費用核算的內容，理解製造費用歸集的意義，掌握製造費用各種分配方法的適用範圍及優缺點，掌握製造費用歸集的核算，掌握製造費用分配的各種方法。

教學要求：

知識要點	能力要求	相關知識
製造費用的歸集	(1) 理解製造費用概念； (2) 掌握製造費用的核算； (3) 瞭解「製造費用」帳戶設置； (4) 掌握製造費用歸集的核算	(1) 製造費用含義； (2) 製造費用內容； (3) 製造費用分類； (4) 製造費用的核算意義； (5) 製造費用核算的任務； (6) 製造費用核算的內容
製造費用的分配	(1) 理解製造費用的分配的含義； (2) 理解製造費用分配的分配標準； (3) 熟悉製造費用分配的分配程序； (4) 掌握製造費用分配的分配方法	(1) 製造費用的分配的含義； (2) 分配標準選擇原則； (3) 製造費用分配的帳務處理； (4) 製造費用分配表的編製

基本概念：

製造費用　間接材料費用　間接人工費用　製造費用歸集　製造費用的分配

導入案例：

中國第一重型集團公司是國家大型工業企業，公司每年的製造費用支出都超過億元。由於製造費用數額較大，所以，它對產品成本水平有著舉足輕重的影響。如何有效地控制製造費用，以期降低產品成本，提高企業經濟效益，一直是公司多年來苦心探討的課題。經過多年的探索試驗，公司推廣使用了「製造費用監控卡」，剛性控制製造費用。每年年初由計劃處向各分廠下達製造費用年計劃指標，然後由各分廠再分解為月計劃指標並加以實施，由財會處作為控制製造費用的職能部門。如果某分廠製造費用的實際發生數超過計劃指標數的比例不足5%的，則對其提出警告，超過5%以上

的，即刻凍結該分廠除工資、折舊、水電、取暖、利息等必要費用以外的所有其他製造費用來源，直到該分廠製造費用的實際發生額降低到計劃指標以內才予以解凍。通過此方法，迫使所有分廠動腦筋、想辦法、精打細算，鼓勵先進，鞭策後進，從而保證全公司的製造費用控制在計劃之內。通過剛性控制製造費用，收效顯著，為徹底改變公司的製造費用嚴重失控的局面奠定了基礎。

5.1 製造費用的歸集

5.1.1 製造費用概述

1. 製造費用概念

（1）製造費用含義

製造費用指工業企業為生產產品或提供勞務而發生的，應計入產品成本，但沒有專設成本項目的各項生產費用。

（2）製造費用內容

其內容包括三部分：大部分是間接用於產品生產的費用；也有一部分是直接用於產品生產，但管理上不要求或不便於單獨進行核算，因而未專設成本項目的費用；還包括車間用於組織和管理生產的費用。

（3）製造費用分類

製造費用的內容比較複雜，應按照管理要求分別設立若干費用項目進行計劃和核算，歸類反應各項費用的計劃執行情況。製造費用的項目有的可以按照費用的經濟用途設立，如用於車間辦公方面的各項支出，設立「辦公費」項目；也可以按照費用的經濟內容設立，如全車間的機器設備和房屋建築物等固定資產的折舊，設立「折舊費」項目。

製造費用總的來說可簡單分為三類：

①間接材料費用：各生產單位（分廠、車間）耗用的一般性消耗材料。

②間接人工費用：各生產單位（分廠、車間）除生產工人以外的管理人員及其他人員的工資及福利費。

③其他製造費用。

2. 製造費用的核算

（1）製造費用核算的意義

製造費用是產品成本的重要組成部分，所以，正確合理地組織製造費用的核算，對於正確計算產品成本，控制各車間部門費用的開支，考核費用預算的執行情況，不斷降低產品成本具有重要作用。在此過程中，需明確核算任務，必須採用適當的方法，分配計入產品成本。

（2）製造費用核算的任務

①按生產單位（車間）歸集與考核。

②合理分配製造費用。

（3）製造費用核算的內容

①車間管理人員工資。車間管理人員工資是指生產車間管理人員、輔助後勤人員等非一線直接從事生產的人員工資。一線直接生產人員非生產期間的工資也記入本項目，非一線生產員工提供直接生產時，其相應的工資應從本項目轉入生產成本中的直接工資項目。

②職工福利費。按第一項所定義的生產管理人員工資的14%提取。

③交通費。指企業為車間職工上下班而發生的交通車輛費用，主要指汽油費、養路費等。

④勞動保護費。指按照規定標準和範圍支付給車間職工的勞動保護用品，防暑降溫、保健飲食品（含外購礦泉水）的費用和勞動保護宣傳費用。

⑤折舊費。指車間所使用固定資產按規定計提的折舊費。

⑥修理費。指生產車間所用固定資產的修理費用，包括大修理費用支出。

⑦租賃費。指車間使用的從外部租入的各種固定資產和用具等按規定列支的租金。

⑧物料消耗。指車間管理部門耗用的一般消耗材料，不包括固定資產修理和勞動保護用材料。

⑨低值易耗品攤銷。指車間所使用的低值易耗品的攤銷。

⑩生產用工具費。指車間生產耗用的生產用工具費用。

⑪試驗檢驗費。指車間發生的對材料、半成品、成品、儀器儀表等試驗、檢驗費。

⑫季節性修理期間的停工損失。指因生產的季節性需要而必須停工，生產車間停工期間所發生的各項費用。

⑬取暖費。指車間管理部門所支付的取暖費，包括取暖用燃料、蒸汽、熱水、爐具等支出。

⑭水電費。指車間管理部門由於消耗水、電和照明用材料等而支付的非直接生產費用。

⑮辦公費。指車間生產管理部門的通信費用以及文具、印刷、辦公用品等辦公費用；政府部門的宣傳經費，包括學習資料、照相洗印費以及按規定開支的報刊訂閱費等。

⑯差旅費。指按照規定報銷生產車間職工因公外出的各種差旅費、住宿費、助勤費；市內交通費和誤餐補貼；按規定支付職工及其家屬的調轉、搬家費；按規定支付患職業病的職工去外地就醫的交通費、住宿費、伙食補貼等。

⑰運輸費。指生產應負擔的廠內運輸部門和廠外運輸機構所提供的運輸費用，包括其辦公用車輛的養路費、管理費、耗用燃料及其他材料等費用。

⑱保險費。指應由車間負擔的財產保險費用。

⑲技術組織措施費。指生產工藝佈局調整等原因發生的費用。

⑳其他製造費用。除前述所列外，零星發生的其他應由車間負擔的費用。

3.「製造費用」帳戶設置

為了核算與監督製造費用的發生，並把它匯集起來，應設置「製造費用」科目。該科目的借方登記發生的製造費用，貸方登記分配計入有關的成本核算對象的製造費用。製造費用的內容比較複雜，類別眾多，因此，為了加強成本管理，控制開支，在核算製造費用時，要設置必要的明細項目。

「製造費用」帳戶一般按生產車間、部門設置明細帳，帳內按費用項目設專欄進行明細核算。

（1）性質：屬於成本類帳戶。
（2）用途：歸集和分配製造費用。
（3）結構：是典型的集合分配帳戶。

製造費用的歸集，是將企業平時發生的製造費用先集中在「製造費用」帳戶的借方，月末應將歸集的製造費用按車間進行結轉，結轉后一般無余額。

若輔助生產車間的製造費用不通過「製造費用」帳戶核算，則「製造費用」帳戶僅核算基本生產車間的間接費用。「製造費用」帳戶的設置如圖 5-1 所示：

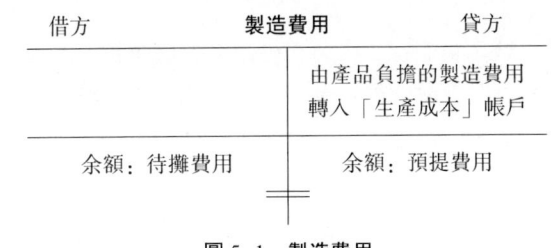

借方	製造費用	貸方
	由產品負擔的製造費用轉入「生產成本」帳戶	
余額：待攤費用		余額：預提費用

圖 5-1　製造費用

（4）明細帳戶：按照生產車間類別設置。

製造費用一般包括以下明細科目：
①製造費用——工資；
②製造費用——職工福利費；
③製造費用——職工教育經費；
④製造費用——修理費；
⑤製造費用——機物料消耗；
⑥製造費用——辦公費；
⑦製造費用——低值易耗品攤銷；
⑧製造費用——租賃費；
⑨製造費用——運輸費；
⑩製造費用——差旅費；
⑪製造費用——水電費；
⑫製造費用——車輛費；
⑬製造費用——職工福利費；
⑭製造費用——折舊費；

⑮製造費用——通訊費；

⑯製造費用——設計制圖費；

⑰製造費用——實驗檢驗費；

⑱製造費用——其他。

（5）製造費用多欄式明細帳中多欄項目的設置。

製造費用包括企業各個生產單位（分廠、車間）為組織和管理生產所發生的生產單位管理人員工資、職工工資和福利費、機物料消耗、生產單位房屋建築物折舊費、機器設備等的折舊費、原油儲量有償使用費、油田維護費、礦山維簡費、修理費、租賃費（不包括融資租賃費）、保險費、低值易耗品攤銷、水電費、取暖費、運輸費、勞動保護費、設計制圖費、試驗檢驗費、差旅費、辦公費、在產品虧損報廢、季節性及修理期間停工損失以及其他製造費用等。

4.「製造費用」明細科目詳細分類及其各科目核算內容細述

（1）固定費用

①製造費用——工資。基本工資+加班費，是指公司生產部門管理人員及服務人員應得工資和加班費。

②製造費用——職工福利費。指公司生產部門職工節日禮金、慰問金、工傷醫療費等、勞保用品費、節日發放的福利用品，另包括每月按生產部門工資計提的福利費。

③製造費用——折舊費。本二級科目指生產部門及車間管理部門、動力及機修車間使用的機器設備等固定資產每月底計提的折舊費用。

④製造費用——機物料消耗。本二級科目指生產部車間加工產品所需共用的零配件、印刷膠帶、不干膠標籤等各車間、各產品共用輔料。

⑤製造費用——辦公費。車間日常辦公用品費+書報費+印刷費（如產品標籤）。

⑥製造費用——低值易耗品攤銷。本二級科目對生產資材部門使用的低值易耗品依據公司財務制度規定攤銷結轉費用。

⑦製造費用——租賃費。本二級科目指公司生產資材部租用廠房、倉庫、機器設備等發生的費用。

⑧製造費用——運輸費。本二級科目指公司購買原輔材料所發生的海運費、空運費、陸運費等，它分為「國內」「國外」發生的運費。

⑨製造費用——保險費。本二級科目指生產資材部門的正常職工保險和購買貨物的保險費，生產部使用機器設備的保險費以及車輛保險等。

⑩製造費用——差旅費。本二級科目包含生產資材部職工出差發生的長途交通費、住宿費和出差補助，另指生產資材部職工市內辦公發生的交通費等。

（2）變動費用

①製造費用——水電費。本二級科目指生產車間水電消耗費用。

②製造費用——職工教育經費。本二級科目指公司按照一定標準計提的公司生產部職工教育基金。

③製造費用——工會經費。本二級科目指的是公司和個人按一定工資比例交納的

工會費。

④製造費用——外部加工費。本二級科目主要指支付廠外的零件、在產品發生的各種加工費、勞務費等。

⑤製造費用——設計制圖費。新品加工制圖、試驗費等。

⑥製造費用——勞動保護費。本二級科目指公司為生產部門職工購買勞保用品所發生的費用。

⑦製造費用——其他。如停工損失費、機物料合理損耗等。

5．製造費用歸集的核算

（1）一般費用發生時，根據付款憑證或據以編製的其他費用分配表，借記「製造費用」帳戶，貸記「銀行存款」帳戶等。

（2）機物料消耗、外購動力費用、工資及福利費、折舊費、修理費等費用發生時，在月末應根據轉帳憑證及匯總編製的各種費用分配表，借記「製造費用」帳戶，貸記「原材料」「應付職工薪酬」「累計折舊」等帳戶。

6．製造費用歸集的帳務處理

（1）發生間接費用時

借：製造費用

　　貸：原材料

　　　　應付職工薪酬

　　　　累計折舊

　　　　銀行存款等

（2）期末結轉「製造費用」

借：生產成本——基本生產成本

　　貸：製造費用

5.1.2 核算程序

製造費用的核算程序如圖 5-2 所示：

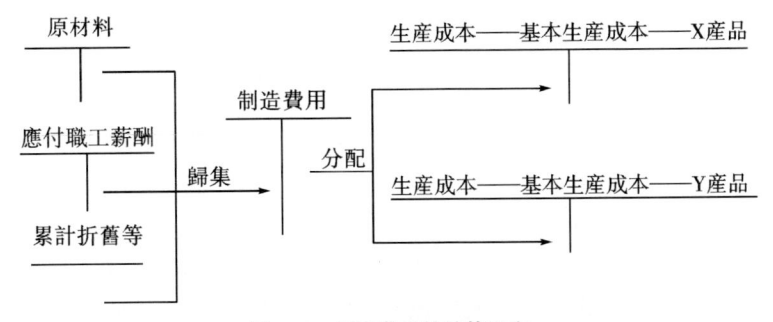

圖 5-2 製造費用的核算程序

製造費用按車間部門設置明細帳，帳內按照費用項目設專欄或專行，分別反應各車間、部門各項製造費用的支出情況。製造費用發生時，根據有關的付款憑證、轉帳

憑證和前述各種費用分配表，借記「製造費用」科目，並視具體情況，分別貸記「原材料」「應付職工薪酬」「累計折舊」「銀行存款」等科目。期末按照一定的標準進行分配時，借記「生產成本——基本生產成本」等科目，貸記「製造費用」科目。除季節性生產的車間外，「製造費用」科目期末應無餘額。應該指出的是，如果輔助生產車間的製造費用是通過「製造費用」科目單獨核算的，則應比照基本生產車間發生的費用核算；如果輔助生產車間的製造費用不通過「製造費用」科目單獨核算，則應全部記入「生產成本——輔助生產成本」科目及其明細帳的有關成本或費用項目。

【例 5-1】根據各自費用分配表及付款憑證登記長江公司基本生產車間製造費用明細帳，詳見表 5-1。

表 5-1　　　　　　　　　　　製造費用明細帳
車間：基本生產車間　　　　　　2013 年 9 月　　　　　　　　　　　　單位：元

摘要	機物料消耗	動力費用	職工薪酬	折舊費	水費	運費	保險費	低值易耗品	其他	合計	轉出
付款憑證									13,969	13,969	
材料費用分配表	5,000									5,000	
低值易耗品攤銷								570		570	
動力費用分配表		2,250								2,250	
工資費用分配表			20,000							2,000	
其他職工薪酬費用分配表			8,000							8,000	
跨期費用分攤表							4,000			4,000	
折舊費用分配表				20,000						20,000	
輔助生產費用分配表					101,594	46,164				147,758	
製造費用分配表											221,547
合計	5,000	2,250	28,000	20,000	101,594	46,164	4,000	570	13,969	221,547	221,547

5.2　製造費用的分配

5.2.1　製造費用的分配

1. 製造費用的分配的含義

製造費用的分配，是指將一個生產車間集中起來的間接費用分配給本車間生產的各種產品，從而將製造費用計入產品成本。由於製造費用分配的標準不同，其分配方法也不同。

2. 製造費用分配的分配標準

為了正確地計算產品的生產成本，必須合理地分配製造費用。在合理分配時，必

須採用一定的分配標準。一般常用的分配標準有實際生產工時比例、機器工時比例、定額工時、生產工人工資比例、耗用原材料的數量或成本比例、直接成本比例、產品產量比例和按年度計劃分配率分配法等。

3. 分配標準選擇原則

（1）相關性原則（合理性），即分配標準應與待分配生產費用間具有密切的依存關係。

（2）易操作原則，即選做分配標準的選擇要有利於成本控制、成本分析，有利於加強成本管理。

（3）相對穩定原則，即分配標準一經選定，要保持一定時期的相對穩定。

當生產多種產品時，製造費用為間接計入費用，應採用適當的分配方法分配計入各產品成本。

4. 製造費用分配的分配程序

（1）基本生產車間的製造費用分配

①在生產一種產品的車間中，製造費用是直接計入費用，製造費用應直接計入該種產品的生產成本。

②在生產多種產品的車間中，製造費用都是間接計入費用，應採用適當的分配方法，分配計入該車間各種產品的生產成本。

（2）輔助生產車間的製造費用分配（基本上同基本生產車間）

①輔助生產車間發生的費用，如果輔助生產的製造費用是通過「製造費用」帳戶單獨核算，則應比照基本生產車間製造費用的核算；如果輔助生產的製造費用不通過「製造費用」帳戶單獨核算，應將其全部記入「生產成本——輔助生產成本」帳戶。

②歸集在「製造費用」帳戶借方的各生產單位當月發生的製造費用，月末應將各項費用發生額的合計數，分別與其預算數進行比較，以查明製造費用預算的執行情況。

5. 製造費用分配表的編製

（1）製造費用分配明細表。

（2）製造費用分配匯總表。

6. 製造費用分配的帳務處理

（1）根據付款憑證或據以編製的其他費用分配表

一般費用發生時，借記「製造費用」帳戶，貸記「銀行存款」或其他有關帳戶。

（2）根據轉帳憑證及匯總編製的各種費用分配表

借記「製造費用」帳戶，貸記「原材料」「應付職工薪酬」「累計折舊」等帳戶，如機物料消耗、外購動力費用、工資及福利費等。

7. 製造費用分配的分配方法

製造費用分配方法分為：當月分配法（當月分配法包括實際分配率法和計劃分配率法）和累計分配法。

（1）第一類——實際分配率法，按照分配標準不同可以分為：

①生產工時比例分配法；

②生產工資比例分配法；

③機器工時比例分配法；

④按耗用原材料的數量或成本比例分配法；

⑤按直接成本（原材料、燃料、動力、工人工資及應提取的福利費之和）比例分配法；

⑥按產品產量比例分配法。

（2）第二類——計劃分配率法：

製造費用年度計劃分配率＝某車間年度計劃製造費用總額/某車間全部產品計劃產量的定額工時之和

某月某種產品應負擔的製造費用＝該月該種產品實際產量的定額工時×製造費用年度計劃分配率

（3）第三類——累計分配率法：

全部產品製造費用累計分配率＝全部產品累計製造費用/全部產品累計分配標準之和

分配標準可以選擇上述分配標準中的任何一種，通常用生產工時，則：

全部產品製造費用累計分配率＝全部產品累計製造費用/全部產品累計生產工時之和

某批完工產品應負擔的製造費用＝該批完工產品的累計生產工時×全部產品製造費用累計分配率

製造費用分配方法主要有四種方法：生產工時比例法、生產工人工資比例法、機器工時比例法、按年度計劃分配率分配法。分配方法一經確定，不應隨意變更。除採用年度計劃分配率分配法外，製造費用科目應無餘額。

（1）實際分配率法

實際分配率法，是指按照各種產品所耗用生產工時（生產工人工資、機器工時）的比例分配製造費用。包括生產工人工時、生產工人工資或機器工時比例分配法。

其分配標準是：生產工人工時、生產工人工資、機器工時。

製造費用分配率＝製造費用總額/各種產品生產工時（生產工人工資、機器工時）總數

某種產品應負擔的製造費用＝該種產品的生產工時（生產工人工資、機器工時）數×分配率

①實際生產工時比例法

實際生產工時比例法是以實際工時為標準分配製造費用的方法。其依據是製造費用與工時存在內在的聯繫，人工工時與製造費用存在著正相關關係。

製造費用分配的核算：

第一步：

製造費用分配率＝製造費用總額／各種產品實際總工時

第二步：

某種產品應負擔的製造費用＝該種產品實際工時×製造費用分配率

實際生產工時比例法是製造費用分配的常用方法之一，該方法簡便易行。它適用

於製造費用的發生與產品實際生產工時有密切聯繫的車間。

按生產工時比率分配：

製造費用分配率＝製造費用總額／受益各產品生產工時總數

或： 製造費用分配率＝某產品生產工時總數／受益各產品生產工時總數

某產品製造費用分配額＝某產品生產工人工時數×製造費用分配率

優點是工時資料容易取得，可以將勞動生產率的高低與產品負擔費用的多少聯繫起來，分配結果比較合理，是較為常見的一種分配方法。缺點是機械化程度相差大，則機械化程度低的負擔較多製造費用。適用於機械代程度較低或生產單位內生產的各產品工藝過程機械化程度大致相同的單位。

【例5-2】某企業基本生產車間生產甲、乙、丙三種產品。本月已歸集在「製造費用——基本生產」帳戶借方的製造費用合計為 21,670 元。甲產品生產工時為 3,260 小時，乙產品生產工時為 2,750 小時，丙產品生產工時為 2,658 小時。要求按生產工人工時比例分配製造費用。

製造費用分配率＝21,670÷(3,260＋2,750＋2,658)＝2.5

甲產品應負擔的製造費用＝3,260×2.5＝8,150（元）

乙產品應負擔的製造費用＝2,750×2.5＝6,785（元）

丙產品應負擔的製造費用＝2,658×2.5＝6,645（元）

按生產工時比例法編製製造費用分配表，詳見表 5-2。

表 5-2　　　　　　　　　製造費用分配表

車間：基本生產車間　　　　　　　　　　　　　　　　　　　　　　　單位：元

應借科目		生產工時（小時）	分配金額（分配率2.5）
生產成本——基本生產成本	甲產品	3,260	8,150
	乙產品	2,750	6,785
	丙產品	2,658	6,645
合計		8,668	21,670

根據製造費用分配表，編製會計分錄如下：

借：生產成本——基本生產成本——甲產品　　　　　　8,150
　　　　　　　　　　　　　　——乙產品　　　　　　6,875
　　　　　　　　　　　　　　——丙產品　　　　　　6,645
　　貸：製造費用　　　　　　　　　　　　　　　　　21,670

②生產工人工資比例分配法

生產工人工資比例分配法是指按照各種產品生產工人工資的比例分配製造費用的一種方法。

製造費用的核算：

第一步：

製造費用分配率＝製造費用總額／車間產品生產工人工資總額

第二步：

某種產品應負擔的製造費用＝該種產品的生產工人工資×製造費用分配率

優點是工資資料容易取得，計算比較簡單。缺點是機械化程度相差大，則機械化程度低的負擔較多製造費用。它適用於製造費用的發生與產品生產工人工資有密切聯繫的企業或者各種產品加工機械化程度及工人技術熟練程度大致相同的企業。

【例5-3】大宇公司基本生產車間生產甲、乙、丙三種產品，當月該車間實際發生的製造費用合計為160,000元。甲產品生產工人工資為30,000元，生產乙產品的工人工資為32,000元，生產丙產品的工人工資為54,000元。要求按生產工人工資比例分配製造費用。

製造費用分配率＝1,600,000÷（30,000＋32,000＋54,000）＝1.38
甲產品應負擔的製造費用＝30,000×1.38＝41,400（元）
乙產品應負擔的製造費用＝32,000×1.38＝44,160（元）
丙產品應負擔的製造費用＝54,000×1.38＝74,440（元）
會計分錄如下：

借：生產成本——基本生產成本——甲產品　　　　　　41,400
　　　　　　　　　　　　　　——乙產品　　　　　　44,160
　　　　　　　　　　　　　　——丙產品　　　　　　74,440
　　貸：製造費用　　　　　　　　　　　　　　　　160,000

③機器工時比例分配法

機器工時比例分配法是指按照各種產品機器工時比例分配製造費用的一種方法。

製造費用的核算：

第一步：

製造費用分配率＝製造費用總額／各種產品機器工時總和

第二步：

某種產品應負擔的製造費用＝該種產品機器工時×製造費用分配率

借：生產成本——基本生產成本——甲產品
　　　　　　　　　　　　　　——乙產品
　　貸：製造費用

該方法適用於生產機械化程度較高的產品生產，其依據是這些產品的機器使用與機器運轉時間有密切的正相關關係。前提是，必須有完整的機器使用工時的原始記錄。

(2) 按年度計劃分配率分配法

按年度計劃分配率分配法是指將當月完工批次的產品負擔的全部製造費用，在其完工時一次性進行分配，而對未完工批次的在產品應負擔的製造費用保留在「製造費用」帳戶中，暫不分配，待其完工后，連同繼續耗費的製造費用一起分配的一種方法。無論各月實際發生的製造費用多少，各月各種產品成本中的製造費用均按年度計劃確定的計劃分配率分配的一種方法。年度內全年製造費用的實際數和產品的實際產量與計劃分配率計算的分配數之間發生的差額，到年終時按已分配比例分配計入12月份產品成本中。

可見，採用此方法，不論各月實際發生多少製造費用，每月各種產品中的製造費用都按年度計劃分配率分配。採用計劃分配率分配製造費用，「製造費用」帳戶月末可能有借方余額，也可能有貸方余額。借方余額表示超過計劃的預付費用，屬於待攤費用，應列作企業的資產項目；貸方余額表示按照計劃應付而未付的費用，屬於預提費用，應列作企業的負債項目。

$$年度計劃分配率 = \frac{年度製造費用計劃總額}{年度各種產品計劃產量的定額工時總數}$$

某月某種產品應負擔的製造費用＝該月該產品實際產量的定額工時數×分配率

優點是不必等月末再計算各產品應負擔的製造費用，而是可以隨時結算已完工產品應負擔的製造費用。簡化分配手續，能夠加快成本的結轉工作，使核算工作量大大減少。缺點是採用此法，由於計劃數與實際數的差額保留在生產成本帳戶，如果計劃不準，會影響成本的準確，使12月成本數偏離過大。要求各個月份製造費用的耗費水平相差不大，否則各個月份產品成本計算的正確性和合理性都會受到影響。

適用於季節性生產的企業車間（有較高的計劃管理水平），特別適用於季節性生產的車間。該方法實際是將完工產品在各品種製造費用總額中比重轉出。

【例5-4】某基本生產車間全年製造費用計劃發生額為400,000元，全年各種產品的計劃產量為：甲產品2,500件，乙產品1,000件。單件產品工時定額為：甲產品6小時，乙產品5小時。本月實際產量為：甲產品200件，乙產品80件。本月實際發生製造費用為35,000元，按年度計劃分配率計算本月製造費用分配如下：

甲產品年度計劃產量的定額工時＝2,500×6＝15,000
乙產品年度計劃產量的定額工時＝1,000×5＝5,000
年度計劃分配率＝400,000÷（15,000＋5,000）＝20
本月甲產品實際產量的定額工時＝200×6＝1,200
本月乙產品實際產量的定額工時＝80×5 ＝400
本月甲產品應分配的製造費用＝1,200×20＝24,000（元）
本月乙產品應分配的製造費用＝400×20＝ 8,000（元）
根據分配結果，編製會計分錄如下：
借：生產成本——基本生產成本——甲產品　　　　　　　24,000
　　　　　　　　　　　　　　——乙產品　　　　　　　 8,000
　貸：製造費用　　　　　　　　　　　　　　　　　　　32,000

該車間本月的實際製作費用為35,000元（即製作費用明細帳借方發生額），大於本月按實際產量和年度計劃分配率分配轉出的製造費用32,000元（即製造費用明細帳的貸方發生額），則本月末「製造費用」帳戶有借方余額3,000元。

因此，採用此種方法，製造費用明細帳以及與之聯繫的「製造費用」總帳科目，月末可能有借方余額，也可能有貸方余額。本題中的借方余額表示超過計劃的預付費用，屬於待攤費用，應列作企業的資產項目；如若為貸方余額，則表示按照計劃應付而未付的費用，屬於預提費用，應列作企業的負債項目。

【例5-5】承上例，假定本年度實際發生製造費用408,360元，至年末累計已分配製造費用415,000（其中甲產品已分配311,250元，乙產品已分配103,750元），試將「製造費用」帳戶的差額進行調整。

年末，「製造費用」帳戶有貸方餘額6,640元，應按已分配比例調整衝回。
甲產品應調減製造費用＝6,640× 311,250/415,000 ＝ 4,980（元）
乙產品應調減製造費用＝6,640× 103,750/415,000 ＝1,660（元）
調整分錄：

借：生產成本——基本生產成本——甲產品　　　　　　4,980
　　　　　　　　　　　　　　——乙產品　　　　　　1,660
　　貸：製造費用　　　　　　　　　　　　　　　　　6,640

如果是超支差異（實際發生額大於計劃分配的差額），年終進行追加調整分配時，應編製藍字分錄（對應關係如上）。

年度調整分配後，「製造費用」帳戶應無餘額。

採用年度計劃分配率分配製造費用，可隨時結算已完工產品應負擔的製造費用，簡化分配手續，最適用於季節性生產的企業。

【例5-6】甲企業生產分廠生產空調和洗衣機兩種產品，空調的直接人工工時定額為20小時，洗衣機的直接人工工時定額為8小時。2008年全年製造費用預算為400,000元，計劃生產空調8,000部、洗衣機5,000部。該分廠2008年1月份實際歸集製造費用28,800元，共生產空調600部、洗衣機800部。

該生產分廠的處理如表5-3所示。

計劃分配率為：400,000÷（20×8,000+8×5,000）＝2

表5-3　　　　　　　　　　　　製造費用分配表
生產分廠　　　　　　　　　　　2008年1月　　　　　　　　　　　　單位：元

項目	空調	洗衣機	合計
實際產量（件）	600	800	/
直接人工工時定額（小時）	20	8	/
直接人工工時總定額（小時）	12,000	6,400	18,400
計劃分配率（元/工時）	2	2	2
製造費用分配額	24,000	12,800	36,800

借：生產成本——基本生產成本（空調）　　　　　　24,000
　　　　　　——基本生產成本（洗衣機）　　　　　12,800
　　貸：製造費用——生產分廠　　　　　　　　　　36,800

1月份分配結轉製造費用共計36,800元，比實際歸集的製造費用多分配8,000元，平時不做調整，留待年末再調。

如果年末生產分廠實際共歸集製造費用 412,000 元，已採用年度計劃分配率法分配 400,000 元，其中空調分配 250,000 元，洗衣機分配 150,000 元，屬於少分配了 12,000 元，應進行追加調整。

追加調整分配率＝12,000÷400,000＝0.03
空調應調增生產成本＝0.03×250,000＝7,500 元
洗衣機應調增生產成本＝0.03×150,000＝4,500 元
借：生產成本——基本生產成本（空調）　　　　　　7,500
　　　　——基本生產成本（洗衣機）　　　　4,500
　　貸：製造費用——生產分廠　　　　　　　　　　12,000

若年末生產分廠實際共歸集製造費用 392,000 元，已採用年度計劃分配率法分配 400,000 元，其中空調分配 250,000 元，洗衣機分配 150,000 元，則多分配了 8,000 元，應進行追加調整。

追加調整分配率＝－8,000÷400,000＝－0.02
空調應調減製造費用＝－0.02×250,000＝5,000（元）
洗衣機應調減製造費用＝－0.02×150,000＝3,000（元）
以紅字作衝減會計分錄如下：
借：生產成本——基本生產成本（空調）　　　　　　5,000
　　　　——基本生產成本（洗衣機）　　　　3,000
　　貸：製造費用——生產分廠　　　　　　　　　　8,000

幾種常用分配方法的特點及適用範圍如表 5-4 所示。

表 5-4　　　　　　　　　　幾種分配方法的特點及適用範圍

分配方法	特點	適用範圍
直接人工工時分配法	產品負擔的製造費用與勞動生產率的高低聯繫（反方向）。 優點： （1）以直接人工工時為分配標準能將勞動生產率和產品分配的製造費用緊密聯繫起來，正確地體現勞動生產率和產品成本的關係。因為勞動生產率提高，產品分配的製造費用就會降低，從而降低產品成本。 （2）從製造費用的構成內容上看，製造費用的相當部分內容與直接人工工時相關，所以以直接人工工時作為分配標準可使分配結果顯得更合理。 （3）各單位都有直接人工工時的統計結果，分配資料的獲取較容易	直接人工工時分配法適用於機械化程度較低，在各產品機械化程度接近、加工工藝區別不大的情況下使用，也可以用於不能準確統計機器工時的情況
直接工資分配法	直接工資的資料很容易地從成本明細帳中獲得，而且分配計算工作簡便	和直接人工工時分配法一樣，這種方法適用於各種產品生產工藝過程中機械化程度和產品加工技術等大致相當的情況

表5-4(續)

分配方法	特點	適用範圍
機器工時分配法	優點: 在自動化程度較高的生產車間裡，製造費用中的折舊費、動力費等與機器設備的使用密切相關，而且在製造費用中所占的比重也很高，以機器工時作為分配標準是恰當的選擇，製造費用中的設備折舊費、修理費等得到較合理的分配。 缺點: (1) 準確統計各種產品所耗用的機器工時或為準確起見將機器工時換算成標準機器工時，都將大大增加核算工作量。 (2) 不同加工工藝的產品在不同的機器設備上加工所應承擔的折舊費等應有明顯區別，但這種分配標準卻無法體現出這種區別	由於機器工時分配法的先天缺陷，機器工時分配法只能用於加工工藝接近、機械化、自動化程度較高的生產車間製造費用的分配，不能用於分廠製造費用的分配
按年度計劃分配率分配法	(1) 實際上可不必等月末再計算各產品應負擔的製造費用，而是可以隨時結算已完工產品應負擔的製造費用。 (2) 簡化分配手續	季節性生產的企業車間（有較高的計劃管理水平）

本章小結

　　本章論述了製造費用歸集的核算和歸集。通過學習應該瞭解製造費用的性質和內容，理解製造費用核算的特點，掌握製造費用歸集和分配的方法。熟悉製造費用核算的內容，理解製造費用歸集的意義，掌握製造費用各種分配方法的適用範圍及優缺點，掌握製造費用歸集的核算，掌握製造費用分配的各種方法。

習題

一、判斷題

　　1. 企業出售原材料取得的款項扣除其成本及相關費用后的淨額，應當計入營業外收入或營業外支出。　　　　　　　　　　　　　　　　　　　　　　　　　　　（　　）
　　2. 企業為客戶提供的現金折扣應在實際發生時衝減當期收入。　　　　（　　）
　　3. 工業企業為拓展銷售市場所發生的業務招待費，應計入管理費用。（　　）
　　4. 製造費用與管理費用不同，本期發生的管理費用直接影響本期損益，而本期發生的製造費用不一定影響本期的損益。　　　　　　　　　　　　　　　　　（　　）
　　5. 管理費用、製造費用、銷售費用都屬於企業的期間費用。　　　　　（　　）
　　6. 企業出售固定資產發生的處置淨損失也屬於企業的費用。　　　　　（　　）
　　7. 企業向銀行或其他金融機構借入的各種款項所發生的利息均應記入「財務費用」。
　　　　　　　　　　　　　　　　　　　　　　　　　　　　　　　　　（　　）

二、計算題

　　1. 某企業輔助生產的製造費用通過「製造費用」科目核算。基本生產車間的製造

費用按產品機器工時比例分配,其機器工時為:甲產品 910 小時,乙產品 818.25 小時。輔助生產車間提供的勞務採用直接分配法,其中應由基本生產車間負擔 5,890 元,應由行政管理部門負擔 2,328 元。

要求:

(1) 編製各項費用發生的會計分錄,歸集和分配輔助生產和基本生產的製造費用。

(2) 計算基本生產車間甲、乙產品的應分配的製造費用。

2. 某基本生產車間全年製造費用計劃發生額為 400,000 元,全年各種產品的計劃產量為:甲產品 2,500 件,乙產品 1,000 件。單件產品工時定額為:甲產品 6 小時,乙產品 5 小時。本月實際產量為:甲產品 200 件,乙產品 80 件。本月實際發生製造費用為 33,000 元,「製造費用」帳戶本月初餘額為借方 1,000 元。

要求:按年度計劃分配率分配製造費用。

3. 某廠某季節性生產車間,年度製造費用計劃數為 168,000 元,全年計劃生產甲、乙兩種產品的定額總工時為 60,000 小時。本月甲產品實耗工時 6,000 小時,乙產品實耗工時 3,750 小時,則本月製造費用如何分配?若年終該車間製造費用帳戶貸方餘額為 4,500 元,按計劃分配率甲產品已分配 104,160 元,乙產品已分配 63,840 元,按已分配比例進行調整。

4. 某基本生產車間全年製造費用計劃發生額為 400,000 元。全年各種產品的計劃產量為:甲產品 2,500 件,乙產品 1,000 件。單件產品工時定額為:甲產品 6 小時,乙產品 5 小時。本月實際產量為:甲產品 200 件,乙產品 80 件。

要求:按年度計劃分配率分配製造費用。

5. 某公司生產 A、B、C 三種產品,生產車間本月共發生折舊費 4,000 元,水電費 2,000 元,辦公費 3,000 元,車間管理人員工資 20,000 元,其他耗用 1,000 元,生產總工時 600 小時,其中 A、B、C 三種產品分別消耗 300 小時、200 小時、100 小時。

要求:

(1) 按生產工時比例計算分配間接費用。

(2) 寫出分配間接費用的會計分錄。

6. 某公司生產甲、乙兩種產品,本月共發生生產工人工資 112,300 元,其中甲產品生產工人工資 67,500 元,乙產品生產工人工資 44,800 元。本月共發生製造費用 336,900 元。

要求:按生產工人工資比例分配製造費用,編製分配製造費用會計分錄。

7. 新大工廠一車間 2002 年全年製造費用預算為 8,600 元,全年各種產品計劃產量為:A 產品 320 件,B 產品 120 件,C 產品 140 件。單位產品工時定額為:A 產品 3 小時,B 產品 4 小時,C 產品 2 小時。

要求:按機器工時分配法分配製造費用。

8. 某基本生產車間生產甲、乙兩種產品,本期共發生製造費用 6,000 元,甲產品生產工人工時數為 600 小時,乙產品生產工人工時數為 400 小時。要求:按生產工時比例法分配製造費用,並編製有關分錄。

9. 某工業企業設有一個基本生產車間,生產甲、乙兩種產品。2008 年 4 月份發生有關的經濟業務如下:

(1) 領用原材料 11,000 元。其中直接用於產品生產 8,000 元，用作基本生產車間機物料消耗 3,000 元。

(2) 應付職工薪酬 9,120 元。其中基本生產車間生產工人薪酬 6,840 元，車間管理人員工資 2,280 元。

(3) 計提固定資產折舊費 2,000 元。

(4) 用銀行存款支付其他費用 4,000 元。

該企業基本生產車間的製造費用按產品工時比例分配，其生產工時為：甲產品 900 小時，乙產品 1,100 小時。

要求：編製各項費用發生的會計分錄，計算並結轉基本生產車間甲、乙產品應分配的製造費用。

三、業務計算題

1. 某企業 2010 年 3 月份發生的業務有：

(1) 發生無形資產研究費用 10 萬元；

(2) 發生專設銷售部門人員工資 25 萬元；

(3) 支付業務招待費 15 萬元；

(4) 支付銷售產品保險費 5 萬元；

(5) 計算本月應交的城市維護建設稅 0.5 萬元；

(6) 支付本月未計提短期借款利息 0.1 萬元。

假設不考慮其他事項，要求：

說明各項經濟業務應該計入的科目並計算該企業 3 月份發生的期間費用總額。

2. 天岳公司 2009 年 12 月與固定資產、無形資產有關的業務如下：

(1) 2009 年 12 月 1 日經營租出一項無形資產，無形資產的帳面價值是 120 萬元，預計使用年限是 10 年，預計淨殘值為 0。

(2) 2009 年 12 月 20 日購入一臺設備供銷售部門使用，採用年數總和法計提折舊。該設備原價 160 萬元，預計使用年限 5 年，預計淨殘值為 10 萬元。

要求：

(1) 計算天岳公司 2010 年 1 月應計提的折舊額和攤銷額。

(2) 編製天岳公司 2010 年 1 月計提折舊和攤銷的會計分錄。

（答案中的金額單位用萬元表示，計算結果有小數的保留兩位小數）

3. 甲股份有限公司（以下簡稱甲公司）為增值稅一般納稅人，適用的增值稅稅率為 17%，銷售單價均為不含增值稅價格。甲公司 2009 年 10 月發生如下業務：

(1) 10 月 3 日，向乙企業賒銷 A 產品 100 件，單價為 40,000 元，單位銷售成本為 20,000 元。

(2) 10 月 15 日，向丙企業銷售材料一批，價款為 700,000 元，該材料發出成本為 500,000 元。上月已經預收帳款 600,000 元，當日丙企業支付剩餘貨款。

(3) 10 月 18 日，丁企業要求退回本年 9 月 25 日購買的 40 件 B 產品。該產品銷售單價為 40,000 元，單位銷售成本為 20,000 元，其銷售收入 1,600,000 元已確認入帳，價款已於銷售當日收取。經查明退貨原因系發貨錯誤，同意丁企業退貨，並辦理退貨手續和開具紅字增值稅專用發票，並於當日退回了相關貨款。

（4）10月20日，收到外單位租用本公司辦公用房下一年度租金300,000元，款項已收存銀行。

（5）10月31日，計算本月應交納的城市維護建設稅36,890元，其中銷售產品應交納28,560元，銷售材料應交納8,330元；教育費附加15,810元，其中銷售產品應交納12,240元，銷售材料應交納3,570元。

要求：

根據上述（1）～（5）業務編製相關的會計分錄。計算甲公司2009年10月份發生的費用金額。(答案中的金額以元為單位；「應交稅費」科目須寫出二級和三級明細科目，其他科目可不寫出明細科目)

4. 某工業企業設有一個基本生產車間和一個輔助生產車間，前者生產甲、乙兩種產品，后者提供一種勞務。4月份發生有關的經濟業務如下：

（1）領用原材料11,570元。其中直接用於產品生產5,600元，用作基本生產車間機物料1,510元；直接用於輔助生產2,620元，用作輔助生產車間機物料810元；用於行政管理部門1,030元。

（2）應付工資8,400元。其中基本生產車間生產工人工資3,200元，管理人員工資1,400元；輔助生產車間生產工人工資1,500元，管理人員工資700元；行政管理部門人員工資1,600元。

（3）按工資的14%提取職工福利費。

（4）計提固定資產折舊費6,140元。其中基本生產車間2,850元，輔助生產車間1,320元，行政管理部門1,970元。

（5）用銀行存款支付開創費用4,020元。其中基本生產車間1,980元，輔助生產車間960元，行政管理部門1,080元。該企業輔助生產的製造費用通過「製造費用」科目核算。基本生產車間的製造費用按產品機器工時比例分配，其機器工時為：甲產品910小時，乙產品818.25小時。輔助生產車間提供的勞務採用直接分配法，其中應由基本生產車間負擔5,890元，應由行政管理部門負擔2,328元。

要求：編製各項費用發生的會計分錄，歸集和分配輔助生產和基本生產的製造費用。

四、案例應用分析

BBC公司全部成本計算法與變動成本計算法案例

BBC公司生產女式錢包和男式錢包，本年的有關數據如表5-5所示：

表5-5　　　　　BBC公司女式錢包和男士錢包生產成本

	女式錢包	男式錢包
生產量（個）	100,000	200,000
銷售量（個）	90,000	210,000
單價（元/個）	5.50	4.50
直接人工小時	50,000	80,000
製造成本		

表5-5(續)

	女式錢包	男式錢包
直接材料	75,000	100,000
直接人工	250,000	400,000
變動性製造費用	20,000	24,000
固定性製造費用		
直接成本	50,000	40,000
共同成本	20,000	20,000
非製造成本		
變動性銷售費用	30,000	60,000
直接固定性銷售費用	35,000	60,000
共同固定性銷售費用＊	25,000	25,000

說明：

①共同成本即為共同製造費用總共40,000美元，在兩種產品之間平均分配。

②共同固定性銷售費用總共50,000美元，在兩種產品之間平均分配。

本年的預計固定性製造費用與實際固定性製造費用相等，為130,000美元。固定性製造費用按照以預計直接人工130,000小時為基礎計算的全廠分配率進行分配。該年男式錢包的期初存貨為10,000個，這些錢包的單位成本與該年生產的男式錢包相同。

要求：

(1) 用變動成本法和全部成本法計算女式錢包和男式錢包的單位成本；

(2) 用變動成本法和全部成本法編製損益表，並分析兩種損益表的差異。

6 廢品損失和停工損失的核算

教學目標：

本章主要介紹廢品損失和停工損失的含義及其內容。通過本章的學習，要求學生掌握廢品損失的概念與核算、停工損失的概念及核算等。其中，重點掌握可修復、不可修復廢品損失的計算和帳務處理，單獨和不單獨核算廢品損失的計算和帳務處理等。

教學要求：

知識要點	能力要求	相關知識
廢品損失的歸集和分配	(1) 理解廢品損失的概念； (2) 掌握廢品損失的核算和帳務處理	(1) 廢品與廢品損失的概念； (2) 廢品損失的核算； (3) 可修復廢品的核算； (4) 不可修復廢品的核算
停工損失的歸集和分配	(1) 理解停工損失的概念； (2) 掌握停工損失的核算和帳務處理	(1) 停工與停工損失的概念； (2) 停工損失的核算

基本概念：

生產損失　廢品損失　停工損失　廢品　可修復廢品　不可修復廢品
不單獨核算廢品損失　單獨核算廢品損失　合格品　廢品報廢損失　廢品殘料
廢品淨損失　停工　停工淨損失

導入案例：

1. 某化肥廠因倉庫潮濕，致使一批上個月中旬入庫的複合肥受潮板結，無法使用，價值 21,000 元。該公司總經理授意成本會計員將其損失列作廢品損失，試問該處理是否合理？

2. 某家具工業企業從某林場購置一批木材，採用水運方式運輸，在運輸過程中突遇洪水，導致對方在岸邊的木材被衝走，造成該企業因原材料供應不足而停產，試問，該企業停產期間的損失能否作為停工損失計入正常生產期間的家具成本？

6.1 廢品損失的歸集和分配

損失是指在企業非日常活動中發生的、會導致所有者權益減少的、與向所有者分配利潤無關的經濟利益的流出。

生產損失是指在生產過程中由於生產工藝、生產外部條件、原材料的質量、工人的技術水平、生產管理水平等諸多因素的影響，常常會發生各種各樣的損失，這些損失即為生產損失。生產損失主要包括廢品損失和停工損失。

6.1.1 廢品與廢品損失的概念

1. 廢品的含義

廢品是指在生產過程中發生的、質量不符合規定的技術標準、不能按其原定用途使用，或者需要加工修理後才能使用的在產品、半成品和產成品，不論是生產中發現、還是入庫後發現，都應包括在內。

2. 廢品的種類

廢品按其生產的原因，可分為工廢品和料廢品兩種。工廢品是指在產品生產過程中因工人操作過失而產生的廢品，因此由該操作工人負責賠償。料廢品是指因用來加工生產產品的原材料、輔助材料、外購半成品或零部件等不符合質量要求而造成的廢品，該損失一般由同種產品的合格產成品成本負擔。

廢品按其是否具有可修復性，分為可修復廢品和不可修復廢品兩種。可修復廢品是指經過修理可以使用，而且所花費的修復費用在經濟上合算的廢品。不可修復廢品，則指不能修復或者所花費的修理費用在經濟上不合算的廢品。

3. 廢品損失的含義

廢品損失包括在生產過程中發現和入庫後發現的不可修復廢品的生產成本，以及可修復廢品的修復費用，扣除回收的廢品殘料價值和應由過失單位或個人賠款以後的損失。修復費用是指可修復廢品在返修過程中所發生的修理用材料、動力、生產工人工資、應負擔的製造費用等扣除過失人賠償後的淨支出。

值得注意的是，經檢驗部門鑒定不需要返修但可以降價出售的不合格品，其成本與合格品相同，其售價低於合格品售價所發生的損失，應在計算銷售損益中體現，不作廢品損失處理。產品入庫後由於保管不善等原因而損壞變質的損失，應作為管理費用處理，不列作廢品損失。實行包退、包修、包換的「三包」企業，在產品出售後而發生的三包損失，也列作管理費用，不作廢品損失。

6.1.2 廢品損失的核算

廢品損失的核算是指對廢品損失的發生進行歸集、結轉和分配。質量檢驗部門發現廢品時，應該填製「廢品通知」，列明廢品的種類、數量、產生廢品的原因和過失人等。成本會計人員應該會同檢驗人員對廢品通知單所列廢品生產的原因和過失人等項

目進行審核。只有經過審核的「廢品通知單」，才能作為廢品損失核算的根據。

廢品損失的核算形式有兩種：單獨核算廢品損失和不單獨核算廢品損失。

在單獨核算廢品損失的企業中，為了單獨核算廢品損失，在會計科目中應增設「廢品損失」科目，在成本項目中應增設「廢品損失」項目。可以單獨設置「廢品損失」總帳，也可在「生產成本——基本生產成本」帳目下設「廢品損失」二級帳，再在此二級帳下按車間分產品，即「基本生產成本——廢品損失——××產品」，分設明細帳，明細帳內按成本項目設專欄進行核算。「廢品損失」帳戶借方反應可修復廢品的修復費用和不可修復廢品的已耗實際生產成本及搬運廢品的運雜費等其他費用，貸方登記廢品殘料回收的價值和應收過失人賠償款。借方發生額大於貸方發生額的差額為廢品淨損失，廢品淨損失由本月同種產品成本負擔，月末將從「廢品損失」帳戶的貸方轉到「生產成本——基本生產成本——××產品」帳戶借方，「廢品損失」帳戶一般無餘額。廢品淨損失＝不可修復廢品生產成本＋可修復廢品修復費用－殘料價值－應收賠款。

在不單獨核算廢品損失的企業中，不設立「廢品損失」帳戶和成本項目，只在回收廢品殘料時，借記「原材料」帳戶，貸記「生產成本——基本生產成本」帳戶，並從所屬有關產品成本明細帳的「直接材料」成本項目中扣除殘值。「基本生產成本」帳戶和所屬有關產品成本明細帳歸集的完工產品總成本，除以扣除廢品數量以後的合格品數量，就是合格品的單位成本。該方法雖然核算簡便，但沒有對廢品損失進行單獨的反應，因而會對廢品損失的分析和控制產生不利的影響。

1. 可修復廢品的核算

可修復廢品的損失是指可修復廢品在修復過程中發生的材料費、生產工人的工資及福利、燃料及動力費等，在扣除殘料的回收價值或責任人的賠償後的淨損失。

因為可修復廢品經過進一步的修理或加工可以轉為合格品，所以其在返修以前發生的生產費用，不計入廢品損失，因此不需要單獨計算其生產成本，而應留在「基本生產成本」科目和所屬有關產品成本明細帳中，不需要轉出。返修發生的各項費用作為廢品損失，根據企業自身特點選擇不同的核算方式。

(1) 單獨核算廢品損失

單獨核算廢品損失的企業，將可修復廢品返修發生的各種費用，根據各種費用分配表，記入「廢品損失」帳戶的借方；回收的殘料價值和應收的賠款，記入「廢品損失」帳戶的貸方。廢品修復費用減去殘料和賠款后的廢品淨損失，應從「廢品損失」帳戶的貸方轉入「基本生產成本」科目的借方中，在所屬有關的產品成本明細帳中，記入「廢品損失」成本科目。具體會計處理如下：

①可修復廢品發生修復費用，應根據各種費用分配表，進行會計處理：

借：廢品損失——××產品
　　貸：原材料
　　　　應付帳款
　　　　應付職工薪酬等

②廢品殘料的回收價值或應收的賠款，應從「廢品損失」科目的貸方轉出，進行

如下會計處理：

借：原材料
　　　其他應收款——××
　　貸：廢品損失——××產品

③修復完成，結轉修復費用，進行如下會計處理：

借：生產成本——基本生產成本——××產品（廢品損失）
　　貸：廢品損失——××產品

(2) 不單獨核算廢品損失

在不單獨核算廢品損失的企業中，不設立「廢品損失」科目和成本項目，只在回收廢品殘料時，借記「原材料」科目，貸記「生產成本——基本生產成本」科目，並從所屬有關產品成本明細帳的「原材料」成本項目中扣除殘值價值。「生產成本——基本生產成本」科目和所屬有關產品成本明細帳歸集的完工產品總成本，除以扣除廢品數量以後的合格品數量，就是合格品的單位成本。不單獨核算的廢品損失企業，為了核算廢品損失，進行如下會計處理：

①發生修復費用時：

借：生產成本——基本生產成本——廢品損失——××產品
　　貸：原材料
　　　　應付帳款
　　　　應付職工薪酬等

②回收殘料價值或應收的賠款：

借：原材料
　　　其他應收款
　　貸：生產成本——基本生產成本——廢品損失——××產品

③不用編製結轉會計分錄。

【例6-1】某企業第一基本生產車間本月生產乙產品，發現5件可修復廢品，修復過程中發生材料費用120元，支付生產工人工資及福利費150元，間接製造費用250元。返修完工時收回殘料100元，修復後經檢驗產品合格，驗收入庫。如表6-1所示。

表6-1　　　　　　　　　廢品損失核算表（可修復廢品）
車間名稱：第一基本生產車間　　　20×4年×月×日　　　　　　產品：乙產品

項目	直接材料	直接人工	製造費用	合計
廢品修復成本	120	150	250	520
殘料價值	100			100
廢品損失	20	150	250	420

(1) 單獨核算廢品損失

①返修發生修理費用：

借：廢品損失——乙產品　　　　　　　　　　　　　520

貸：原材料　　　　　　　　　　　　　　　　　　　　120
　　　　應付職工薪酬　　　　　　　　　　　　　　　　100
　　　　製造費用　　　　　　　　　　　　　　　　　　250
②收到殘料時：
借：原材料　　　　　　　　　　　　　　　　　　　　100
　　貸：廢品損失　　　　　　　　　　　　　　　　　　100
③期末轉廢品淨損失時：
借：生產成本——基本生產成本——乙產品——廢品損失　420
　　貸：廢品損失　　　　　　　　　　　　　　　　　　420
（2）不單獨核算廢品損失
①返修發生修理費用：
借：生產成本——基本生產成本——乙產品　　　　　　520
　　貸：原材料　　　　　　　　　　　　　　　　　　　120
　　　　應付職工薪酬　　　　　　　　　　　　　　　　100
　　　　製造費用　　　　　　　　　　　　　　　　　　250
②收到殘料時：
借：原材料　　　　　　　　　　　　　　　　　　　　100
　　貸：廢品損失　　　　　　　　　　　　　　　　　　100
③無需編製結轉分錄。

2. 不可修復廢品的核算

不可修復廢品的損失是指製造企業生產的不可修復的廢品從生產到報廢所發生的全部生產成本，扣除其殘料的入庫價值和應由責任人賠償款項後的淨損失。由於不可修復廢品的生產成本是和合格品的生產成本一併核算的，因此，為了較為準確地計算不可修復廢品的損失，必須採用一定的方法計算廢品的生產成本。通常採用下列兩種方法計算廢品的損失。

（1）按廢品所耗的實際生產成本費用計算

按廢品的實際生產成本計算就是指在不可修復廢品報廢時，根據廢品和合格品所發生的全部生產成本費用，採用適當的分配方法，在合格品和廢品之間進行成本的分配。通常原材料費用的分配採用數量比例法，工資及福利費、製造費用等採用生產工時比例法。計算公式如下：

廢品負擔的直接材料＝某產品的直接材料費用總額／（合格品約當產量＋廢品約當產量）×廢品約當產量

廢品負擔的直接人工＝某產品的直接人工費用總額／（合格品生產工時＋廢品生產工時）×廢品生產工時

廢品負擔的製造費用＝某產品的製造費用總額／（合格品生產工時＋廢品生產工時）×廢品生產工時

【例6-2】2010年1月某工廠生產軸承400件，完工驗收入庫時發現廢品6件。合格品生產工時788小時，廢品工時1,2小時。該產品成本明細帳所記合格品和廢品的全

部費用為：原材料12,000元，工資和福利費12,600元，製造費用7,200元。原材料是生產開始時一次性投入。廢品殘料入庫作價80元，應由責任人賠償100元。根據以上資料，計算廢品的淨損失，並分別按單獨核算廢品損失和不單獨核算廢品損失進行會計核算。

（1）材料費用的分配。因原材料為生產開始時一次性投入，所以分配材料費用採用數量比例法。

直接材料費用的分配率＝12,000/400＝30（元/件）

不可修復廢品應負擔的直接材料費用＝30×6＝180（元）

（2）直接人工和製造費用的分配，採用生產工時比例法。

直接人工的分配率＝12,600/800＝15.75（元/件）

不可修復廢品應負擔的直接人工＝15.75×12＝189（元）

製造費用的分配率＝7,200/800＝9（元/件）

不可修復廢品應負擔的製造費用＝9×12＝108（元）

根據以上計算，編製廢品損失計算表，見表6-2。

表6-2 廢品損失計算表
（按實際費用計算）

車間名稱：基本生產車間　　2010年1月　　產品名稱：軸承

項目	數量件	直接材料	生產工時	直接人工	製造費用	成本合計
合格品和廢品生產費用	400	12,000	800	12,600	7,200	31,800
費用分配率		30		15.75	9	
廢品生產成本	6	180	12	189	108	477
減：廢品殘料		80				80
應收賠償款				100		100
廢品報廢損失		100		89	108	297

根據表6-2及有關憑證，編製會計分錄：

（1）單獨核算廢品損失

①結轉廢品成本：

借：廢品損失——軸承　　　　　　　　　　　　　　639
　　貸：生產成本——基本生產成本——軸承（直接材料）　180
　　　　　　　　　　　　　　　　　——軸承（直接人工）　189
　　　　　　　　　　　　　　　　　——軸承（製造費用）　108

②收回廢品殘料價值：

借：原材料　　　　　　　　　　　　　　　　　　80
　　貸：廢品損失　　　　　　　　　　　　　　　　80

③收過失人賠償：

借：其他應收款　　　　　　　　　　　　　　　100
　　貸：廢品損失——軸承　　　　　　　　　　　　100

④結轉廢品淨損失：
借：生產成本——基本生產成本——軸承　　　　　　　　297
　　貸：廢品損失——軸承　　　　　　　　　　　　　　　　297
（2）不單獨核算廢品損失
殘料入庫和獲得過失人賠償，則：
借：原材料　　　　　　　　　　　　　　　　　　　　　80
　　其他應收款　　　　　　　　　　　　　　　　　　　100
　　貸：生產成本——基本生產成本——軸承　　　　　　　180
（2）按廢品所耗定額費用計算的方法

這種方法也稱為按定額成本計算方法。在按廢品所耗定額費用計算不可修復廢品的成本時，廢品的生產成本不是按廢品實際發生的費用計算，而是按廢品的數量和各項費用定額計算，通過廢品的定額成本扣除廢品殘料回收價值計算出廢品損失。

【例6-3】黃河工廠本月在齒輪生產過程中發現不可修復廢品8件，按所耗定額費用計算不可修復廢品的生產成本。單件原材料費用定額為50元，已完成的定額工時共計120小時，每小時的費用定額為：燃料和動力1.5元，工資和福利費2元，製造費用1.2元。不可修復廢品的殘料作價90元以輔助材料入庫，應由過失人員賠償30元。廢品淨損失由當月同種產品成本負擔。根據以上資料編製廢品損失計算表，見表6-3。

表6-3　　　　　　　　　　廢品損失計算表
　　　　　　　　　　　　（按定額成本計算）
產品名稱：齒輪　　　　　　　2010年1月　　　　　　　廢品數量：8件

項目	原材料	定額工時	燃料和動力	工資及福利費	製造費用	合計
單位產品費用定額成本	50	120	1.5	2	1.2	
廢品定額成本	400		180	240	144	964
減：收回殘值	90					90
應收賠償款				30		30
廢品損失	310		180	210	144	844

根據表6-3及有關憑證，編製會計分錄：
①轉廢品成本：
借：廢品損失——齒輪　　　　　　　　　　　　　　　　964
　　貸：生產成本——基本生產成本——齒輪（直接材料）　400
　　　　　　　　　　　　　　　　　　——齒輪（燃料和動力）180
　　　　　　　　　　　　　　　　　　——齒輪（直接人工）240
　　　　　　　　　　　　　　　　　　——齒輪（製造費用）144
②收回廢品殘料價值：
借：原材料　　　　　　　　　　　　　　　　　　　　　90
　　貸：廢品損失——齒輪　　　　　　　　　　　　　　　90
③應收過失人賠償：

借：其他應收款　　　　　　　　　　　　　　　　　　　　　　30
　　貸：廢品損失　　　　　　　　　　　　　　　　　　　　　　　　30
④結轉廢品淨損失：
借：生產成本——基本生產成本——齒輪——廢品損失　　　844
　　貸：廢品損失——齒輪　　　　　　　　　　　　　　　　　　　844

按廢品的定額費用計算廢品的定額成本，由於費用定額事先規定，不僅計算工作比較簡便，而且還可以使計入產品成本的廢品損失數額不受廢品實際費用水平高低的影響。也就是說，廢品損失大小只受廢品數量差異（量差）的影響，不受廢品成本差異（價差）的影響，從而有利於廢品損失和產品成本的分析和考核。但是，採用這一方法計算廢品生產成本，必須具備準確的消耗定額和費用定額資料。

6.2　停工損失的歸集和分配

6.2.1　停工與停工損失

1. 停工的含義

所謂停工，即停止工作，是指製造業企業的生產車間（分廠或班組）因為各種原因而發生的生產中斷。造成製造企業停工的原因有很多，如企業季節性的停產、水電的中斷、原材料供應不足、機器設備發生故障或進行大規模的檢修、計劃減產或計劃外減產、發生地震等自然災害、發生騷亂或戰爭等其他不可抗力的因素等，都可能引起企業的停工。

按其原因，停工可分為計劃內停工和計劃外停工兩種。計劃內停工，是指計劃規定的停工，如季節性停工、按計劃進行的設備大修理停工、技術改造及革新停工、固定資產的改建和擴建停工等，屬於正常停工。計劃外停工，是指各種事故造成的停工，如自然災害、原材料供應不足、人工短缺、機器設備發生故障、停水停電、地震等，屬於非正常停工。

2. 停工損失的概念

所謂停工損失，是指製造企業生產車間或班組在停工期間發生的各項生產費用，包括停工期間發生的原材料費用、燃料及動力費用、生產工人的工資及福利費、製造費用等。

企業的停工時間有長有短，短則幾分鐘，長則超過一個月，範圍也有大有小，從某臺機器設備、某個生產班組、車間到全廠。一般情況下，為了簡化核算工作，對於停工不滿一個工作日的，不計算停工損失；超過一個工作日到一個月的停工必須計算停工損失；生產車間停工超過一個月或全廠停工10天以上，一般作為營業外支出。

停工時間的起點，應由企業決策層規定。發生停工時，生產車間或班組應填列停工報告單，並在考勤記錄中進行登記。有關部門應對停工報告單所列示的停工範圍、時間、原因和過失單位或過失人等事項進行審核。

企業發生停工的原因很多，由於自然災害等引起的非正常停工損失，應計入營業外支出；固定資產修理期間的停工損失應計入產品成本；若停工損失能取得賠償，則應該索賠，以衝減損失；季節性工業企業在停工期間的費用，一般應採用待攤或預提的方法，計入開工期間內的產品生產成本，不作為停工損失處理。輔助生產車間由於規模一般不大，為了簡化核算，一般不單獨核算停工損失。

6.2.2 停工損失的核算

1. 帳戶的設置

停工損失的核算方式有兩種：一種是單獨核算停工損失，另一種是不單獨核算。

對於管理上不要求單獨核算停工損失的企業，可以不設立「停工損失」帳戶和該成本項目。停工期間發生的屬於停工損失的各項費用，直接記入「製造費用」和「營業外支出」等帳戶。該方法雖然核算簡便，但沒有對停工損失進行單獨的反應，因而不利於對停工損失的分析和控制。

在停工比較頻繁的企業，為了考核和控制企業停工期間發生的各項費用，管理上要求單獨核算停工損失的企業，為了單獨核算停工損失，在會計科目中應增設「停工損失」帳戶；在成本項目中應增設「停工損失」項目。也可以不設「停工損失」總分類帳戶，而是在「生產成本」總分類帳戶下設置「停工損失」明細帳戶來進行核算。「停工損失」帳戶是為了歸集和分配停工損失而設立的。該科目應按車間設立明細帳，帳內按成本項目分設專欄或專行，進行明細核算。

停工期間發生的應該計入停工損失的各種費用，都應在該科目的借方歸集。借記「停工損失」帳戶，貸記「原材料」「應付職工薪酬」和「製造費用」等帳戶。

歸集在「停工損失」科目借方的停工損失，其中應取得賠償的損失和應計入營業外支出的損失，應從該科目的貸方分別轉入「其他應收款」和「營業外支出」科目的借方；屬於過失單位、過失人或保險公司的賠款，應從該帳戶貸方轉入「其他應收款」等帳戶的借方。將停工淨損失從該科目貸方轉出，屬於自然災害的部分轉入「營業外支出」帳戶的借方；應計入產品成本的損失，即應由本月產品成本負擔的部分，則轉入「基本生產成本」帳戶的借方。如果停工的車間只生產一種產品，應直接記入該種產品成本明細帳的「停工損失」成本項目；如果停工的車間生產多種產品，則應採用適當的分配方法（如採用類似於分配製造費用的方法），分配計入該車間各種產品成本明細帳的「停工損失」成本項目。分配結轉停工損失后，該帳戶應無餘額。

2. 停工損失的帳務處理

（1）不單獨核算停工損失的企業

不設立「停工損失」科目，直接借記「製造費用」「其他應收款」和「營業外支出」等帳戶，貸記「原材料」「應付職工薪酬」等帳戶。輔助生產一般不單獨核算停工損失。

① 非自然災害造成的

借：製造費用

　　貸：原材料

　　　　應付職工薪酬
　②自然災害造成的
　　借：營業外支出
　　　　貸：原材料
　　　　　　應付職工薪酬
　　此種方法雖然簡單，但是不利於企業分析和控制停工損失、加強對停工期間的考核和管理。
　(2) 單獨核算停工損失的企業
　　需要單獨設置「停工損失」總帳帳戶，並按生產車間設立明細帳，同時在「基本生產成本」總帳帳戶下的產品成本明細帳內單設「停工損失」成本項目，以反應產品成本中包含的停工損失。
　①發生停工損失時
　　借：停工損失——××產品
　　　　貸：原材料
　　　　　　應付職工薪酬
　　　　　　製造費用
　②應取得賠償的損失
　　借：其他應收款
　　　　貸：停工損失——××產品
　③應記入營業外支出的損失
　　借：營業外支出
　　　　貸：停工損失——××產品
　④其他原因停工損失的處理
　　借：管理費用
　　　　貸：原材料
　　　　　　應付職工薪酬
　　　　　　製造費用
　⑤結轉停工淨損失時
　　借：生產成本——基本生產成本——××產品
　　　　貸：停工損失——××產品
　　對記入產品成本的停工損失，如果停工的車間只生產一種產品，應直接記入該種產品成本明細帳的「停工損失」成本項目；如果停工的車間生產多種產品，則應採用適當的分配方法（如採用類似於分配製造費用的方法），分配記入該車間各種產品成本明細帳的「停工損失」成本項目。
　　通過上述歸集和分配停工損失后，「停工損失」帳戶月末應無餘額。
　　【例6-4】某工廠第一生產車間因機器故障停工10天，停工期間發生如下費用：生產工人工資3,000元，應提的福利費560元，製造費用2,000元。經調查，停工系工人張某違規操作造成，由其負責賠償1,500元，其余計入產品成本。根據以上資料，編

製會計分錄如下：
　① 發生停工損失時：
　　借：停工損失——第一車間　　　　　　　　　　　　　　　5,560
　　　貸：應付職工薪酬　　　　　　　　　　　　　　　　　　3,560
　　　　　製造費用　　　　　　　　　　　　　　　　　　　　2,000
　② 結轉應由過失人的賠償款：
　　借：其他應收款——張某　　　　　　　　　　　　　　　　1,500
　　　貸：停工損失——第一車間　　　　　　　　　　　　　　1,500
　③ 應記入產品成本的停工損失：
　　借：生產成本——基本生產成本——第一車間　　　　　　　4,060
　　　貸：停工損失——第一車間　　　　　　　　　　　　　　4,060

【例6-5】某企業生產乙產品，本月由於設備故障造成停工一天半，停工期間支付生產工人工資2,000元，計提的福利費200元，應負擔的製造費用1,500元。單獨核算停工損失。

根據以上資料編製停工損失歸集和分配的會計分錄。
停工損失＝2,000+200+1,500＝3,700（元）
　① 發生停工損失時：
　　借：停工損失——乙　　　　　　　　　　　　　　　　　　3,700
　　　貸：應付職工薪酬　　　　　　　　　　　　　　　　　　2,200
　　　　　製造費用　　　　　　　　　　　　　　　　　　　　1,500
　②應記入產品成本的停工損失：
　　借：生產成本——基本生產成本——乙　　　　　　　　　　3,700
　　　貸：停工損失——乙　　　　　　　　　　　　　　　　　3,700

本章小結

　　一是廢品損失的核算。首先，介紹了廢品及廢品損失的含義。其次，闡述了廢品損失的兩種核算方式：單獨核算廢品損失和不單獨核算廢品損失。最后，重點闡述可修復廢品和不可修復廢品的發生的廢品損失，分別採用兩種核算方式下的具體帳務處理，同時著重介紹了不可修復廢品發生的損失的成本計算的兩種方法：實際成本計算法和定額成本計算法的實際應用。

　　二是停工損失的核算。首先，介紹了停工與停工損失的含義。其次，重點闡述了停工損失的兩種核算方式：單獨核算停工損失和不單獨核算停工損失在企業中的具體應用。特別介紹了單獨核算停工損失時，企業如何進行帳戶設置和會計核算。

習題

一、單項選擇題

1. 廢品損失不包括（　　）。
    A. 修復廢品人員工資　　　　B. 修復廢品使用材料
    C. 不可修復廢品的報廢損失　　D. 產品「三包」損失

2. 廢品淨損失分配轉出時，應借記（　　）科目。
    A.「廢品損失」　　　　　　B.「生產成本」
    C.「管理費用」　　　　　　D.「製造費用」

3. 由於自然災害造成的非正常停工損失，應計入（　　）。
    A. 營業外收入　　　　　　　B. 營業外支出
    C. 管理費用　　　　　　　　D. 製造費用

4. 計算出來的廢品損失應（　　）。
    A. 分配計入當月同種合格品的成本中
    B. 分配計入當月各種合格品的成本中
    C. 直接記入當月的「製造費用」科目中
    D. 直接記入當月的「管理費用」科目中

5. 計算出來的廢品損失，應分配轉由（　　）。
    A. 本月的製造費用負擔　　　B. 本月的管理費用負擔
    C. 本月的同種產品成本負擔　D. 下月的同種產品成本負擔

6. 企業核算廢品損失一般是指（　　）。
    A. 輔助生產車間的廢品損失
    B. 基本生產車間的廢品損失
    C. 基本生產車間和輔助生產車間發生的廢品損失
    D. 產品銷售后發生的廢品損失

7. 產品的「三包」損失，應計入（　　）。
    A. 廢品損失　　　　　　　　B. 管理費用
    C. 製造費用　　　　　　　　D. 營業費用

8. 對於季節性停工，企業在停工期間所發生的費用，應計入（　　）。
    A. 停工損失　　　　　　　　B. 管理費用
    C. 營業外支出　　　　　　　D. 製造費用

9. 下列各項損失中，屬於廢品損失的項目是（　　）。
    A. 入庫后發現的生產中的廢品損失
    B. 可以降價出售的不合格品降價的損失
    C. 產成品入庫后由於保管不當發生的損失
    D. 產品出售后發現的廢品由於包退、包換和包修形成的損失

10. 不可修復廢品損失的核算，應採用一定的方法將廢品的成本計算出來，然後從

「生產成本」科目的貸方轉入借方的會計科目是（　　）。

　　A.「製造費用」　　　　　　　　B.「管理費用」

　　C.「廢品損失」　　　　　　　　D.「營業外支出」

二、多項選擇題

1. 廢品損失應包括（　　）。

　　A. 不可修復廢品的報廢損失

　　B. 可修復廢品的修復費用

　　C. 不合格品的降價損失

　　D. 產品保管不善的損壞變質損失

　　E. 產品售出後退貨的費用

2. 計算不可修復廢品的淨損失應包括下列因素（　　）。

　　A. 不可修復廢品的生產成本　　　B. 廢品的殘值

　　C. 廢品的應收賠款　　　　　　　D. 廢品的價值大小

　　E. 合格品的成本

3.「廢品損失」科目的借方登記（　　）。

　　A. 可修復廢品成本　　　　　　　B. 不可修復廢品成本

　　C. 可修復廢品的修復費用　　　　D. 不可修復廢品的應收賠款

4. 廢品按其產生的責任劃分，可分為（　　）。

　　A. 工廢　　　　　　　　　　　　B. 料廢

　　C. 可修復廢品　　　　　　　　　D. 不可修復廢品

　　E. 廢品損失

5. 廢品按其是否可以和值得修復可分為（　　）。

　　A. 工廢　　　　　　　　　　　　B. 料廢

　　C. 可修復廢品　　　　　　　　　D. 不可修復廢品

　　E. 廢品損失

三、計算題

1. 某企業某月份投產丁產品180件，生產過程中發現不可修復廢品30件。該產品成本明細帳所記合格品與廢品的全部費用為：直接材料4,500元，直接工資2,224元，製造費用5,560元。廢品回收殘料110元。直接材料於生產開始時一次性投入，因此直接材料費按合格品數量（150件）、廢品數量（30件）的數量比例分配。其他費用按生產工時比例分配，生產工時為：合格品2,360小時，廢品420小時。根據上述資料，編製不可修復廢品損失計算表（如表6-4），並作相應的帳務處理。

表6-4　　　　　　　　　　不可修復廢品損失計算表

單位：元

項目	數量（件）	直接材料	生產工時	直接工資	製造費用	合計
費用總額						
費用分配率						

表6-4(續)

項目	數量（件）	直接材料	生產工時	直接工資	製造費用	合計
廢品成本						
減：殘值						
廢品報廢損失						

2. 假設某企業生產的丙產品在生產過程中發現不可修復廢品4件，按所耗定額費用計算廢品的生產成本。其直接材料費用定額為50元，已完成的定額工時為100小時，每小時的費用定額為：直接工資1.2元，製造費用1.4元，回收殘料15元。要求根據上述資料，編製不可修復廢品報廢損失計算表（如表6-5）。

表6-5　　　　　　　　　　　　不可修復廢品損失計算表

單位：元

項目	直接材料	定額工時	直接工資	製造費用	合計
單件、小時費用定額					
廢品定額成本					
減：殘值					
廢品損失					

7 生產費用在完工產品和在產品之間的分配和歸集

教學目標：

　　通過本章的學習，瞭解完工產品和在產品之間的關係，瞭解在產品數量的確定，掌握在產品的核算，掌握生產費用在完工產品與在產品之間分配的方法，並能夠計算完工產品的成本。

教學要求：

知識要點	能力要求	相關知識
在產品概述	瞭解完工產品與在產品之間的關係	(1) 在產品定義； (2) 完工產品定義
在產品數量的核算	(1) 掌握在產品的日常核算； (2) 掌握在產品的清查核算	(1) 建立在產品臺帳； (2) 在產品盤盈、盤虧的處理
生產費用在完工產品與在產品之間的分配	(1) 掌握在產品不計算成本法； (2) 掌握在產品按年初固定成本計算法； (3) 掌握在產品按完工產品成本計算法； (4) 掌握在產品按所耗原材料成本計算法； (5) 掌握約當產量法； (6) 掌握定額比例法； (7) 掌握定額成本計算法	(1) 定義； (2) 特點； (3) 適用範圍

基本概念：

　　在產品　完工產品　生產費用　在產品臺帳　約當產量　投料程度　加工程度　約當產量法　定額比例法　定額成本計算法

導入案例：

　　小艾大學畢業到嘉華不銹鋼製品廠應聘，財務部成本科王科長想考核一下小艾成本核算方面的技能，於是給出這樣的題目：嘉華不銹鋼製品廠生產多種產品，其中一車間生產不銹鋼鍋，生產過程屬於連續不中斷式生產，生產工藝非常先進，全部採用機械化作業，原材料在生產開始時投入，本月生產作業記錄顯示，月初在產品60件，

本月投入 180 件，本月完工 200 件。根據生產費用明細帳記錄，本月月初在產品的原材料費用 7,000 元，人工費用 2,000 元，製造費用 12,000 元，本月材料費用 19,000 元，本月發生的人工費用 4,000 元，製造費用 20,000 元。計算月末在產品數量是多少，計算完工產品和月末在產品的成本。小艾能否順利通過面試呢？

　　生產費用經過一系列的分配、匯總后，應計入產品成本的各種費用都已記入「基本生產成本」帳戶的借方，並按成本項目分別登記在各自的產品成本計算單（即生產成本明細帳）中。如果當月產品全部完工，則生產成本明細帳中的生產費用總和即為該產品的完工成本；如果當月產品全部沒有完工，則產品生產成本明細帳所歸集的生產費用就是該產品的在產品成本。然而，本月投入生產的產品月末不一定完工，為了正確計算當期完工產品成本，就必須將生產費用的總和在完工產品和月末在產品之間進行合理分配。

　　生產費用在完工產品與在產品之間的分配，是成本會計的最后環節，也是產品成本計算的一個重要而複雜的問題。如果企業不能正確劃分完工產品成本與期末在產品成本，會造成本計算失真，歪曲在產品、完工產品等存貨的實際價值，從而難以考核評價成本計劃完成情況，同時也會影響產品銷售成本和銷售利潤的正確性，從而不能正確確定企業盈虧和應納所得稅額，無法真實反應企業的財務狀況和經營成果，影響信息使用者利用會計信息進行正確決策。

　　將一定會計期間的生產費用總額在本期完工產品與期末在產品之間分配的基礎是兩類受益對象概念的清晰界定和數量的準確計算。

7.1　在產品概述

7.1.1　在產品與完工產品的含義

　　在產品有狹義和廣義之分。狹義在產品是就企業內部的某些加工步驟（階段）而言尚未加工完畢的產品，包括正在生產車間加工的在製品，以及正在生產車間返修的廢品等，車間或生產步驟完工的半成品不包括在內。廣義在產品是指就整個企業而言尚未加工完畢不能作為商品出售的產品，包括正在生產車間加工（裝配）的狹義在產品及已經完成一個或幾個生產步驟但還需要進一步加工（裝配）的零件、部件等半成品，對外銷售的自制半成品屬於商品產品，驗收入庫後不應列入在產品之內。

　　完工產品也有狹義和廣義之分。狹義完工產品是指已經完成全部生產過程，隨時可供銷售的產品，即產成品。廣義完工產品不僅包括產成品，而且還包括完成部分生產步驟（階段），但尚未完成全部生產過程，有待在本企業進一步加工製造的自制半成品。

7.1.2　在產品與完工產品之間的關係

　　本月完工產品成本、在產品成本與本月生產費用之間的關係，可用公式表示為：

月初在產品成本＋本月生產費用＝本月完工產品成本＋月末在產品成本

該公式前兩項是已知數，即可以從產品成本計算單中匯總得到。不難看出，在掌握前兩項資料的情況下，確定完工產品成本和在產品成本的模式有三種：

（1）先確定完工產品成本，再計算求得月末在產品的成本；

（2）先確定月末在產品成本，再計算求得完工產品的成本；

（3）將前兩項費用之和按一定的比例在本月完工產品和月末在產品之間分配后，同時求得完工產品成本與月末在產品成本。

無論採用哪種模式，都必須首先取得在產品收、發、存的數量資料，它是產品成本核算的基礎工作。

7.2　在產品數量的核算

在產品數量的確定是產品成本核算的一項基礎工作，包括產品數量的日常核算和期末清查盤點。企業一方面要做好在產品收、發、結存等日常核算工作；另一方面還要做好在產品的清查盤點工作。做好這兩項工作，既可以通過帳簿記錄隨時掌握在產品的動態，也可以查清在產品的實存數量，以加強生產資金的核算和管理。

7.2.1　在產品的日常核算

在產品的日常核算工作一般是通過設置在產品統計臺帳核算在產品收、發、存的數量。

在產品臺帳可分車間，按產品品種和零部件的名稱、類別、批次設置，由車間核算員登記，以反應和提供該車間各種在產品收入、轉出和結存的動態業務核算資料。臺帳還可以結合企業生產工藝特點和內部管理的需要，進一步按照加工工序、工藝流程來組織在產品數量的核算。企業應根據在產品的領料憑證、內部轉移憑證、廢品返修單、產品檢驗憑證、產成品或自制半成品的交庫憑證等及時進行登記。其格式如表 7-1 所示。

表 7-1　　　　　　　　在產品收發結存帳（在產品臺帳）

產品名稱：　　　　　　　零件名稱：　　　　　　　車間：

日期	摘要	收入		發出		結存			備註
		憑證號	數量	憑證號	數量	完工	未完工	廢品	

通過在產品臺帳的記錄，不僅可以隨時掌握在產品增減的動態，而且也為清查核對在產品數量提供原始依據。

101

7.2.2 在產品的清查核算

為了核實在產品的實際結存數量,保護在產品安全完整,保證企業財產帳實相符,必須進行定期或不定期的清查。月末結帳前一般應組織對在產品進行全面清查,同時,還可以結合實際需要進行不定期的清查。根據清查后的結果填製「在產品盤點表」,並與在產品臺帳相核對,如有不符,應填製「在產品盤盈盤虧報告表」,說明在產品盤盈盤虧的數量及發生盈虧的原因。對於毀損的在產品,如可以回收利用,還應登記殘值。企業財務人員應對在產品的盈虧數量、原因及處理意見進行認真審核,並報經主管部門審批。在產品清查的帳務處理如下:

1. 在產品盤盈

盤盈在產品意味著實際結存數量大於帳面結存數量,而產品成本計算單上歸集的生產費用額是與帳面結存產品數量相對應的,這表明盤盈的在產品(多出來的數量)所對應的成本並未體現在產品成本計算單中,因此應該以一定的成本標準(如定額成本或計劃成本等)對「基本生產成本」帳戶進行調增。在沒有證據表明歸集生產費用的轉帳憑證(包括原始憑證和記帳憑證)存在錯誤的情況下,產品成本計算單中所歸集的要素費用額是真實的,總的實際生產費用額不應憑空增加,因此應通過「製造費用」帳戶進行調減,即:

(1) 查明原因或批准前

借:生產成本——基本生產成本

　　貸:待處理財產損溢——待處理流動資產損溢

(2) 按照規定報經批准核銷時

借:待處理財產損溢——待處理流動資產損溢

　　貸:製造費用

2. 在產品盤虧和毀損

盤虧和毀損在產品意味著實際結存數量小於帳面結存數量,而產品成本計算單上歸集的生產費用額是與帳面結存產品數量相對應的,這表明盤虧的在產品(缺失的數量)所對應的成本並未體現在產品成本計算單中,因此應該以一定的成本標準(如定額成本或計劃成本等)進行帳項調整以體現出在產品實際數量的成本水平。在沒有證據表明歸集生產費用的轉帳憑證(包括原始憑證和記帳憑證)存在錯誤的情況下,產品成本計算單中所歸集的要素費用額是真實的,總的實際生產費用額不應憑空減少,因此應通過「製造費用」帳戶進行調增。而盤虧或毀損的在產品如果還存在可回收價值,如毀損在產品殘值、過失人或保險公司的賠償款等,這些就不構成生產費用額。如果是自然災害等非常原因造成的淨損失,也不屬於生產費用的範疇,因此真正記入「製造費用」的金額僅是扣除上述金額后的淨額。即:

(1) 查明原因或批准前

借:待處理財產損溢——待處理流動資產損溢

　　貸:生產成本——基本生產成本

(2) 按照規定報經批准核銷時

借：原材料等（毀損的在產殘值）

其他應收款（過失人、過失單位或保險公司的賠償）

營業外支出（因自然災害等非常原因造成的淨損失）

製造費用（無法回收的淨損失）

貸：待處理財產損溢——待處理流動資產損溢

特別需要強調一點的是，如果在產品的盤虧和毀損是由於管理不善造成的，應將盤虧毀損在產品投入材料應負擔的增值稅進項稅額一併轉出。

7.3 生產費用在完工產品與在產品之間的歸集及分配方法

如何既合理又簡便地在完工產品和月末在產品之間分配費用，是產品成本計算工作中又一個重要而複雜的問題。企業應根據在產品數量的多少、各月在產品數量變化的大小、各項費用比重的大小以及定額管理基礎的好壞等具體條件，採用適當的分配方法對生產費用在完工產品和月末在產品之間進行分配。常用的方法有：在產品不計算成本法、在產品按年初固定成本計算法、在產品按完工產品成本計算法、在產品按所耗原材料成本計算法、約當產量法、定額成本計價法和定額比例法。

7.3.1 在產品不計算成本法

採用這種分配方法時，雖然月末有在產品，但由於在產品數量很少，並且價值較低，通常忽略不計在產品費用，而將產品計算單上歸集的全部生產費用由本月完工產品負擔，即本月發生的全部生產費用就是本月完工產品的總成本，除以本月完工產品數量，就是完工產品單位製造成本。該方法適用於各月末在產品數量很少且價值較低的產品。

7.3.2 在產品按年初固定成本計算法

對於在產品按年初固定成本計算，要求企業各月末在產品結存數量較少，或者在產品結存數量較多但數量穩定的情況。由於各月初在產品成本與月末在產品成本之間的差額很小，以年初在產品成本對各月末在產品進行計價，對各月完工產品成本的影響不大，因此，各月末在產品成本不變，月初與月末在產品成本相等，每月各產品發生的生產費用就是本月該種完工產品的總成本。即：

完工產品成本＝期初在產品固定成本＋本期生產費用－期末在產品固定成本＝本期生產費用

在實際工作中，為了避免在產品估算成本與實際成本水平相差過大而影響產品成本計算的正確性，企業應在每年末對在產品進行實地盤點，根據在產品盤點的數量計算年末在產品實際成本，據以計算12月份完工產品成本，並將計算出的年末在產品成本作為下一年度各月固定的在產品成本。也就是說，一年中前11個月的期初、期末在

產品均按年初在產品成本計算，期初、期末在產品成本相等，當月生產費用就是完工產品成本。12月份的期初在產品成本仍然按年初數確定，期末在產品成本需根據實際盤點的數量以及估算的在產品單位成本計算。12月份的期初、期末在產品成本不等，其完工產品的計算公式如下：

12月的完工產品成本＝年初在產品成本＋12月的生產費用－年末在產品成本

【例7-1】某產品的在產品數量較大，但各月在產品數量比較均衡，在產品成本按年初固定成本計算。該產品年初在產品成本為800,000元，年末在產品成本為860,000元。該產品各月的生產費用如表7-2所示。

表7-2　　　　　　　　　　各月生產費用明細表

月份	生產費用（元）	月份	生產費用（元）
1	6,000,000	7	6,070,000
2	6,050,000	8	6,030,000
3	6,000,000	9	6,000,000
4	6,080,000	10	6,060,000
5	6,000,000	11	6,100,000
6	6,020,000	12	6,090,000

由於各月期初、期末在產品成本均按年初800,000元計算，各月期初、期末在產品成本相同，因此前11個月各月的生產費用就是完工產品成本。12月份的完工產品成本應根據年初在產品成本800,000元加上當月的生產費用6,090,000元，減去年末在產品成本860,000元計算，下一年的前11個月各月在產品成本均按860,000元計算。根據以上資料計算的該產品各月產品成本如表7-3所示。

表7-3　　　　　　　　　　各月產品成本計算匯總表

單位：元

月份	期初在產品成本	本期生產費用	完工產品成本	期末在產品成本
1	800,000	6,000,000	6,000,000	800,000
2	800,000	6,050,000	6,050,000	800,000
3	800,000	6,000,000	6,000,000	800,000
4	800,000	6,080,000	6,080,000	800,000
5	800,000	6,000,000	6,000,000	800,000
6	800,000	6,020,000	6,020,000	800,000
7	800,000	6,070,000	6,070,000	800,000
8	800,000	6,030,000	6,030,000	800,000
9	800,000	6,000,000	6,000,000	800,000
10	800,000	6,060,000	6,060,000	800,000
11	800,000	6,100,000	6,100,000	800,000
12	800,000	6,090,000	6,030,000	860,000

7.3.3 在產品按完工產品成本計算法

這種方法將月末在產品視同於完工產品計算並分配費用。該方法適用於月末在產品已經接近完工，或已經加工完畢但尚未包裝或尚未驗收入庫的產品。因為這種情況下的在產品成本已經接近完工產品成本，為了簡化產品成本計算工作，在產品可以視同完工產品，按兩者的數量比例分配原材料費用和各項加工費用。

【例 7-2】某產品期初在產品成本、本期生產費用資料見表 7-4，完工產品 600 件。期末在產品 200 件都已完工但尚未驗收。請將期末在產品視同完工產品並分配各項費用。

表 7-4　　　　　　　　　　生產費用統計表

完工產品數量：600 件　　　　　　　　　　　　　　　　　　　單位：元

項目	直接材料	直接人工	製造費用	合計
期初在產品成本	6,000	4,000	10,000	20,000
本期生產費用	60,000	10,000	30,000	100,000

$$直接材料分配率 = \frac{6,000+60,000}{600+200} = 82.5（元/件）$$

$$直接人工分配率 = \frac{4,000+10,000}{600+200} = 17.5（元/件）$$

$$製造費用分配率 = \frac{10,000+30,000}{600+200} = 50（元/件）$$

根據上述計算結果編製的產品成本計算單如表 7-5 所示。

表 7-5　　　　　　　　　　產品成本計算單

單位：元

項目		直接材料	直接人工	製造費用	合計
期初在產品成本		6,000	4,000	10,000	20,000
本期生產費用		60,000	10,000	30,000	100,000
生產費用合計		66,000	14,000	40,000	120,000
分配率		82.5	17.5	50	
完工產品成本	數量	600			
	成本	49,500	10,500	30,000	90,000
期末在產品成本	數量	200			
	成本	16,500	3,500	10,000	30,000

7.3.4 在產品按所耗原材料成本計算法

採用這種分配方法時，月末在產品只計算其耗用的原材料費用，不計算人工費用和製造費用，即產品的加工費用全部由完工產品承擔。全部生產費用減去按所耗原材料費用計算的在產品成本後的餘額，就是完工產品成本。這種方法適用於各月末在產

品數量多、變化大，且原材料費用在成本中所占比重較大的產品。由於產品在生產過程中存在不同的原材料投入方式，因此月末在產品的材料費用的計算也就不同，這涉及在產品投料程度的測算問題，具體分為四種情況：一是原材料在生產開始時一次投入，以後各生產環節不再投料；二是原材料在每一生產工序（步驟）開始時一次投入，以後各生產環節不再投料；三是原材料隨生產加工進度陸續投入，且與加工程度完全一致或基本一致；四是原材料隨生產加工進度陸續投入，但與加工程度不一致。這裡以第一種情況進行解析，後三種情況在本節後面的約當產量法中具體闡述。計算公式如下：

$$直接材料分配率 = \frac{期初在產品材料費用 + 本期材料費用}{完工產品數量 + 在產品實際數量}$$

月末在產品成本 = 月末在產品的實際數量 × 直接材料分配率

本月完工產品成本 = 月初在產品成本 + 本月生產費用 − 月末在產品成本

【例 7-3】某公司基本生產車間甲產品材料成本占產品成本比重較大，在產品成本按材料費用計算，甲產品的原材料是生產開始時一次投入的。甲產品完工 400 件，在產品 100 件。期初在產品成本、本期生產費用資料見表 7-6。

表 7-6　　　　　　　　　　　甲產品生產費用統計表

完工產品數量：400 件　　　　　　　　　　　　　　　　　　　　　　　　單位：元

項目	直接材料	直接人工	製造費用	合計
期初在產品成本	20,000	——	——	20,000
本期生產費用	70,000	10,000	30,000	110,000

$$直接材料分配率 = \frac{20,000 + 70,000}{400 + 100} = 180（元/件）$$

月末在產品成本 = 180 × 100 = 18,000（元）

完工產品成本 = 20,000 + 110,000 − 18,000 = 112,000（元）

根據期初在產品成本、本期生產費用、期末在產品成本計算的完工產品成本見表 7-7。

表 7-7　　　　　　　　　　　甲產品成本計算單

　　　　　　　　　　　　　　　　　　　　　　　　　　　　　　　　　　單位：元

項目		直接材料	直接人工	製造費用	合計
期初在產品成本		20,000	——	——	20,000
本期生產費用		70,000	10,000	30,000	110,000
生產費用合計		90,000	10,000	30,000	130,000
分配率		180	——	——	——
完工產品成本	數量	400			
	成本	72,000	10,000	30,000	112,000
期末在產品成本	數量	100			
	成本	18,000			18,000

7.3.5 約當產量法

約當產量法是指先將實際結存的在產品數量，按其完工程度折算為相當於完工產品的產量，然後將本期發生的全部生產費用按照完工產品產量與月末在產品約當產量的比例進行分配的方法。其中，約當產量是指將在產品折算成相當於完工產品的產量。約當產量法的適用範圍較廣，特別適用於月末在產品結存數量較多、各月末在產品的數量變化較大、產品成本中直接材料和各項加工費用所占的比重相差不大的情況。約當產量法的計算公式如下：

期末在產品約當產量＝期末在產品結存數量×在產品完工程度

$$約當產量單位成本 = \frac{期初在產品費用＋本期生產費用}{完工產品數量＋期末在產品約當產量}$$

完工產品總成本＝約當產量單位成本×完工產品產量

期末在產品成本＝約當產量單位成本×期末在產品的約當產量

從上述約當產量法的計算過程中可以看出，這種方法的關鍵是計算期末在產品的約當產量。但由於在產品的各項費用的投入程度不同，因而需要分不同的成本項目計算約當產量。其中，用以分配直接材料費用的在產品約當產量按投料程度計算；用以分配其他費用（如加工費用）的在產品約當產量按加工程度計算。

1. 在產品投料程度的計算

在產品投料程度又稱為投料進度或投料率，是指在產品已投材料占完工產品應投材料的百分比。材料的投入一般存在四種情況。

（1）原材料在生產開始時一次性投入，則在產品和完工產品所耗材料數量相同，因而在產品的投料程度為100%。這樣無論任何環節的在產品在分配材料費用時直接按照完工產品和在產品實際數量的比例分配。

（2）原材料按生產工序分次投入，且在每道工序開始時一次性投入，則應根據各工序的材料消耗定額來計算投料程度。在產品投料率的計算公式如下：

某工序在產品投料率

$$= \frac{本工序前各工序投入材料費用額(量)＋本工序投入材料費用額(量)}{單位產品投入材料費用額(量)} \times 100\%$$

公式中的材料費用額（量）可以是實際數，也可以是定額數。

【例7-4】某產品的生產要經過兩道工序，原材料是每道工序開始時一次性投入的。該產品材料消耗量定額如表7-8所示，請計算材料投料率及在產品約當產量。

表7-8　　　　　　　　材料消耗量定額及在產品統計表

工序	各工序材料消耗量定額（千克）	在產品實際數量（個）
1	200	400
2	300	500
合計	500	900

第一道工序在產品投料率 $=\dfrac{200}{500}\times 100\%=40\%$

第一道工序在產品的約當產量 $=400\times 40\%=160$（個）

第二道工序在產品投料率 $=\dfrac{200+300}{500}\times 100\%=100\%$

第二道工序在產品的約當產量 $=500\times 100\%=500$（個）

期末在產品約當產量總計 $=160+500=660$（個）

「在產品約當產量計算表」見表7-9。

表7-9　　　　　　　　　　在產品約當產量計算表

工序	各工序材料消耗量定額（千克）	投料率	在產品實際數量（個）	在產品約當產量（個）
1	200	40%	400	160
2	300	100%	500	500
合計	500		900	660

（3）原材料隨生產加工進度陸續、均衡投入，且原材料的投料程度與加工程度完全一致或基本一致，則在產品的投料程度按其加工程度計算。

（4）原材料隨生產加工進度陸續投入，但原材料的投料程度與加工程度不一致，則在產品的投料程度應按以下公式計算：

某工序在產品投料率

$=\dfrac{\text{本工序前各工序投入材料費用額(量)}+\text{本工序投入材料費用額(量)}\times\text{本工序投料率}}{\text{單位產品投入材料費用額(量)}}\times 100\%$

公式中的材料費用額（量）可以是實際數，也可以是定額數。本工序投料率應事先確定，為簡化投料率的計算，一般按照50%計算。

【例7-5】承接例7-4，假定原材料隨生產加工進度陸續投入，且原材料的投料程度與加工程度不一致。該產品材料消耗量定額如表7-8所示。請計算材料投料率及在產品約當產量。

第一道工序在產品投料率 $=\dfrac{200\times 50\%}{500}\times 100\%=20\%$

第一道工序在產品的約當產量 $=400\times 20\%=80$（個）

第二道工序在產品投料率 $=\dfrac{200+300\times 50\%}{500}\times 100\%=70\%$

第二道工序在產品的約當產量 $=500\times 70\%=350$（個）

期末在產品約當產量總計 $=80+350=430$（個）

「在產品約當產量計算表」見表7-10。

表 7-10　　　　　　　　　在產品約當產量計算表

工序	各工序材料消耗量定額（千克）	投料率	在產品實際數量（個）	在產品約當產量（個）
1	200	20%	400	80
2	300	70%	500	350
合計	500	——	900	430

2. 在產品加工程度的計算

在產品加工程度又稱完工程度或完工率，是指在產品實際（定額）耗用工時占完工產品實際（定額）耗用工時的百分比。在產品加工程度的計算一般包括兩種方法：

（1）不分工序確定在產品完工進度。是指企業將 50% 作為在產品平均完工程度的一種方法。企業各工序在產品數量和單位產品在各工序的加工數量相差不多的情況下，前後工序加工程度可相互抵補，因此全部在產品完工程度可按照 50% 確定。

（2）分工序確定在產品完工程度。是指將在產品按實際（定額）耗用工時占完工產品實際（定額）耗用工時的百分比作為在產品完工程度的一種方法。計算公式如下：

$$某工序在產品完工率 = \frac{本工序前各工序耗用實際工時 + 本工序耗用實際工時 \times 本工序完工率}{單位產品耗用實際工時} \times 100\%$$

公式中的工時也可以採用定額工時，本工序完工率是事先確定的，為簡化計算，一般以平均完工 50% 計算。

【例 7-6】某產品需要經過兩道工序陸續加工而成，單位完工產品定額工時為 200 工時。該產品工時消耗定額如表 7-11 所示，在產品在各道工序的完工程度均為 50%。請計算各工序在產品完工率及在產品約當產量。

表 7-11　　　　　　　　　工時消耗定額及在產品統計表

工序	各工序工時消耗定額（小時）	在產品實際數量（件）
1	90	200
2	110	320
合計	200	520

第一道工序在產品完工率 = $\frac{90 \times 50\%}{200} \times 100\% = 22.5\%$

第一道工序在產品的約當產量 = $200 \times 22.50\% = 45$（件）

第二道工序在產品完工率 = $\frac{90 + 110 \times 50\%}{200} \times 100\% = 72.5\%$

第二道工序在產品的約當產量 = $320 \times 72.5\% = 232$（件）

期末在產品約當產量總計 = $45 + 232 = 277$（件）

「在產品約當產量計算表」見表 7-12。

表 7-12　　　　　　　　　　在產品約當產量計算表

工序	各工序工時消耗定額（小時）	完工率	在產品實際數量（件）	在產品約當產量（件）
1	90	22.5%	200	45
2	110	72.5%	320	232
合計	200	——	520	277

3. 生產費用在完工產品和月末在產品間的分配綜合舉例

【例7-7】甲產品經兩道工序完工，採用約當產量法分配各項生產費用。2×14年4月份，甲產品完工產品500件，月末在產品數量為：第一道工序200件，第二道工序100件。原材料分兩道工序在每道工序開始時一次性投入，甲產品月初在產品和本月發生的原材料費用共計136,000元，每道工序在產品工時定額（本工序部分）按本工序工時定額的50%計算。甲產品月初在產品和本月發生的直接人工共計9,150元，製造費用共計12,200元。其他有關資料如表7-13所示：

表 7-13　　　　　　　　　　在產品數量及定額資料

工序	各工序材料消耗定額（千克）	各工序工時消耗定額（小時）	在產品實際數量（件）
1	20	20	200
2	30	30	100
合計	50	50	300

根據表7-13中的資料，計算各道工序在產品投料率、完工率及約當產量見表7-14和表7-15。

表 7-14　　　　　　　　甲產品投料率和約當產量計算表

工序	各工序材料消耗定額（千克）	投料率	在產品實際數量（件）	在產品約當產量（件）
1	20	20÷50×100%＝40%	200	80
2	30	（20+30）÷50×100%＝100%	100	100
合計	50	——	300	180

表 7-15　　　　　　　　甲產品完工率和約當產量計算表

工序	各工序工時消耗定額（千克）	完工率	在產品實際數量（件）	在產品約當產量（件）
1	20	20×50%÷50×100%＝20%	200	40
2	30	（20+30×50%）÷50×100%＝70%	100	70
合計	50	——	300	110

根據上述資料編製的「產品成本計算單」如表7-16所示。

表7-16　　　　　　　　　　甲產品成本計算單

單位：元

項目		直接材料	直接人工	製造費用	合計
月初在產品與本期生產費用合計		136,000	9,150	12,200	157,350
產品產量（件）	完工產品產量	500	500	500	——
	在產品約當產量	180	110	110	
	合計	680	610	610	——
單位成本		200	15	20	235
結轉完工產品成本		100,000	7,500	10,000	117,500
月末在產品成本		36,000	1,650	2,200	39,850

7.3.6 定額比例法

定額比例法是指將產品全部生產費用按完工產品和月末在產品的定額消耗量或定額費用的比例，在完工產品和月末在產品成本間分配計算的一種方法。該方法要區分成本項目分別進行，其中，直接材料費用按原材料定額消耗量比例或原材料定額費用比例分配，具體的選擇依據是：當產品只耗用一種直接材料時，可按直接材料的定額消耗量比例進行分配；當產品耗用兩種或兩種以上的直接材料，且各種直接材料計量單位不同時，則應按照直接材料定額費用比例進行分配。對於直接人工、製造費用等加工費用，由於計劃工資率與計劃製造費用分配率都只有一個，所以按定額消耗量比例或定額成本比例分配的結果是一樣的，具體選擇標準在於分配資料取得的難易程度，通常按定額工時比例進行分配。該種方法適用於定額管理基礎比較好，各項消耗定額或費用定額比較準確、穩定，且各月末在產品數量變動較大的產品。具體計算公式如下：

直接材料費用分配率

$$=\frac{期初在產品直接材料費用額+本期實際發生的直接材料費用額}{完工產品直接材料定額消費量(成本)+期末在產品直接材料定額消耗量(成本)}$$

完工產品直接材料費用額＝直接材料費用分配率×完工產品直接材料定額消耗量(成本)

月末在產品直接材料費用額＝直接材料費用分配率×完工產品直接材料定額消耗量(成本)

直接人工費用(製造費用)分配率

$$=\frac{期初在產品直接人工費用(製造費用)額+本期實際發生的直接人工費用(製造費用)額}{完工產品定額工時(成本)+期末在產品定額工時(成本)}$$

完工產品直接人工費用(製造費用)額＝直接人工費用(製造費用)分配率×完工產品定額工時(成本)

期末在產品直接人工費用(製造費用)額＝直接人工費用(製造費用)分配率×期末在產品定額工時(成本)

【例7-8】某企業大量生產的E產品是定型產品，有比較健全的定額資料和定額管理制度。本月完工E產品1,000件，產品直接材料費用定額為800元/件，工時消耗單位定額為90小時/件。月末盤點停留在各生產工序的在產品為400件，其中第一工序為150件，在產品直接材料費用定額為600元/件，工時消耗定額為10小時/件；第二工序為140件，在產品直接材料費用定額為700元/件，工時消耗定額為45小時/件；第三工序為110件，在產品直接材料費用定額為800元/件，工時消耗定額為80小時/件。E產品月初在產品成本和本月發生的生產費用見表7-17。採用定額比例法計算月末在產品和本月完工產品成本。

表7-17　　　　　　　　　E產品生產費用統計表

單位：元

項目	直接材料	直接人工	製造費用	合計
期初在產品成本	103,296	25,584	15,350	144,230
本期生產費用	929,664	294,216	176,530	1,400,410

採用定額比例法計算過程如下：

（1）計算總定額

完工產品直接材料定額費用＝800×1,000＝800,000（元）

月末在產品直接材料定額費用＝600×150+700×140+800×110＝276,000（元）

完工產品定額工時＝90×1,000＝90,000（小時）

月末在產品定額工時＝10×150+45×140+80×110＝16,600（小時）

（2）算費用分配率

直接材料費用分配率＝$\frac{103,296+929,664}{800,000+276,000}$＝0.96

這一計算結果表明，實際成本為定額成本的96%，本月直接材料項目定額完成較好，實際成本比定額成本降低了4%。

直接人工費用分配率＝$\frac{25,584+294,216}{90,000+16,600}$＝3（元/工時）

製造費用分配率＝$\frac{15,350+176,530}{90,000+16,600}$＝1.8（元/工時）

（3）計算本月完工產品成本和月末在產品成本

完工產品直接材料費用額＝800,000×0.96＝768,000（元）

完工產品直接人工費用額＝90,000×3＝270,000（元）

完工產品製造費用額＝90,000×1.8＝162,000（元）

本月完工產品總成本＝768,000+270,000+162,000＝1,200,000（元）

月末在產品直接材料費用額＝276,000×0.96＝264,960（元）

月末在產品直接人工費用額＝16,600×3＝49,800（元）

月末在產品製造費用額＝16,600×1.8＝29,880（元）

月末在產品總成本＝264,960+49,800+29,880＝344,640（元）

根據以上計算結果，編制 E 產品成本計算單如表 7-18 所示。

表 7-18　　　　　　　　　　　E 產品成本計算單

單位：元

項目		直接材料	直接人工	製造費用	合計
月初在產品成本		103,296	25,584	15,350	144,230
本月生產費用		929,664	294,216	176,530	1,400,410
生產費用合計		1,032,960	319,800	191,880	1,544,640
總定額	完工產品	800,000	90,000	90,000	——
	月末在產品	276,000	16,600	16,600	——
	合計	1,076,000	106,600	106,600	——
費用分配率		0.96	3	1.8	——
完工產品實際總成本		768,000	270,000	162,000	1,200,000
月末在產品實際總成本		264,960	49,800	29,880	344,640

7.3.7 定額成本計算法

定額成本計算法是指以產品的各項消耗定額為標準計算在產品成本的方法。該方法適用於企業具備完整的消耗定額資料，消耗定額比較準確、穩定且在產品數量變化不大的情況。採用定額成本計算法計算在產品成本時，月末在產品按定額成本計算，將生產費用合計減去按定額成本計算的在產品成本，其餘額就是完工產品成本。計算公式如下：

在產品直接材料定額成本＝在產品數量×材料單位消耗定額×材料計劃單價
在產品直接人工定額成本＝在產品數量×工時定額×計劃小時工資率
在產品製造費用定額成本＝在產品數量×工時定額×計劃小時製造費用率
在產品定額成本
＝在產品直接材料定額成本＋在產品直接人工定額成本＋在產品製造費用定額成本
完工產品直接材料成本＝直接材料費用合計－在產品直接材料成本
完工產品直接人工成本＝直接人工費用合計－在產品直接人工成本
完工產品製造費用成本＝製造費用合計－在產品製造費用
完工產品成本＝完工產品直接材料成本＋完工產品直接人工成本＋完工產品製造費用成本

【例 7-9】丙產品各項定額消耗比較準確、穩定，各月在產品數量變化不大，月末在產品按定額成本計價。該產品月初和本月發生的生產費用合計：原材料 48,740 元，工資和福利費 17,650 元，製造費用 12,000 元。原材料生產開始時一次性投入。單位產品原材料消耗定額為 20 千克，材料計劃單價為 2 元。完工產品產量 450 件，月末在產品 100 件，在產品的完工程度為 50%，產品單位定額工時為 2.8 小時。每小時費用定額：工資 2.05 元，製造費用 2.5 元。

計算過程如下：

(1) 先確定100件月末在產品的成本
在產品直接材料定額成本 = 100×20×4 = 8,000（元）
在產品直接人工定額成本 = 100×2.8×50%×2.05 = 287（元）
在產品製造費用定額成本 = 100×2.8×50%×2.5 = 350（元）
在產品定額成本 = 8,000+287+350 = 8,637（元）
(2) 計算完工成品成本
完工產品直接材料成本 = 48,740−8,000 = 40,740（元）
完工產品直接人工成本 = 17,650−287 = 17,363（元）
完工產品製造費用成本 = 12,000−350 = 11,650（元）
完工產品成本 = 36,000+14,780+8,500 = 69,753（元）
根據上述計算結果，編製產品成本計算單如表7-19所示。

表7-19　　　　　　　　　　丙產品成本計算單

單位：元

項目	直接材料	直接人工	製造費用	合計
月初在產品成本與本月生產費用合計	48,740	17,650	12,000	144,230
月末在產品成本	8,000	287	350	8,637
完工產品成本	40,740	17,363	11,650	69,753
完工產品單位成本	90.53	38.58	25.89	155

不管採用何種分配方法，借助按完工產品成本時，均應借記「產成品」帳戶，貸記「基本生產成本」帳戶，「基本生產成本」帳戶月末借方餘額表示月末在產品成本。

生產費用在完工產品與在產品之間進行分配的方法有多種，企業應結合生產的特點和管理上的要求選擇合適的分配方法，一旦選定，不應隨意變更，使不同時期的產品成本具有可比性。

本章小結

本章論述了在產品的核算，在產品的日常核算包括產品數量的日常核算和期末清查盤點。在產品的日常核算工作一般通過設置在產品統計臺帳核算在產品收、發、存的數量。為了核實在產品的實際結存數量，保護在產品安全完整，保證企業財產帳實相符，還必須進行定期或不定期的清查，出現盤盈盤虧，還應該做出相應的帳務處理。本章著重論述了在產品與完工產品之間的關係以及如何將生產費用在完工產品與在產品之間進行分配，主要方法有：

(1) 不計算成本法。這種方法通常忽略不計在產品費用，全部生產費用由本月完工產品負擔。該方法適用於各月末在產品數量很少且價值較低的產品。

(2) 在產品按年初固定成本計算法。這種方法以年初在產品成本對各月末在產品進行計價，因此，各月末在產品成本不變，月初與月末在產品成本相等，每月各產品發生的生產費用就是本月該種完工產品的總成本。但應注意，這種方法下12月份的期

初在產品成本雖然按年初數確定，期末在產品成本需根據實際盤點的數量以及估算的在產品單位成本計算。這種方法適用於企業各月末在產品結存數量較少，或者在產品結存數量較多但數量穩定的情況。

（3）在產品按完工產品成本計算法。這種方法將月末在產品視同於完工產品計算並分配費用。該方法適用於月末在產品已經接近完工，或已經加工完畢但尚未包裝或尚未驗收入庫的產品。

（4）在產品按所耗原材料成本計算法。這種分配方法下月末在產品只計算其耗用的原材料費用，不計算人工費用和製造費用，即產品的加工費用全部由完工產品承擔。這種方法適用於各月末在產品數量多、變化大，且原材料費用在成本中所占比重較大的產品。

（5）約當產量法。約當產量法是指先將實際結存的在產品數量，按其完工程度折算為相當於完工產品的產量，然后將本期發生的全部生產費用按照完工產品產量與月末在產品約當產量的比例進行分配的方法。約當產量法的適用範圍較廣，特別適用於月末在產品結存數量較多、各月末在產品的數量變化較大、產品成本中直接材料和各項加工費用所占的比重相差不大的情況。

（6）定額比例法。定額比例法是指將產品全部生產費用按完工產品和月末在產品的定額消耗量或定額費用的比例，在完工產品和月末在產品成本間分配計算的一種方法。該種方法適用於定額管理基礎比較好，各項消耗定額或費用定額比較準確、穩定，且各月末在產品數量變動較大的產品。

（7）定額成本計算法。定額成本計算法是指以產品的各項消耗定額為標準計算在產品成本的方法。該方法適用於企業具備完整的消耗定額資料，消耗定額比較準確、穩定且在產品數量變化不大的情況。

企業應結合生產的特點和管理上的要求選擇合適的分配方法，一旦選定，不應隨意變更，使不同時期的產品成本具有可比性。

習題

一、單項選擇題

1. 在產品按所耗原材料費用計價法適用於（　　）。
   A. 月末在產品數量很少　　　　B. 月末在產品接近完工
   C. 材料費用在成本中所占比重較大　D. 在產品數量雖多但比較均衡

2. 直接材料在生產開始時一次性投入，則投料程度為（　　）。
   A. 100%　　B. 完工程度　　C. 50%　　D. 0

3. 直接材料隨生產過程陸續投入，且投料程度與生產進度基本一致，則投料程度為（　　）。
   A. 100%　　B. 完工程度　　C. 50%　　D. 0

4. 各工序在產品的數量及完工程度比較均衡的企業，計算在產品約當產量時，完工程度為（　　）。

A. 100%　　　B. 0　　　C. 50%　　　D. 投料程度

5. 企業生產車間進行在產品盤點，發現一批因管理不善而造成損毀的在產品，經批准應計入（　　）。

A. 製造費用　　　　　　　B. 基本生產成本
C. 管理費用　　　　　　　D. 營業外支出

6. 採用在產品成本按年初固定成本計算法將生產費用在完工產品與期末在產品之間的分配適用於（　　）。

A. 各月在產品數量很大
B. 各月末在產品數量雖大，但各月之間變化不大
C. 各月末在產品數量變化較大
D. 各月成本水平相差不大

7. 企業某種產品的各項定額準確、穩定，且各月末在產品數量變化不大，為了簡化成本計算工作，其生產費用在完工產品與在產品之間分配應採用（　　）。

A. 定額比例法　　　　　　B. 在產品按完工產品計算法
C. 約當產量法　　　　　　D. 定額成本計算法

8. 某種產品經兩道工序加工而成。單位產品的工時定額為40小時，其中第一道工序為10小時，第二道工序為30小時，各道工序在產品在本工序的加工程度按工時定額的50%計算。第一道工序在產品數量80件，第二道工序在產品數量40件，則期末在產品的約當產量為（　　）件。

A. 120　　　B. 35　　　C. 25　　　D. 60

9. 在編有完整定額資料的、月末在產品數量變化較大的企業，在產品成本通常按（　　）計算。

A. 定額成本　　　　　　　B. 定額比例
C. 生產工時比例　　　　　D. 計劃成本

10. 完工產品與在產品之間分配費用的不計算在產品成本法，適用於（　　）產品。

A. 各月在產品數量很小　　B. 各月在產品數量很大
C. 沒有在產品　　　　　　D. 各月在產品數量變化很小

二、多項選擇題

1. 本月發生的生產費用與月初、月末在產品及本月完工產品成本之間的關係是（　　）。

A. 月初在產品成本＋本月發生的生產費用＝本月完工產品成本＋月末在產品成本
B. 月初在產品成本＋本月完工產品成本＝本月發生的生產費用＋月末在產品成本
C. 本月完工產品成本＝月初在產品成本＋本月發生的生產費用－月末在產品成本
D. 本月完工產品成本＝月末在產品成本＋本月發生的生產費用－月初在產品成本

2. 廣義的在產品包括（　　）。

A. 正在車間加工的在製品

B. 已完成某個或幾個加工步驟需進一步加工的半成品

C. 返修中的廢品

D. 未經檢驗入庫的產品

3. 完工產品與月末在產品之間分配費用的方法有（　　）。

　　A. 交互分配法　　　　　　　B. 不計算在產品成本法

　　C. 約當產量比例法　　　　　D. 在產品按定額成本計價法

4. 確定完工產品與月末在產品之間費用分配的方法時，應考慮的條件是（　　）。

　　A. 各項費用比重的大小　　　B. 在產品數量的多少

　　C. 定額管理基礎的好壞　　　D. 各月在產品數量變化的程度

5. 採用在產品按原材料費用計價法分配生產費用時，應具備（　　）條件。

　　A. 原材料費用在產品成本中占比大

　　B. 各月末在產品數量較大

　　C. 各月末在產品數量變化較大

　　D. 各月在產品數量比較穩定

6. 採用定額比例法在完工產品和月末在產品之間分配生產費用，應考慮的條件是（　　）。

　　A. 各月末在產品數量變化不大　　B. 消耗定額比較穩定

　　C. 各月末在產品數量變化較大　　D. 消耗定額比較準確

7. 約當產量比例法下，測定在產品完工程度應（　　）測定。

　　A. 分工序　　　　　　　　　B. 分完工數量

　　C. 分成本項目　　　　　　　D. 分生產週期

8. 採用約當產量比例法分配完工產品和月末在產品費用，適用於（　　）產品。

　　A. 月末在產品數量較大

　　B. 月末在產品數量不大

　　C. 產品成本中各項費用所占比重相差不多

　　D. 各月在產品數量變動較大

三、計算題

1. 某企業生產的甲產品的原材料隨加工進度陸續投入，月末在產品投料率為40%。產品成本中的原材料費用所占比重很大，月末在產品按所耗原材料費用計價。該種產品月初原材料費用2,000元，本月原材料費用15,000元，人工費用1,500元，製造費用1,000元，本月完工產品150件，月末在產品50件。

要求：在產品按所耗原材料費用計價法分配計算甲產品完工產品成本和月末在產品成本。

2. 某企業大量生產A產品，月初A產品的在產品費用及本月費用見表7-20。本月完工產品300件，單件原材料費用定額為15元，單件工時定額為20小時，月末在產品定額原材料費用為1,500元，定額工時2,000小時。

表 7-20　　　　　　　　　　　　A 產品費用資料

單位：元

項目	原材料	人工費用	製造費用	燃料及動力	合計
月初在產品費用	3,528	2,916	3,519	2,023	11,986
本月費用	4,872	4,284	6,081	3,577	18,814

要求：採用定額比例法分配計算完工產品和月末在產品成本（編製成本計算單）。

3. 某企業某月份生產乙產品，該月完工產品產量1,000件，期末在產品數量100件。期初在產品成本為2,600元，本期發生費用共計45,000元。原材料在生產開始時一次投入，在產品單件材料費用定額20元，單件產品工時定額為40小時，每小時直接人工0.05元，每小時製造費用0.02元。

要求：在產品採用定額成本法計算完工產品成本和期末在產品成本。

4. 某基本生產車間生產甲產品採用約當產量法分配費用。甲產品單件工時定額20小時，經三道工序製造。各工序工時定額為：第一工序4小時，第二工序8小時，第三工序8小時。各工序內均按50%的完工程度計算。本月完工200件，在產品120件，其中：第一工序20件，第二工序40件，第三工序60件。月初加本月發生費用合計分別為：原材料16,000元，人工費7,980元，製造費用8,512元，原材料生產開始時一次性投料。

要求：

(1) 計算各工序在產品完工率；

(2) 計算月末在產品的約當產量；

(3) 按約當產量比例分配計算完工產品和月末在產品成本。

5. 某企業某月份生產丙產品，本產品產量為450件，月末在產品盤存數量為100件，原材料隨加工程度陸續投入，月末在產品完工率仍為50%，在產品投料率為60%。期初在產品成本和本期發生的費用如表7-21所示：

表 7-21　　　　　　　　　　　丙產品生產費用統計表

單位：元

項目	直接材料	直接人工	製造費用	合計
期初在產品成本	1,550	1,000	1,100	3,650
本期生產費用	10,000	3,500	4,000	17,500

要求：採用約當產量法分配計算完工產品成本和在產品成本。

8　產品成本計算方法概述

教學目標：

通過本章的學習，瞭解生產的工藝特點和組織特點以及管理要求對產品成本計算的影響，掌握各方法的成本計算對象、成本計算期和期末在產品費用分配情況。

教學要求：

知識要點	能力要求	相關知識
生產類型	(1) 瞭解生產工藝特點； (2) 瞭解生產組織特點	(1) 單步驟生產（簡單生產）； (2) 多步驟生產（複雜生產）； (3) 連續式生產； (4) 裝配式生產
生產類型和管理要求對成本計算方法的影響	(1) 理解生產工藝對成本計算方法的影響； (2) 理解生產組織對成本計算方法的影響； (3) 理解管理要求對成本計算方法的影響	(1) 成本計算對象； (2) 成本計算期； (3) 期末在產品的計算
成本方法標誌	(1) 瞭解成本計算對象； (2) 瞭解成本計算期； (3) 掌握期末在產品的計算	(1) 品種、批別、步驟； (2) 生產週期、會計報告期、成本計算期； (3) 生產費用在完工產品和在產品之間分配
成本計算的基本方法	(1) 掌握品種法； (2) 掌握分批法； (3) 掌握分步法	(1) 成本計算對象； (2) 適用範圍； (3) 典型企業
成本計算的輔助方法	(1) 掌握分類法； (2) 掌握定額法	(1) 成本計算對象； (2) 適用範圍； (3) 典型企業
成本計算方法的實際應用	(1) 熟悉同時使用幾種方法； (2) 熟悉結合使用； (3) 熟悉分步法	各種方法的具體運用

基本概念：

　　成本計算方法　生產工藝　成本計算對象　產成品　在產品　費用分配　品種法　分批法　分步法

導入案例：

　　某大中型粗梳毛紡織廠，在生產工藝過程特點上，屬於可以分散於不同地點間斷進行的連續加工式的複雜生產；在生產組織方式上，屬於分類、輪番重複的大量生產，但批量大小並不固定；在產品品種繁簡方面，產品的類別、品種、規格和色澤的種類繁多，使用原料的種類、規格和配比繁複；在成本管理要求方面，要求按品種及其經過的生產步驟，既計算各中間步驟半成品的成本，又計算最後步驟的產成品成本，特別在實行企業內部成本管理責任制的新形勢下更要求如此。根據這些特點，這就決定了粗梳毛紡織企業的基本成本計算方法，應該採用分步法。

　　但是大中型的粗梳毛紡織企業，既有基本生產車間，又有為基本生產車間服務的輔助生產車間，而基本生產車間又有原料準備和毛紡織品製造步驟之分；在毛紡織產品生產方面，既有正常產品的生產，又有新產品的試製。要搞好企業的成本核算工作，就必須適應各種生產情況的特點，在以分步法為主的基礎上，同時選擇其他幾種不同的成本計算方法，結合使用。

　　具體地說，對於正常的毛紡織品製造，應採用分步法計算成本。對於毛紡織品的新產品試製，應採用分批法計算產品成本。對於原料準備生產，可採用成本計算的品種法；對於揀選毛生產，還要結合聯產品成本計算方法。至於輔助生產車間的成本計算，供水、供電、供汽屬於單步驟的簡單生產，應採用品種法計算產品成本；而修機、修繕車間的生產，則要使用分批法計算成本。這樣，粗梳毛紡織企業便要同時使用分步法、分批法和品種法來計算產品成本，但以分步法為主體。

8.1　生產類型的分類

　　工業企業通過生產加工各種各樣的產品滿足社會需求進而獲取盈利。工業企業由於生產的產品不同，生產工藝過程不同，產品市場需求不同，產品的產量不同，進而導致生產組織形式不同，企業生產類型不同。

8.1.1　按產品生產工藝過程特點分類

　　工藝是指將原材料或半成品加工成產品的方法、技術等。工業企業的生產，按生產工藝過程特點，可分為單步驟生產和多步驟生產兩種類型。

　　1. 單步驟生產

　　單步驟生產，亦稱簡單生產，是指生產工藝過程不能間斷的生產，不可能劃分為

幾個生產步驟的生產，如發電、採掘、麵粉企業，或者由於工作地點限制不便分散在幾個不同地點進行的生產，如採掘、採煤企業的生產。

2. 多步驟生產

多步驟生產，亦稱複雜生產，是指生產工藝過程可以間斷，可以分散在不同時間、地點，由多個生產步驟組成的生產。如紡織、鋼鐵、造紙、服裝等生產。多步驟生產按照加工方式，可以分為連續式多步驟生產和裝配式多步驟生產。

(1) 連續式多步驟生產

連續式多步驟生產，是指原材料投入生產后，要經過若干個連續的生產步驟加工，才能最終制成產品的生產，比如紡織企業從棉花到棉紗再到棉布的生產、鋼鐵企業從鐵礦石到鐵錠再到鋼鐵產品的生產。

(2) 裝配式多步驟生產

裝配式生產，是指原材料分別在各個加工車間平行加工為零件、部件，然後再將各種零部件裝配成產品的生產，如機械、軸承、汽車、家電、儀表製造等生產。

企業的生產工藝分為簡單生產（單步驟生產）和複雜生產（多步驟生產），其圖示如圖 8-1：

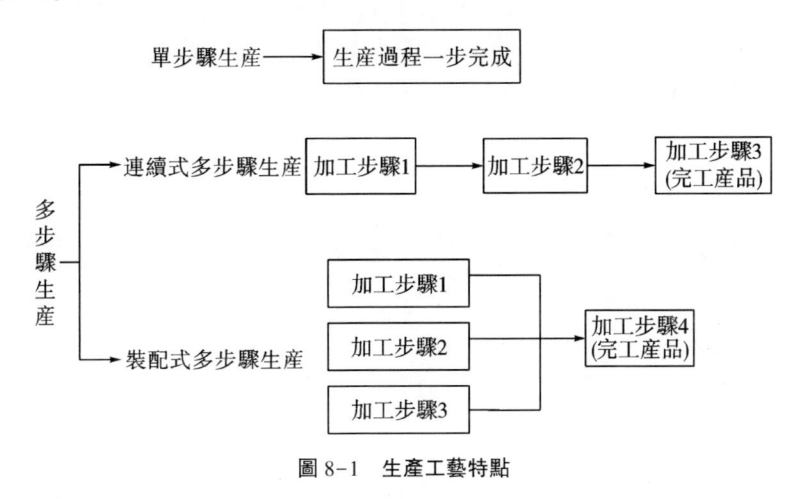

圖 8-1　生產工藝特點

8.1.2　按產品生產組織特點分類

工業企業的生產，按產品生產組織特點，可分為大量生產、大批生產和單件生產三種類型。

1. 大量生產

大量生產是指連續不斷地重複生產相同產品的生產。這種生產類型的企業一般生產的品種較少，但每一品種的產量較大，規格較單一，而且比較穩定。如供水、發電、採掘、紡織、鋼鐵、造紙、麵粉、化肥等企業的生產就屬於這種類型。

2. 大批生產

大批生產是指按事先規定的批別和數量進行的生產。這種生產類型的企業一般生

產的品種較多,規格也較多,而且具有一定的重複性,如服裝、制鞋、機械的生產。大批生產由於生產量大,會連續幾個月不斷重複生產一種或幾種產品,因而其性質近似大量生產;小批生產,由於生產產品的批量小,一批產品一般可以同時完工,其性質近似於單件生產。

3. 單件生產

單件生產是指生產製造品種規格或質量要求比較特殊的產品,或根據客戶訂單個別設計,單獨進行的生產。這種生產類型的企業一般生產的品種較多,但每一品種的產量較少,規格較特殊,而且生產完后,很少再重複生產該種規格的產品。如重型機械、精密儀器、船舶等屬於這種類型。

企業產品生產的組織特點分為單件生產、成批生產、大量生產,如圖 8-2 所示:

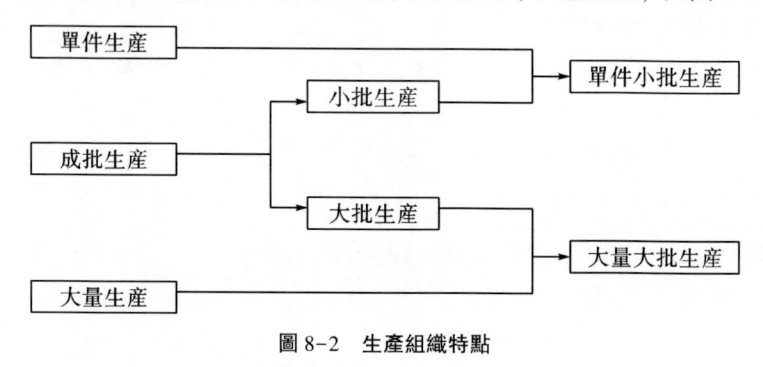

圖 8-2 生產組織特點

8.2 生產類型和管理要求對成本計算方法的影響

生產特點不同,成本管理要求不同,決定了產品成本計算方法不同。不同的生產特點和成本管理要求對成本計算對象、成本計算期以及生產費用在本期完工產品和期末在產品之間的分配均產生影響。

8.2.1 管理要求和生產工藝對產品成本計算對象的影響

計算產品成本,必須首先確定成本計算對象。成本計算對象是成本耗費的承擔者,是歸集和分配生產費用的對象。一旦確定了成本計算對象,便可以設置產品成本明細帳來歸集生產費用進而計算產品成本,成本計算對象也是區分各種成本計算基本方法的主要標誌。產品成本計算對象會受到生產工藝和管理要求的影響。

1. 生產工藝對成本計算對象的影響

(1) 單步驟生產

從產品生產工藝過程看,單步驟生產不能間斷,因而不可能也不需要按照生產步驟計算產品成本,只能按照產品的品種計算成本。

(2) 多步驟生產

當多步驟生產在企業不同的車間進行且不同車間又在不同的地點時,企業需要按

照步驟設置成本計算對象，進而設置以步驟命名的明細帳來歸集生產費用計算產品成本。

當多步驟生產在企業的一個車間內部進行時，企業仍需要按照步驟設置成本計算對象，進而設置以步驟命名的明細帳來歸集生產費用計算產品成本。

2. 管理要求對成本計算對象的影響

當各個步驟生產在企業不同的車間進行，不同車間又有不同的地點，企業管理上要求對每個步驟的產品詳細核算，為成本管理提供依據時，在會計核算上，以步驟為成本計算對象。

當多步驟生產在企業的一個車間內部進行，企業管理上要求對每個步驟的產品詳細核算，為成本管理提供依據時，在會計核算上，以步驟為成本計算對象。

當多步驟生產在企業的一個車間內部進行，企業管理上不要求對每個步驟的產品詳細核算，此時可以依照最終的產品作為成本計算對象，不再將步驟作為成本計算對象。

8.2.2 管理要求和生產組織對產品成本計算對象的影響

1. 生產組織對成本計算對象的影響

（1）大量生產

在大量生產情況下，企業連續不斷地重複生產一種或者若干種產品，企業一般按照產品的品種來計算成本。

（2）大批生產

在大批生產情況下，由於批量很大，往往在一個月內無法全部完工，因而會出現連續幾個月加工一批產品的情況。此時的大批生產和大量的生產近似，可以按照批別產品的名稱設置成本計算對象。

（3）小批生產

單件和小批生產，因為投產的批量較小，同一批產品往往可以同時完工，因此可以按照產品的批別（單件是最小的批別）來計算成本。

2. 管理要求對成本計算對象的影響

（1）管理要求下的大量生產

在大量生產情況下，企業連續不斷地重複生產一種或者若干種產品，因而管理上只能要求按照產品的品種來計算成本。

（2）管理要求下的大批生產

在大批生產情況下，由於批量很大，往往在一個月內無法全部完工，因而會出現連續幾個月加工一批產品的情況。此時的大批生產和大量的生產近似，可以按照批別產品名稱設置成本計算對象。管理要求下的大批生產的產品成本對象與大批生產組織方式下的成本計算對象一致。

有時候，企業接受的訂單，並不是批量很大的訂單，而是由眾多的小批量訂單組成。企業如果完全按照訂單來組織生產，會出現由於多樣化訂單需求所導致的生產進行前的機器調試，加工所需材料的小批量分批次的領用，生產銜接不好的地方還會出

現生產等待時間成本。管理上為了達到經濟生產，降低成本的目的，會要求企業將多個訂單涉及的同種產品進行數量上的同類項合併，組成一個大的批量。此時成本計算對象不是批次，而是由眾多小批次同類項合併出來的大批量產品的名稱。

（3）管理要求下的單件小批生產

單件和小批生產，投產的批量較小，同一批產品往往可以同時完工，單件小批生產可以按照產品的批別（單件是最小的批別）來計算成本。管理上為了分析和考核各批產品成本，也要求按照產品的批別來計算成本。

綜上所述，成本計算對象主要是根據產品的生產特點和管理要求共同來確定的。企業成本核算有三種成本計算對象：產品的品種、產品的批別和產品的生產步驟。

8.2.3　生產類型和管理要求對產品成本計算期的影響

成本計算期是指對生產費用計入產品成本所規定的起訖日期，也就是每次計算產品成本的期間。企業生產類型不同，產品的成本計算期也不同，這主要取決於生產組織的特點。

大量大批生產時，生產像流水一樣連續不斷地進行，將大批量產品最終完工的時間作為成本計算的時點，與會計核算期不一致，會導致成本信息報送延遲，進而影響會計報表的及時報送。因而管理上要求，企業依據會計核算時間來進行成本核算。

企業有多批次產品同時間、同車間開工生產且每批次產品品種不同時，成本計算對象如果按照每個批次產品品種設置成本明細帳，歸集費用，在各個批次產品完工時計算成本，成本核算工作量會很大。管理上要求成本核算遵循成本效益原則的同時要滿足及時性需要。通過權衡，對多批次產品共同加工的這種生產組織形式，企業成本會計核算遵循的原則為：有完工產品的月份，在會計核算期（月末）計算產品成本；如果各個批次都沒有產品完工，在會計核算期（月末）就不用計算產品成本。

單件小批生產時，批量小，生產一般不重複進行，因此，只能等某一批產品完工后才能計算該批產品的成本，這樣，成本計算期就與生產週期相一致，與會計報告期不一致，單件小批生產的成本核算是不定期的。

8.2.4　生產類型和管理要求對完工產品和期末在產品之間費用分配的影響

連續式單步驟生產，生產週期較短，期末一般沒有在產品或者在產品數量極少，為了簡化成本計算，就不計算在產品的成本，也就不必將生產費用在本期完工產品和期末在產品之間分配。

連續式多步驟生產，其生產週期一般較長，生產費用是否應在本期完工產品和期末在產品之間分配，在很大程度上取決於企業的生產組織特點。大量大批生產時，不斷投入不斷產出，在會計核算期（月末）進行成本核算時，存在有部分產品已經完工，部分產品還未完工的情況，這時就需要將生產費用在本期完工產品和期末在產品之間分配。

連續式多步驟生產，當管理上不要求分步驟核算時，成本計算對象是產品的品種。生產過程中不斷有材料投入，還有完工產品轉出。儘管是採用品種法，但是多步驟生

產這個工藝特點決定了在會計核算期（月末）進行成本核算時，會有部分產品已經完工，部分產品還未完工，這時就需要將生產費用在本期完工產品和期末在產品之間分配。

單件小批生產，因為批量小、件數少，同一批產品常常同時完工或者同時沒有完工。如果同時完工，所歸集的生產費用就是完工產品的成本；如果同時沒有完工，所歸集的生產費用就是在產品的成本。這樣，也就無需將生產費用在本期完工產品和期末在產品之間分配。

8.3 產品成本的計算方法

產品成本計算方法是指將生產費用在企業生產的各種產品之間、完工產品和期末在產品之間分配的方法。產品成本的計算方法一般包括如下內容：確定成本計算對象；設置成本明細帳；設置成本項目；生產費用的歸集及計入產品成本的程序；確定間接計入費用的分配標準；確定成本計算期；將生產費用在完工產品和期末在產品之間分配；計算出完工產品的總成本和單位成本。確定產品成本計算對象是產品成本核算的起點和核心，也是構成產品成本計算方法的主要標誌。

8.3.1 產品成本計算的基本方法

為了適應各種生產特點和管理要求，在成本計算工作中存在著三種不同的成本計算對象，相應地，也就存在著以這三種成本計算對象為主要標誌的三種成本計算的基本方法：

1. 品種法

品種法是以產品的品種為成本計算對象，來歸集生產費用，計算產品成本的方法。一般適用於大量大批單步驟生產，如發電廠、供水廠、採掘企業等，也可用於管理上不要求分步驟計算產品成本的大量大批多步驟生產，如小型的造紙廠、水泥廠、織布廠等。

2. 分批法

分批法是以產品的批別為成本計算對象，來歸集生產費用，計算產品成本的方法。一般適用於單件小批單步驟生產，也可用於管理上不要求分步驟計算產品成本的單件小批多步驟生產，如特殊或精密鑄件的熔制、重型機械、船舶、精密儀器、專用工具器具模具和專用設備的製造等。

3. 分步法

分步法是以產品的生產步驟為成本計算對象，來歸集生產費用，計算產品成本的方法。一般適用於管理上要求分步驟計算產品成本的大量大批多步驟生產，如紡織、冶金、造紙、機械製造等。

為了更好地理解成本計算方法及其特點，對比分析如表 8-1 所示：

表 8-1　　　　　　　　　　　成本計算方法對比

成本計算方法 \ 特點	成本計算	成本計算期	在產品成本計算
品種法	品種	會計核算期	需要計算或不需要計算
分批法	批別	產品生產週期	不需要計算
分步法	步驟	會計核算期	需要計算

三種基本方法對比分析如表 8-2 所示：

表 8-2　　　　　　　　　　　基本方法的對比表

成本計算方法 \ 對比指標	工藝特點	組織特點	管理要求	適用企業
品種法	單步驟生產、多步驟生產	大量大批單步驟、大量大批多步驟（管理不要求分步驟核算）	不分步核算	發電、採掘
分批法	單步驟生產、多步驟生產	單件小批	不分步計算	重型機械、服裝定制
分步法	多步驟生產	大量多步驟、大批多步驟	需要分步計算	紡織業、冶金業

8.3.2　產品成本計算的輔助方法

除了產品成本計算的基本方法以外，還存在分類法、定額法等成本計算的輔助方法。

1. 分類法

分類法是為了簡化產品成本計算工作，在產品的品種規格繁多的工業企業，如針織廠、燈泡廠、制帽廠等企業採用的一種簡便的成本計算方法。分類法可以簡化成本計算工作，而且在產品品種規格繁多的情況下還可以幫助企業分類掌握產品成本情況。

2. 定額法

定額法則是工業企業為了更有效地控制生產費用，加強成本管理而採用的一種將符合定額的費用和脫離定額的差異分別計算的產品成本計算方法。定額法與生產類型無直接聯繫，只要企業滿足定額制度健全、定額管理工作基礎好、產品的生產消耗定額比較準確和穩定這三個條件，就可以採用定額法計算產品成本。

3. 標準成本法

標準成本法是指以預先制定的標準成本為基礎，通過標準成本與實際成本之間比較，核算和分析成本差異的一種產品成本計算方法。標準成本法是一個包括制定標準成本、計算和分析成本差異、處理成本差異三個環節組成的完整系統，該系統具備加強成本控制、評價經濟業績功能。

8.3.3 產品成本計算基本方法和輔助方法的關係

實際工作中，成本計算輔助方法都不是獨立的成本方法，必須結合三種基本成本計算方法進行。成本計算輔助方法是為了滿足成本計算或成本管理過程中的某一方面的需要而採用的。例如，產品成本計算的定額法是在定額管理比較好的企業採用的。定額法的使用可以在生產過程中找出企業生產脫離定額的差異，進行成本差異分析、成本差異考核，為企業降低產品成本提出有效舉措。比如，分類法是為了簡化成本計算的手續，在產品的型號、規格繁多或生產聯產品的企業所採用的方法。標準成本法輔助於基本成本計算方法的整個過程，使得企業的成本核算過程變成了成本管理過程，實現了生產前、生產中和生產后全方位的成本管理。

由於成本計算輔助方法——定額法的輔助作用，在企業的實際成本計算中會出現定額法輔助品種法形成的採用定額的品種法、定額法輔助分批法形成的採用定額法的分批成本計算方法、定額法輔助分步法形成的採用定額的分步成本計算方法。

由於成本計算輔助方法——分類法的輔助作用，在企業的實際成本計算中，會出現分類法輔助品種法形成的分類核算的品種法、分類法輔助分批法形成的採用分類的分批法、分類法輔助分步法形成的分類的分步成本計算方法。

由於成本計算輔助方法——標準成本法的輔助作用，在企業的實際成本計算中，會出現標準成本法輔助品種法形成的採用標準成本法的品種法、標準成本法輔助分批法形成的採用標準成本法的分批法、標準成本法輔助分步法形成的採用標準成本法的分步成本計算方法。

8.4　各種產品成本計算方法的實際應用

8.4.1　多種成本計算方法同時應用於一個企業

1. 一個企業可以採用不同的成本計算方法

例如，一個企業的基本生產車間大批大量多步驟生產某種產品，則需要採用分步法來核算成本。企業的輔助生產車間提供水電，對於輔助車間的成本計算方法可以採用品種法來計算。

2. 一個企業的一個車間採用多種成本計算方法

例如，一個企業生產車間中包含三個生產線：第一個生產線生產一種產品；第二個生產線分步驟生產一種產品，每個步驟的半成品很重要，管理上要求分步核算；第三個生產線是單件小批的生產。根據生產工藝、生產組織和管理要求，企業同一個車間內部採用多種成本計算方法：第一個生產線，採用品種法；第二個生產線採用分步法；第三個生產線採用分批法。

8.4.2 多種成本計算方法應用於一種產品的成本計算

1. 一種產品的不同生產步驟，採用不同成本計算方法

比如，一個鑄造加工機械廠，生產需要經過冶煉、鑄造、機械加工、裝配四個步驟，最終加工出產成品。如果該廠是接受訂單加工的企業，那麼最終的產品成本計算應該採用分批法。從產品生產的各個階段來看，冶煉車間冶煉出高碳鋼錠和低碳鋼錠，全部用於鑄造車間的生產所用，冶煉車間採用品種法。鑄造車間需要對冶煉車間的鋼錠進行加工，成本計算必然需要考慮到冶煉車間完工品的轉入，因此採用逐步結轉分步法。機械加工和裝配環節要考慮外部的訂單需求，因而採用分批法核算。總的來說，訂單產品的需求所用的成本計算方法是以分批法為主線，其中還有涉及前面環節的品種法和分步法的應用。

2. 一種產品的不同零部件之間採用不同的成本計算方法

某種產品由若干零部件組裝而成，一部分零部件進入產品裝配環節，另一部分零部件需要對外銷售。管理上要求企業的零部件進行明細核算。按照零部件生產類型和管理要求，成本計算方法有所不同：外售部分的零部件，採用品種法明細核算；自用的零部件，採用分步法成本核算。

本章小結

本章論述了生產工藝特點和生產組織特點、生產特點和管理要求對成本計算方法的影響。以產品計算對象為主要標誌的產品計算方法有以下三種：

（1）以產品品種為成本計算對象的產品成本計算方法，稱為品種法。主要適用於大量、大批的單步驟生產或管理上不要求分步驟計算成本的多步驟生產。

（2）以生產批別為成本計算對象的產品成本計算方法，稱為分批法。主要適用於小批、單件的單步驟生產或管理上不要求分步驟計算成本的多步驟生產。

（3）以產品生產步驟為成本計算對象的產品成本計算方法，稱為分步法。主要適用於大量、大批的多步驟生產。

為了解決成本計算或成本管理過程中的某一方面的需要而採用的輔助成本計算方法有以下三種：

（1）分類法。簡化產品成本計算工作，在產品的品種規格繁多的工業企業採用的一種簡便的成本計算方法，可以幫助企業分類掌握產品成本情況。

（2）定額法。定額法是指為了更有效地控制生產費用、加強成本管理而採用的一種將符合定額的費用和脫離定額的差異分別計算的產品成本計算方法。

（3）標準成本法。標準成本法是指以預先制定的標準成本為基礎，通過標準成本與實際成本之間比較，核算和分析成本差異的一種產品成本計算方法。

習題

一、單項選擇題

1. 區分各種成本計算基本方法的主要標誌是（　　）。
   A. 成本計算對象
   B. 成本計算日期
   C. 間接費用的分配方法
   D. 完工產品與在產品之間分配費用的方法

2. 將品種法、分批法和分步法概括為產品成本計算的基本方法，主要是因為它們（　　）。
   A. 應用得最廣泛
   B. 計算方法最簡便
   C. 對成本管理最重要
   D. 是計算產品實際成本必不可少的方法

3. 在大量大批多步驟生產情況下，如果管理上不要求分步計算產品成本，其所採用的成本計算方法應（　　）。
   A. 品種法　　　B. 分批法　　　C. 分步法　　　D. 分類法

4. 產品成本計算的品種法就是（　　）。
   A. 按照產品品種和生產步驟計算產品成本的方法
   B. 單一法
   C. 按照產品品種計算產品成本的方法
   D. 一種成本計算的輔助方法

5. 品種法適用的生產組織是（　　）。
   A. 大批生產　　　　　　　　B. 大量大批生產
   C. 小批單件生產　　　　　　D. 大量小批生產

6. （　　）是屬於產品成本計算方法的輔助方法。
   A. 品種法　　　B. 分批法　　　C. 分步法　　　D. 定額法

7. 分類法是在產品品種、規格繁多，但可按一定標準對產品進行分類的情況下，為了（　　）而採用的。
   A. 計算各類產品成本　　　　B. 簡化成本計算工作
   C. 加強各類產品成本管理　　D. 提高計算的準確性

8. 生產的特點和管理的要求對成本計算方法的影響主要表現在（　　）。
   A. 生產組織的特點　　　　　B. 工藝過程的特點
   C. 生產管理的要求　　　　　D. 產品成本計算對象的確定

9. 在大量生產的企業裡，要求連續不斷地重複生產一種或若干種產品，因而管理上只要求而且也只能按照（　　）計算成本。
   A. 產品的批別　　　　　　　B. 產品的品種

C. 產品的類別　　　　　　　　D. 產品的步驟
10. 成本計算方法中最基本的成本計算方法是（　　）。
　　A. 品種法　　　　　　　　　B. 分批法
　　C. 分步法　　　　　　　　　D. 分類法

二、多項選擇題
1. 生產工藝分為（　　）。
　　A. 連續式　　B. 裝配式　　C. 簡單生產　　D. 複雜生產
2. 多步驟生產方式可以分為（　　）。
　　A. 連續式　　B. 裝配式　　C. 簡單生產　　D. 複雜生產
3. 企業在確定成本計算方法時，必須從企業的具體情況出發，同時考慮以下因素（　　）。
　　A. 企業生產規模的大小　　　B. 企業的生產特點
　　C. 進行成本管理的要求　　　D. 月末有沒有在產品
4. 品種法適用於（　　）。
　　A. 大量大批生產
　　B. 單件小批生產
　　C. 簡單生產
　　D. 複雜生產，且管理上不要求分步驟計算產品成本
5. 下列方法中，屬於產品成本計算的輔助方法有（　　）。
　　A. 分步法　　B. 分類法　　C. 定額成本法　　D. 分批法
6. 定額法是為了（　　）而採用的。
　　A. 加強成本的定額管理　　　B. 簡化成本計算工作
　　C. 計算產品的定額成本　　　D. 提高計算的準確性
7. 工業企業的生產，按其生產組織的特點劃分，可分為（　　）。
　　A. 大量生產　　　　　　　　B. 成批生產
　　C. 單步驟生產　　　　　　　D. 單件生產
8. 工業企業的生產，按其生產工藝過程的特點劃分，可分為（　　）。
　　A. 大量生產　　　　　　　　B. 單步驟生產
　　C. 多步驟生產　　　　　　　D. 單件生產
9. 生產類型的特點對成本計算方法的影響主要表現在（　　）。
　　A. 成本計算對象　　　　　　B. 成本計算日期
　　C. 成本項目　　　　　　　　D. 成本歸集程序
10. 屬於輔助成本計算方法的是（　　）。
　　A. 分類法　　B. 品種法　　C. 分步法　　D. 分批法
　　E. 定額法　　E. 在產品的計價方法

三、案例
1. 某火力發電廠除生產電力外，還生產部分熱力，生產技術過程不能間斷，沒有在產品和半成品。火力發電是利用燃料燃燒所發生的高熱，使鍋爐裡的水變成蒸汽，

推動汽輪機迅速旋轉，借以帶動發電機轉動，產生電力，生產用燃料和生產用水在生產成本中所占比重很大。火力發電廠一般設有下列基本生產分廠（車間）：燃燒分廠、鍋爐分廠、汽機分廠、電氣分廠。由於產電兼供熱，汽機分廠還劃分為兩個部分，即電氣化部分和熱力化部分。

要求：

（1）分析和說明該廠在成本核算中應採取的成本計算方法，並說出原因。

（2）對生產的電力和熱力產品應如何設置成本核算對象和成本核算項目？

2. 某小型工業企業，由於考慮成本—效益原則，所以在成本核算工作中存在一些不足，比如材料消耗是根據實際領料數量進行核算，沒有考核標準，因而各月之間成本波動較大，而且領用材料計量不夠準確，對於不能點數的材料採用目測的方法估算。鑒於存在的問題，企業經理決定進行整改。如果請你為經理出謀劃策，請問你有哪些建議？

9　產品成本計算的基本方法

教學目標：

通過本章的教學，理解品種法、分批法和分步法的特點和適用範圍，掌握產品成本計算方法的基本程序，掌握品種法、分批法和分步法的計算方法，重點掌握綜合逐步結轉分步法的計算程序和成本還原以及平行結轉分步法的計算程序。

教學要求：

知識要點	能力要求	相關知識
品種法	(1) 對品種法適用範圍和特點的理解； (2) 掌握品種法計算的運用	(1) 生產類型和管理要求； (2) 品種法的特點和適用範圍； (3) 品種法的計算程序
分批法	(1) 對分批法適用範圍和特點的理解； (2) 掌握分批法計算的運用； (3) 瞭解簡化分批法計算的運用	(1) 分批法的計算程序； (2) 簡化分批法的計算程序； (3) 簡化分批法的特點
分步法	(1) 對分步法適用範圍和特點的理解； (2) 掌握分步法計算的運用	(1) 各步驟之間成本的結轉； (2) 廣義在產品數量核算； (3) 逐步結轉分步法的計算及應用； (4) 綜合結轉法和分項結轉法的計算及應用； (5) 平行結轉分步法的計算及應用

基本概念：

　　產品計算對象　產品生產步驟　大量大批單步驟　產品成本計算基本方法
　　大量大批多步驟生產　單件小批生產　完工產品成本　在產品成本

導入案例：

　　食品廠的產品包括麵包、餅干、糖果和罐頭等，一般按照產品種類分設生產車間或生產小組進行生產。麵包的生產包括配料（調和面粉）、成型、烘烤、包裝四個工序。面粉、砂糖、植物油等原料，按配料工序分次按照配料比例投入生產；經過攪拌和制，置於容器中發酵三四個小時，送入成型工序；經過機器加工，切割揉團成為一定重量的面團，放入鐵模內；經過高溫再發酵，送入烘爐內烤成麵包；冷却后即可包

裝入庫。餅干的生產包括配料（調和面粉）、成型烘烤、冷却整理、包裝四個工序。原料也是由配料工序分次按配料比例投入生產；經過攪拌和制，進入成型機用銅模軋制成各種形狀的餅干，並用烘爐烘烤；再經過冷却整理，挑出不合格的返工品以後，即可包裝入庫。麵包和餅干的生產，一般是在流水線上不斷進行的，這種生產的工藝過程不能間斷，不能由幾個車間或企業分散進行，因而一般歸為單步驟生產，其生產組織多是大量大批生產。根據上述生產特點，麵包和餅干的成本，一般採用品種法計算。在所產麵包和餅干的品種、規格繁多的食品廠中，為了簡化計算工作，還可結合採用分類法計算產品成本：將產品按照麵包和餅干歸類，先計算麵包類產品和餅干類產品的成本，然後採用一定的分配標準或系數，分配計算類內各種麵包或餅干的成本。

9.1 產品成本計算的品種法

9.1.1 品種法概述

1. 品種法的定義

產品成本計算的品種法，是以產品的品種為成本計算對象，歸集費用，計算產品成本的一種方法，品種法是產品成本計算的最基本的方法。

2. 品種法的適用範圍

品種法適用於大量大批的單步驟生產或管理上不要求分步驟計算產品成本的大量大批的多步驟生產。

（1）大量大批單步驟生產

比如，發電、採掘等，此類型企業的生產是大批量的生產，不需要也無法分批計算產品成本；另外，又由於是單步驟生產，產品生產的工藝流程不能間斷，沒有必要也不可能按照生產步驟計算產品成本，只能以產品品種作為成本計算對象。

（2）管理上不要求分步驟核算的大量大批多步驟生產

對於生產規模較小的，或者從投料到產品完工過程都在一個車間進行的封閉式多步驟生產，或者經由一個生產線直接完工的多步驟生產，管理上不要求分步驟計算產品成本，因此，需要採用品種法計算產品成本。例如小型服裝企業、化肥廠、小型造紙廠等。

3. 品種法的分類

（1）簡單的品種法

企業產品品種單一，生產步驟單一，產品從生產開始到生產完工時間很短。比如面粉企業、發電企業、供水企業，這類產品生產週期很短，月末沒有在產品，因而成本核算程序簡單，只需按照品種設立成本明細帳，歸集發生的生產費用，該生產費用即完工產品的費用。由於其成本計算的簡便特性，故稱為簡單的品種法。

（2）複雜的品種法

某些小型多步驟工業企業，管理上不要求分步驟核算，採用品種法核算成本。此

類企業的產品生產從開始加工到加工完成時間較長。在大量大批多步驟生產過程中，由於產品生產週期和會計核算期不一致，因而月末就會出現完工產品和未完工產品。此類產品成本計算，需要按照產品品種設立成本明細帳，歸集生產費用，在會計期期末，需要將當月的生產費用在完工產品和月末在產品之間進行分配。由於成本計算較為複雜，故稱為複雜的品種法。

4. 品種法的特點

（1）成本計算對象

品種法的成本計算對象就是企業生產的產品品種。在採用品種法計算產品成本的企業或者車間裡，如果只生產一種產品，計算產品成本時，只需要為這種產品開設一本產品成本明細帳，帳內按照成本項目（直接材料、直接人工、製造費用等）設立專欄或專行。在這種情況下，企業所發生的全部生產費用都直接計入費用，可以直接計入該產品成本明細帳有關成本項目（直接材料、直接人工、製造費用等），不存在成本計算對象之間分配費用的問題。如果企業生產的產品不止一種，就需要以每一種產品作為成本計算對象，分別設置產品成本明細帳。對於發生的生產費用，能分清是某一種產品耗用的，則直接記入該種產品成本明細帳的有關成本項目；若是幾種產品共同耗用的，則需要採用適當的分配方法，在各個產品成本計算對象之間進行分配，將分配后的金額填入各個產品成本明細帳的有關成本項目。

（2）成本計算期

大量大批單步驟工業企業，生產過程連續不間斷，如若等到所有產品都完工再來進行成本計算，會導致財務報表由於缺乏成本信息無法及時對外報送。因此不管大量大批單步驟生產的所有產品是否全部完工，成本核算定期於每月月末進行。管理上不要求分步驟核算的多步驟工業企業，在採用品種法核算成本時，同樣需要定期於月末進行。

（3）生產費用在完工產品和在產品之間的分配

單步驟生產中，產品的生產週期較短，一般沒有在產品，有時候雖然有在產品，由於在產品數量少、價值小，所以在月末計算成本時，將在產品價值忽略不計。在這種情況下，產品成本明細帳中按成本項目歸集的生產費用就是該產品完工產品的總成本。

在一些規模較小，管理上又不要求按照生產步驟計算成本的大量、大批的多步驟生產中，產品陸續完工，月末一般都有在產品，而且數量較多。這樣，月末在計算產品時，就需要將產品成本明細帳中的生產費用在完工產品和在產品之間進行分配。

9.1.2 品種法的計算程序及應用實例

由於品種法是產品成本計算方法中的最基本方法，所以品種法的成本計算程序體現著產品成本計算的一般程序，主要包括下列步驟：

（1）按照產品品種設立基本生產成本明細帳（即成本計算單）。根據產品品種設立基本生產成本明細帳（即成本計算單），明細帳採用多欄式，以直接材料、直接人工、製造費用等成本項目歸集產品的生產費用，在明細帳的橫向各欄中，分別列示月初在產品成本、本月發生的生產費用、本月完工產品費用、本月在產品費用。

（2）歸集和分配各種要素費用。首先審核原始憑證和其他有關資料，然后對生產過程中發生的各項要素費用，按照其發生的地點和用途歸集到對應的會計科目中，最后編製費用分配表。

（3）歸集和分配輔助生產費用。首先應根據第二步費用分配表，登記輔助生產成本明細帳，匯集輔助生產的全部費用，即包括發生地點在輔助車間的製造費用。然后，選擇直接分配法、交互分配法、順序分配法、代數分配法、計劃分配法中的一種方法來分配輔助生產費用，最后編製輔助生產費用分配表。

（4）歸集和分配基本生產車間製造費用。首先將發生地點在基本車間的製造費用記入基本生產車間製造費用明細帳；然后將輔助生產車間轉入的製造費用記入基本車間製造費用明細帳；最后採用一定的方法，將基本生產車間製造費用在不同產品之間進行分配，並編製製造費用分配表。

（5）月末，生產費用在完工產品與在產品之間分配。經過上述程序，本期生產應負擔的各項費用都集中登記在「產品成本明細帳」中。如果期末沒有在產品，則本月「產品成本明細帳」中歸集的全部生產費用即為本月完工產品的成本；如果期末有在產品，則應將這些生產費用，選擇合適的分配方法（計算在產品成本法、約當產量比例法、在產品按定額成本計價法、在產品按所耗原材料費用分配法、在產品按固定成本計價法、定額比例法或在產品按所耗原材料費用計價法）在完工產品與在產品之間進行分配。

（6）結轉完工產品成本。根據產品成本明細帳中完工產品的成本，編製完工產品成本匯總計算表，並據以編製轉帳憑證，結轉當月完工入庫產品的生產成本。

【例 9-1】某企業設有一個基本生產車間，大量生產甲、乙兩種產品，都是單步驟大量生產。根據生產特點和管理要求，採用品種法計算甲、乙兩種產品的成本。該企業設有兩個輔助生產車間——供水車間和供電車間，為基本生產車間和管理部門提供水電。基本生產車間和輔助生產車間的製造費用均通過「製造費用」科目核算。該企業不單獨核算廢品損失。產品成本包括「直接材料」「直接燃料和動力」「直接人工」和「製造費用」四個成本項目。

下面以該企業 201×年 3 月份各項費用資料為例，說明採用品種法，計算甲、乙兩種產品成本程序和相應的帳務處理。

編製各種費用分配表，分配各種要素費用：

（1）貨幣支出資料

根據 3 月份付款憑證匯總的各項貨幣支出（假定均為銀行存款支出）為：

基本生產車間發生辦公費 1,870 元，勞保費 1,660 元，取暖費 4,880 元，其他費用 8,460 元。

供電車間燃料動力費 10,120 元，辦公費 780 元，勞保費 210 元，其他費用 700 元。

供水車間辦公費 184 元，勞保費 116 元，其他費用 60 元。

管理部門辦公費 1,600 元，差旅費 1,000 元，其他 600 元。

根據 3 月份銀行存款付款憑證匯總編製的各項貨幣支出費用（假定全部用銀行存款支付）匯總表，詳見表 9-1。

表 9-1　　　　　　　　　銀行存款付款憑證匯總表（分配表 1）

單位：元

應借科目			金額
總帳科目	明細科目	成本或費用項目	
生產成本	輔助生產成本（供電車間）	直接燃料和動力	10,120
製造費用	基本生產車間	辦公費	1,870
		勞保費	1,660
		取暖費	4,880
		其他費用	8,460
		小計	16,870
	供電車間	辦公費	780
		勞動保護費	210
		其他	700
		小計	1,690
	供水車間	辦公費	184
		勞動保護費	116
		其他	60
		小計	360
		合計	18,920
管理費用		辦公費	1,600
		差旅費	1,000
		其他	600
		小計	3,200
		總計	32,240

編製會計分錄：
借：生產成本——輔助生產成本——供電——直接燃料與動力　　10,120
　　製造費用——基本生產車間　　　　　　　　　　　　　　　16,870
　　　　　　——供電車間　　　　　　　　　　　　　　　　　 1,690
　　　　　　——供水車間　　　　　　　　　　　　　　　　　　 360
　　管理費用　　　　　　　　　　　　　　　　　　　　　　　 3,200
　貸：銀行存款　　　　　　　　　　　　　　　　　　　　　　32,240

（2）職工薪酬費用（職工福利費略）

基本生產車間生產工人工資 56,950 元，管理人員工資 1,450 元。
供電車間生產工人工資 5,850 元，管理人員工資 1,550 元。
供水車間生產工人工資 8,090 元，管理人員工資 1,460 元。
管理部門管理人員工資 3,560 元。
基本生產車間生產工人工資為計時工資，在甲產品和乙產品之間按產品的實際工

時比例分配。甲產品的實際工時為6,000小時，乙產品的實際工時為4,000小時。

根據上述資料，編製職工薪酬費用分配表，詳見表9-2。

表9-2　　　　　　　　職工薪酬費用分配表（分配表2）

單位：元

應借科目			金額
總帳科目	明細科目	成本或費用項目	
生產成本	基本生產成本	生產工人工資	56,950
生產成本	輔助生產成本（供水車間）	生產工人工資	8,090
	輔助生產成本（供電車間）	生產工人工資	5,850
製造費用	基本生產車間	管理人員工資	1,450
製造費用	輔助生產車間	供電車間	1,550
製造費用	輔助生產車間	供水車間	1,460
管理費用	管理部門	管理部門人員工資	3,560
	總　計		78,910

甲產品應分得的人工工資為：$56,950 \times [6,000 \div (6,000+4,000)] = 34,170$（元）
乙產品應分得的人工工資為：$56,950 \times [4,000 \div (6,000+4,000)] = 22,780$（元）
編製會計分錄：
　借：生產成本——基本生產成本——甲產品——直接人工　　34,170
　　　　　　　　　　　　　　　　——乙產品——直接人工　　22,780
　　　生產成本——輔助生產成本——供水——直接人工　　　　8,090
　　　　　　　　　　　　　　　——供電——直接人工　　　　5,850
　　　製造費用——基本生產車間　　　　　　　　　　　　　　1,450
　　　　　　　——供電車間　　　　　　　　　　　　　　　　1,550
　　　　　　　——供水車間　　　　　　　　　　　　　　　　1,460
　　　管理費用　　　　　　　　　　　　　　　　　　　　　　3,560
　　貸：應付職工薪酬　　　　　　　　　　　　　　　　　　　78,910

（3）固定資產折舊費用

2月份的折舊費用為：基本車間折舊費9,980元，供電車間折舊費1,650元，供水車間折舊1,040元，管理部門折舊2,100元。

2月份增加的固定資產折舊為：基本生產車間折舊為1,000元，供電車間折舊為350元，供水車間折舊為160元，管理部門折舊為300元。

根據上述資料編製折舊費用分配表，詳見表9-3。

表9-3　　　　　　　　固定資產折舊費用分配表（分配表3）

單位：元

項　目	生產車間				行政管理部門	合計
	基本生產車間	供電車間	供水車間	小　計		
折舊費用	9,980	2,000	1,200	13,180	2,400	15,580

編製會計分錄：

借：製造費用——基本生產車間　　　　　　　　　　　9,980
　　　　　　——供電車間　　　　　　　　　　　　　2,000
　　　　　　——供水車間　　　　　　　　　　　　　1,200
　　管理費用　　　　　　　　　　　　　　　　　　　2,400
　　貸：累計折舊　　　　　　　　　　　　　　　　　15,580

(4) 材料費用的分配

產品生產領用材料 A 和 B，A 材料為生產所用原材料，B 材料為輔助材料或機物料。

甲產品：A 原材料費用 10,430 元，B 輔助材料為 1,400 元。
乙產品：A 原材料費用 38,500 元，B 輔助材料為 1,210 元。
基本生產車間：B 機物料消耗 4,962 元。
供電車間：A 原材料費用 1,600 元，B 機物料消耗 900 元。
供水車間：A 原材料費用 4,300 元，B 機物料消耗 700 元。
管理部門：B 機物料耗用 800 元。

根據按原材料用途歸類的領、退料憑證，編製原材料費用分配表，詳見表 9-4。

表 9-4　　　　　　　　　　原材料費用分配表（分配表 4）

單位：元

應借科目			原料及主要材料 A	輔助材料 B	合計
總帳科目	明細科目	成本或費用項目			
生產成本	基本生產成本(甲產品)	直接材料	10,430	1,400	11,830
	基本生產成本(乙產品)	直接材料	38,500	1,210	39,710
	小計		48,930	2,610	51,540
生產成本	輔助生產成本(供電)	直接材料	1,600		1,600
	輔助生產成本(供水)	直接材料	4,300		4,300
	小計		5,900		5,900
製造費用	基本生產車間	機物料消耗		4,962	4,962
	供電車間	機物料消耗		900	900
	供水車間	機物料消耗		700	700
	小計			6,562	6,562
管理費用		物料消耗		800	800
合計			54,830	9,972	64,802

編製會計分錄：

借：生產成本——基本生產成本——甲產品——直接材料　　11,830
　　　　　　　　　　　　　　——乙產品——直接材料　　39,710
　　生產成本——輔助生產成本——供電——直接材料　　　1,600
　　　　　　　　　　　　　　——供水——直接材料　　　4,300

	製造費用——基本生產車間	4,962
	——供電車間	900
	——供水車間	700
	管理費用	800
	貸：原材料——A 材料	54,830
	原材料——B 材料	9,972

歸集和分配輔助生產費用：

（1）輔助生產車間製造費用的歸集詳見表 9-5、表 9-6。

表 9-5　　　　　　　　　　製造費用明細帳（分配表 5）　　　　　　　　　　單位：元

車間名稱：供電車間

月	日	摘要	職工薪酬	機物料消耗	折舊費	勞動保護費	辦公費	其他	合計	轉出
3	31	根據分配表 1				210	780	700	1,690	
	31	根據分配表 2	1,550						1,550	
	31	根據分配表 3			2,000				2,000	
	31	根據分配表 4		900					900	
	31	製造費用轉出								6,140
	31	合　計	1,550	900	2,000	210	780	700	6,140	6,140

表 9-6　　　　　　　　　　製造費用明細帳（分配表 6）　　　　　　　　　　單位：元

車間名稱：供水車間

月	日	摘要	職工薪酬	機物料消耗	折舊費	勞動保護費	辦公費	其他	合計	轉出
3	31	根據分配表 1				116	184	60	360	
	31	根據分配表 2	1,460						1,460	
	31	根據分配表 3			1,200				1,200	
	31	根據分配表 4		700					700	
	31	製造費用轉出								3,720
	31	合　計	1,460	700	1,200	116	184	60	3,720	3,720

（2）輔助生產車間製造費用的轉出

編製會計分錄：

	借：生產成本——輔助生產成本——供電——製造費用	6,140
	貸：製造費用——供電車間	6,140
	借：生產成本——輔助生產成本——供水——製造費用	3,720
	貸：製造費用——供水車間	3,720

（3）登記輔助生產成本明細帳

詳見表 9-7、表 9-8。

表 9-7　　　　　　　　　輔助生產成本明細帳（分配表 7）

車間名稱：供電車間　　　　　　　　　　　　　　　　　　　　　　　　　單位：元

月	日	摘　要	直接材料	燃料和動力	直接人工	製造費用	合計
3	31	根據分配表 1		10,120			10,120
	31	根據分配表 2			5,850		5,850
	31	根據分配表 4	1,600				1,600
	31	根據分配表 5				6,140	6,140
3	31	合　計	1,600	10,120	5,850	6,140	23,710

表 9-8　　　　　　　　　輔助生產成本明細帳（分配表 8）

車間名稱：供水車間　　　　　　　　　　　　　　　　　　　　　　　　　單位：元

月	日	摘　要	直接材料	直接人工	製造費用	合計
3	31	根據分配表 2		8,090		8,090
	31	根據分配表 4	4,300			4,300
	31	根據分配表 6			3,720	3,720
	31	合　計	4,300	4,090	3,720	16,110

（4）分配輔助生產費用

該廠規定輔助生產費用按計劃成本分配。輔助生產的計劃單位成本為每度電 0.6 元，每立方水 2 元，輔助生產的成本差異全部計入管理費用。

供電車間供電 38,670 度，各單位耗電數量為：供水車間用電 2,500 度；基本車間動力用 32,840 度，照明用 2,200 度；行政管理部門用 1,130 度。

供水車間提供水 9,900 立方米，各單位耗用數量為：供電車間 300 立方米，基本生產車間 7,100 立方米，行政管理部門 800 立方米。

基本生產車間的動力費按照產品的實際工時比例分配。如表 9-9 所示。

表 9-9　　　　　　　　　輔助生產費用分配表（分配表 9）

單位：元

項目		供電車間（度）		供水車間（立方米）	
		數量	金額	數量	金額
待分配實際費用			23,710		16,110
提供的數量		38,670		8,200	
輔助生產計劃單價		0.6 元/度		2 元/立方米	
供電車間				300	600
供水車間		2,500	1,500		
基本生產車間	其他使用	2,200	1,320	7,100	14,200
	動力用	32,840	19,704		
管理部門		1,130	678	800	1,600
合　計		38,670	23,202	8,200	16,400

編製會計分錄：

基本生產車間的動力費用分配：

甲產品：32,840×0.6×（6,000/6,000+4,000）= 11,822.4（元）

乙產品：32,840×0.4×（4,000/6,000+4,000）= 7,881.6（元）

供電車間輔助生產費用分配會計分錄：

借：生產成本——輔助生產成本——供水　　　　　　　　　1,500

　　生產成本——基本生產成本——甲產品——燃料與動力　11,822.4

　　生產成本——基本生產成本——乙產品——燃料與動力　7,881.6

　　製造費用——基本生產車間　　　　　　　　　　　　　1,320

　　管理費用　　　　　　　　　　　　　　　　　　　　　678

　貸：生產成本——輔助生產成本——供電車間　　　　　　23,202

供水車間輔助生產費用分配會計分錄：

借：生產成本——輔助生產成本——供電　　　　　　　　　600

　　製造費用——基本生產車間　　　　　　　　　　　　　14,200

　　管理費用　　　　　　　　　　　　　　　　　　　　　1,600

　貸：生產成本——輔助生產成本——供水車間　　　　　　16,400

供電車間實際發生的費用 = 23,710 + 600 = 24,310（元）

供電車間按照計劃分配率分配出去的費用 = 23,202（元）

供電車間實際費用 − 供電車間計劃費用 = 24,310 − 23,202 = 1,108（元）

供電車間差額會計分錄：

借：管理費用　　　　　　　　　　　　　　　　　　　　　1,108

　貸：生產成本——輔助生產成本——供電車間　　　　　　1,108

供水車間實際費用 = 16,110 + 1,500 = 17,610（元）

供水車間計劃費用 = 16,400（元）

供水車間實際費用 − 供水車間計劃費用 = 17,610 − 16,400 = 1,210（元）

供水車間差額會計分錄：

借：管理費用　　　　　　　　　　　　　　　　　　　　　1,210

　貸：生產成本——輔助生產成本——供水車間　　　　　　1,210

輔助生產成本分配后輔助生產成本餘額如表 9-10、表 9-11 所示。

表 9-10　　　　　　　　　輔助生產成本余額一覽表（1）

車間名稱：供水車間　　　　　　　　　　　　　　　　　　　　　　單位：元

月	日	摘　要	待分配水費	供電分入水費	轉入管理費用	按計劃分配率轉出金額	合計
3	31	根據分配表 8	16,110				16,110
3	31	根據分配表 9		1,500		−16,400	−14,900
3	31	差額擠入			−1,210		−1,210
3	31	合計	16,110	+1,500	−1,210	−16,400	0

141

表 9-11　　　　　　　　　　　輔助生產成本余額一覽表（2）

車間名稱：供電車間　　　　　　　　　　　　　　　　　　　　　　　　單位：元

月	日	摘要	待分配電費	供水分入電費	轉入管理費用	按計劃分配率轉出金額	合計
3	31	根據分配表 8	23,710				23,710
3	31	根據分配表 9		600		-23,202	-22,602
3	31	差額擠入			-1,108		-1,108
3	31	合計	23,710	600	-1,108	-23,202	0

歸集和分配基本生產車間製造費用：

（1）根據上述各種費用分配表登記基本生產車間製造費用明細帳，詳見表 9-12。

表 9-12　　　　　　　　　製造費用明細帳（分配表 10）

車間名稱：基本生產車間　　　　　　　　　　　　　　　　　　　　　　單位：元

月	日	摘要	職工薪酬	機物料消耗	折舊費	取暖	水電費	辦公費	勞保費	其他	合計
3	31	根據分配表 1				4,880		1,870	1,660	8,460	16,870
3	31	根據分配表 2	1,450								1,450
3	31	根據分配表 3			9,980						9,980
3	31	根據分配表 4		4,962							4,962
3	31	根據分配表 9					1,320				1,320
3	31	根據分配表 9					14,200				14,200
		小計	1,450	4,962	9,980	4,880	15,520	1,870	1,660	8,460	48,782
	31	根據分配表 11	-1,450	-4,962	-9,980	-4,880	-15,520	-1,870	-1,660	-8,460	-48,782
		合　計									0

（2）根據基本生產車間製造費用明細帳歸集的製造費用和甲、乙產品的時間生產工時，編製基本生產車間製造費用分配表分配製造費用，詳見表 9-13。

表 9-13　　　　　　　基本生產車間製造費用分配表（分配表 11）

　　　　　　　　　　　　　　　　　　　　　　　　　　　　　　　　　單位：元

應借科目		生產工時（小時）	分配率	分配金額
總帳科目	明細科目			
基本生產成本	甲產品	60,000	0.6	29,269.2
	乙產品	40,000	0.4	19,512.8
合計		100,000	1	48,782

編製會計分錄：

借：生產成本——基本生產成本——甲產品——製造費用　29,269.2
　　　　　　　　　　　　　　　——乙產品——製造費用　19,512.8

貸：製造費用——基本生產車間　　　　　　　　　　　　　48,782

歸集和分配甲產品和乙產品成本：

（1）登記甲產品、乙產品成本明細帳

根據上列各種費用分配表和其他有關資料，登記甲、乙產品成本明細帳，歸集應由甲、乙產品負擔的生產費用，計算甲、乙產品的產成品成本，詳見表9-14、表9-15。

表 9-14　　　　　　　　　產品成本明細帳（分配表 12）

產品名稱：甲產品　　　　　　　　　　　　　　　　　　　　　單位：元

月	日	摘要	直接材料	直接燃料和動力	直接人工	製造費用	合計
3	31	根據分配表 2			34,170		34,170
3	31	根據分配表 4	11,830				11,830
3	31	根據分配表 9		11,822.4			11,822.4
3	31	根據分配表 11				29,269.2	29,269.2
3	31	本月生產費用合計	11,830	11,822.4	34,170	29,269.2	87,091.6

表 9-15　　　　　　　　　產品成本明細帳（分配表 13）

產品名稱：乙產品　　　　　　　　　　　　　　　　　　　　　單位：元

月	日	摘要	直接材料	直接燃料和動力	直接人工	製造費用	合計
3	31	根據分配表 2			22,780		22,780
3	31	根據分配表 4	39,710				39,710
3	31	根據分配表 9		7,881.6			7,881.6
3	31	根據分配表 11				19,512.8	19,512.8
3	31	本月生產費用合計	39,710	7,881.6	22,780	19,512.8	89,884.8

（2）甲產品的完工產品與在產品的分配

甲產品資料如下：

甲產品的消耗定額比較準確、穩定，但各月份在產品數量變動大，因而採用定額比例法分配完工產品費用和月末在產品費用；直接材料費用按定額直接材料費用分配；其他各項費用均按照定額工時比例分配。

甲產品3月初在產品的定額資料為：定額直接材料費用為2,300元，定額工時為2,000小時。3月初甲產品實際費用為：直接材料為2,366元，直接燃料和動力為2,722元，直接人工為3,170元，製造費用為4,200元，合計12,458元。

甲產品3月份投入定額直接材料費用為9,530元，定額工時為8,000小時。甲產品3月份完工50件，每件材料定額190元，單件定額工時為150小時。本月實際發生的費用參見表9-14（分配表12）。

表 9-16   產品成本明細帳（分配表 13）

產品名稱：甲產品   單位：元

項目	直接材料	直接燃料和動力	直接人工	製造費用	合計
月初在產品定額	2,300	2,000 小時	2,000 小時	2,000 小時	——
本月費用定額	9,530	8,000 小時	8,000 小時	8,000 小時	——
定額合計數	11,830	10,000 小時	10,000 小時	10,000 小時	——
月初在產品實際費用	2,366	2,722	3,170	4,200	12,458
本月發生的實際費用	11,830	11,822.4	34,170	29,269.2	87,091.6
實際費用合計數	14,196	14,544.4	37,340	33,469.2	99,549.6
分配率	1.2	1.45	3.73	3.35	——
完工品單件產品定額	190	150 小時	150 小時	150 小時	——
完工品（50件）定額	9,500	7,500 小時	7,500 小時	7,500 小時	——
完工品實際費用	11,400	10,875	27,975	25,125	75,375
在產品定額	2,330 小時	2,500 小時	2,500 小時	2,500 小時	——
在產品實際費用	2,796	3,669.4	9,365	8,344.2	24,174.6

註：小數點后取 2 位，在產品實際費用倒擠得出。

（3）乙產品的完工產品與在產品的分配

乙產品資料如下：

乙產品月初在產品直接材料為 1,690 元，直接燃料和動力為 1,118.4 元，直接人工為 1,620 元，製造費用為 1,467.2 元。

乙產品生產開始時原材料一次投料，在產品加工環節的完工程度為 40%，月末乙產品在產品 500 件，完工品 1,800 件。

本月發生的實際費用參見表 9-17（分配表 13）。

表 9-17   產品成本明細帳（分配表 14）

產品名稱：乙產品   單位：元

項目	直接材料	直接燃料和動力	直接人工	製造費用	合計
月初在產品	1,690	1,118.4	1,620	1,467.2	5,895.6
本月發生的費用	39,710	7,881.6	22,780	19,512.8	89,884.4
合計	41,400	9,000	24,400	20,980	95,780
在產品 500 件	9,000	900	2,440	2,098	14,438
完工品 1,800 件	32,400	8,100	21,960	18,882	81,342
單位完工品成本	18	4.5	12.2	10.49	45.19

直接材料分配率 = 41,400 ÷ (1,800+500) = 18

完工品直接材料費用為 18×1,800 = 32,400（元）

在產品直接材料費用為 18×500 = 9,000（元）

直接燃料與動力分配率 = 9,000 ÷ (1,800+ 500×0.4) = 4.5

完工品直接燃料與動力費用為 4.5×1,800 = 8,100（元）
在產品直接燃料與動力費用為 4.5×500×0.4 = 900（元）
直接人工分配率 = 24,400÷（1,800+500×0.4）= 12.2
完工品直接人工費用為 12.2×1,800 = 21,960（元）
在產品直接人工費用為 12.2×500×0.4 = 2,440（元）
製造費用分配率 = 20,980÷（1,800+500×0.4）= 10.49
完工品製造費用為 10.49×1,800 = 18,882（元）
在產品製造費用為 10.49×500×0.4 = 2,098（元）
歸結轉完工產品成本：

根據甲、乙產品成本明細帳中的完工產品成本，匯編產成品成本匯總表，結轉完工產品成本。完工產品成本匯總表詳見表 9-18。

表 9-18　　　　　　　　　　　完工產品成本匯總表

單位：元

產成品名稱	單位	產品數量	直接材料	燃料和動力	直接人工	製造費用	成本合計
甲產品	件	50	8,550	10,905	28,005	25,102.5	72,562.5
乙產品	件	1,800	32,400	8,100	21,960	18,882	81,342
合計		—	40,950	19,005	49,965	43,984.5	153,904.5

編製會計分錄：
結轉甲完工產品成本：
借：庫存商品——甲　　　　　　　　　　　　　　　　　75,412.5
　　貸：生產成本——基本生產成本——甲——直接材料　　11,400
　　　　　　　　　　　　　　　——甲——直接燃料和動力　10,905
　　　　　　　　　　　　　　　——甲——直接人工　　　　28,005
　　　　　　　　　　　　　　　——甲——製造費用　　　　25,102.5
結轉乙完工產品成本：
借：庫存商品——乙　　　　　　　　　　　　　　　　　81,342
　　貸：生產成本——基本生產成本——乙——直接材料　　32,400
　　　　　　　　　　　　　　　——乙——直接燃料和動力　8,100
　　　　　　　　　　　　　　　——乙——直接人工　　　　21,960
　　　　　　　　　　　　　　　——乙——製造費用　　　　18,882
歸集和分配管理費用：

根據上列各種費用分配表，登記管理費用明細帳、歸集和結轉管理費用（明細帳和會計分錄略），如表 9-19 所示。

表 9-19　　　　　　　　　　　　管理費用明細帳（分配表 15）

單位：元

月	日	摘要	職工薪酬	機物料消耗	折舊費	電費	水費	辦公費	差旅費	輔助車間差額	其他	合計
3	31	根據分配表 1						1,600	1,000		600	3,200
3	31	根據分配表 2	3,560									3,560
3	31	根據分配表 3			2,400							2,400
3	31	根據分配表 4		800								800
3	31	根據分配表 9				678	1,600					2,278
	31	根據表9-10、表9-11								2,318		2,318
		小計	3,560	800	2,400	678	1,600	1,600	1,000	2,318	600	14,556
	31	結轉入本年利潤	-3,560	-800	-2,400	-678	-1,600	-1,600	-1,000	-2,318	-600	-14,556
		合　計										0

管理費用結轉入本年利潤會計分錄：

借：本年利潤　　　　　　　　　　　　　　　　　　　　　14,556
　貸：管理費用　　　　　　　　　　　　　　　　　　　　　　14,556

用圖列示品種法進行成本核算的基本程序如圖 9-1 所示。

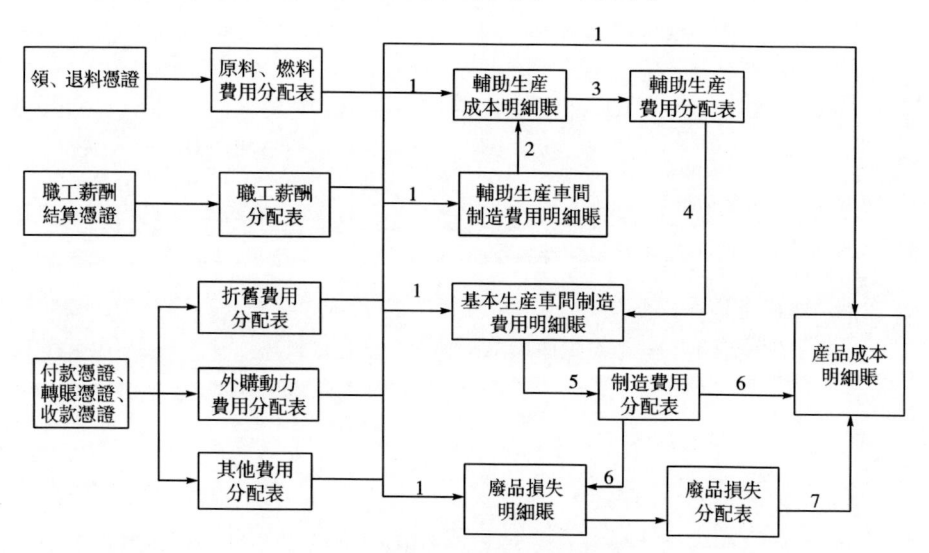

圖 9-1　品種法成本核算基本程序圖

9.2 產品成本計算的分批法

9.2.1 分批法的概述

1. 分批法的定義

成本計算的分批法也稱訂單法，是指按照產品的批別或訂單歸集生產費用，計算產品成本的一種方法。分批法共同的特點是一批產品通常不重複生產，即使是重複也是不定期的。企業生產計劃的編製及日常檢查、核算工作都以購貨者訂貨為依據，或以企業事先規定的批量為依據。

2. 分批法的適用範圍

分批法主要適用於單件、小批或管理上不要求分步驟計算產品成本的多步驟生產類型企業，主要包括：

（1）單件、小批生產的重型機械、船舶、精密工具、儀器等製造企業。
（2）不斷更新產品款式和設計的服裝製造企業、制鞋企業。
（3）試製新產品、機器設備的修理以及輔助生產的工具、器具、模具的製造企業。

3. 分批法的特點

（1）成本計算對象

分批法的成本計算對象是企業生產產品的批別。單件小批工業企業中，生產多是根據購貨單位的訂單組織的，成本計算對象為訂單。當企業有大量訂單，但是單個訂單所需生產產品數量較少時，企業的批別確定就要根據訂單和企業自身的生產負荷能力來確定。一般講，確定批別的方式有：

①如果一個訂單生產一種產品，且產品產量不大時，成本核算對象是訂單。
②如果一張訂單中只要求生產一種產品，但該產品屬於價值高、生產週期長的大型機械製造（如飛機），企業可將該訂單按產品的零部件分為眾多個批別組織生產。
③如果一個訂單量很大，購貨單位要求分批交貨，將訂單按照不同的交貨時間細分為不同的批別，成本核算對象就是不同交貨期對應的批別。
④如果一張訂單中要求生產眾多產品品種，為了便於考核分析各種產品的成本計劃執行情況，加強生產管理，就要將該訂單按照產品的品種劃分成幾個批別組織生產。
⑤如果收到眾多訂單，訂單中產品各式各樣，為了更經濟合理地組織生產，也可將訂單進行同類產品項合併，然後根據交貨的時間先後順序依次安排批別進行生產。

（2）成本計算期

為了保證各批產品成本計算的準確性，各批產品成本明細帳的設立和結算，應與生產通知的簽發和結束密切配合，各批或各訂單產品的成本需在完工以後計算確定。分批法下，單個批次產品從接到生產通知單開始發生成本費用到該批次產品全部完工后不再發生成本費用，這個過程橫跨的時間區間就是該批次產品的生產週期，這個期間的成本費用合計就是生產單個批次產品的總生產費用。會計核算期是不考慮批次產

品開工與否，完工與否，都要在會計月末核算當月發生的成本費用。在企業日常生產過程中，往往會出現批次產品的成本計算期和月末會計核算期不同。為了保證月末會計報表的順利對外報送，需要按照會計核算期來計算批次產品成本。當批次產品成本計算期和會計核算期恰好相同時，當月總的生產費用都是批次完工產品成本費用。如果批次產品成本計算期和會計核算期不一致，就會出現會計核算時批內產品部分完工、部分未完工的現象，要取得最終完工產品的成本，需要將生產費用在完工產品和在產品之間進行分配。

（3）生產費用在完工產品和在產品之間的分配

①在單件或小批生產，訂貨單位要求一次交貨的情況下，每批產品要求同時完工。這樣該批產品完工前的成本明細帳上所歸集的生產費用，即為在產品成本；完工后的成本明細帳上所歸集的生產費用，即為完工產品成本。在此情況下，生產費用不需要在完工產品和在產品之間分配。

②如果跨月陸續完工情況不多，為了簡化成本計算，可以按計劃單位成本、定額單位成本或近期相同產品的實際單位成本計算完工產品成本。會計期末（月末）應將產品成本明細帳中歸集的生產費用減去完工產品成本求得在產品費用。需要補充的是，待該批次產品全部完工後，還應該計算該產品的實際總成本和實際單位成本，以正確分析和考核該批產品成本。對於通過簡化計算，並已經進行帳務處理的完工產品成本，不再根據實際成本進行帳務處理。

③分批法下，常有一些訂單批量較大，往往出現跨月陸續完工的情況。如果訂貨單位要求分批交貨，且跨月陸續完工產品較多，月末完工產品的數量占批數量比重較大時，為了提高成本計算的準確性，可以採用適當的方法（比如約當產量比例法、定額成本法、定額比例法等），在完工產品和在產品之間進行生產費用的分配，計算出完工產品和在產品成本。

④如果企業有大量批次跨月陸續完工，生產費用在完工產品和在產品之間分配的工作量就會很大。企業為了避免跨月陸續完工情況，可以通過合理組織生產批次的規模，使同一批產品盡量同時完工。

（4）間接計入費用的分配方法

①當月分配法。當月分配法的特點是分配間接費用（製造費用）時，不論各批次或各訂單產品是否完工，都要按當月分配率分配其應負擔的間接費用。採用當月分配法，未完工批次或訂單也要按月結轉間接費用，各月份月末間接費用明細帳沒有余額，因而如果企業當月投產批次較多，大多數批次根本沒有完工產品，按照月份結轉所有批次產品的間接費用意義不大。

②累計分配法。企業當月投產批次較多且未完工的批次也較多時，如若按照當月分配法分配間接計入費用（製造費用），月末成本核算的工作量會比較大。累計分配法的使用可以減少月末成本核算工作量。累計分配法的特點是分配間接費用時，只對當月完工產品的批次或訂單按累計分配率進行分配，將未完工批次或訂單的費用總額保留間接費用明細帳中不進行分配。但在各批產品成本計算單中要按月登記發生的工時，以便計算每個月累計間接費用分配率。月末，根據完工產品的工時乘以累計間接費用

分配率，求得各批次產品所分擔的間接費用。採用累計分配法，間接費用明細帳月末有余額。

分批法因其採用的間接計入費用的分配方法不同，分為一般的分批法和簡化的分批法。採用「當月分配法」來分配間接計入費用的分批法稱為一般的分批法（分批法），也就是分批計算在產品成本的分批法。採用「累計分配率」來分配間接計入費用的分批法稱為簡化的分批法，也稱不分批計算在產品成本的分批法，是一般的分批法的簡化形式，即簡化分批法。

9.2.2 一般分批法的計算程序及應用舉例

採用分批法計算某批別或訂單的產品成本時，其計算程序除了產品生產成本明細帳的設置和完工產品成本的計算外，其他的與品種法基本一致。其計算的一般程序如下：

（1）按產品批別或訂單開設產品成本明細帳。財會部門應根據生產計劃部門下達的「生產任務通知單」中註明的工作令號，開設各個批次和訂單的「產品成本明細帳」，並按成本項目（直接材料、直接人工、製造費用等）設置專欄，以便按成本項目歸集各批產品的生產費用。

（2）審核原始憑證，然后根據已經審核的原始憑證所列事項發生的地點和用途，分別計入相應的批次和該批次對應的成本項目中。

（3）編製製造費用分配表，分配各批次產品的製造費用。對於間接計入費用，比如製造費用，應按生產地點歸集，根據投產的批別或訂單的完成情況，採用「當月分配法」或「累計分配法」，分配記入各個批別的產品成本明細帳。

（4）分配批內完工產品與在產品成本。經過上述程序，各批次產品應負擔的各項費用都集中登記在「產品成本明細帳」中。如果某批產品全部完工，則該批「產品成本明細帳」中歸集的全部生產費用即為該批完工產品的成本；如果批內產品跨月陸續完工，則需要在月末進行完工產品與在產品的分配；如果該批產品全部未完工，則該批「產品成本明細帳」中歸集的全部生產費用即為該批次產品的在產品成本。

（5）結轉完工產品成本。月末，將各批完工產品成本以及批內陸續完工的產品的成本加以匯總，編製完工產品成本匯總計算表，並據以編製將生產成本轉入庫存商品的記帳憑證。

【例9-2】某企業根據訂單要求，小批量生產甲、乙、丙三批產品，採用分批法計算產品成本。假定7月份的產品生產情況和各項費用支出的情況資料如下：

（1）7月份生產產品的批號

1011號甲產品10臺，5月份投產，7月全部完工。

1012號乙產品10臺，6月份投產，7月完工8臺，未完工2臺。

1013號丙產品8臺，7月投產，計劃8月份完工，本月提前完工2臺。

（2）7月份費用資料

①各批產品的7月初在產品費用詳見表9-20。

表 9-20　　　　　　　　　　　　月初在產品費用資料表

單位：元

項目	直接材料	直接燃料及動力	直接人工	製造費用	合計
1011	8,000	7,000	6,000	2,000	23,000
1012	14,000	11,000	9,000	4,000	38,000

②根據各種費用分配表，匯總本月各批產品發生的生產費用，詳見表9-21。

表 9-21　　　　　　　　　　　　本月費用資料表

單位：元

項目	直接材料	直接燃料及動力	直接人工	製造費用	合計
1011		7,000	6,000	2,000	15,000
1012		7,400	9,308	3,912	20,620
1013	11,000	9,000	7,000	4,000	31,000

（3）在完工產品和在產品之間分配費用的方法

1011號甲產品，7月10臺全部完工。

1012號乙產品，6月投產10臺，7月完工8臺，占全部批量的80%。原材料是在生產開始時一次投入的，其費用應按完工產品和在產品實際數量的比例分配。其他費用採用約當產量比例法在完工產品和在產品之間進行分配，在產品完工程度為60%。

1013號丙產品，7月投產8臺，計劃8月份完工，7月提前完工2臺。由於完工數量較少，為簡化核算，完工產品按定額成本轉出，每臺定額成本為3,000元，其中，原材料1,500元，燃料及動力600元，工資及福利費500元，製造費用400元。

（4）根據上述各項資料，登記各批產品成本明細帳，計算各批產品成本，詳見表9-22至表9-36。

表 9-22　　　　　　　　　　產品成本明細帳（甲產品）

產品批號：1011　　　購貨單位：A公司　　　投產日期：5月

產品名稱：甲　　　　批量：10臺　　　　　完工日期：7月　　　　單位：元

摘　要	直接材料	直接燃料及動力	直接人工	製造費用	合　計
月初在產品費用	8,000	7,000	6,000	2,000	23,000
本月生產費用		7,000	6,000	2,000	15,000
累計	8,000	14,000	12,000	4,000	38,000
完工產品總成本	8,000	14,000	12,000	4,000	38,000
完工產品單位成本	800	1,400	1,200	400	3,800

編製會計分錄：

　　借：庫存商品——甲產品　　　　　　　　　　　　　38,000

　　　　貸：生產成本——基本生產成本——1011批次——直接材料　　8,000

　　　　　　　　　　　　　　　　　　　　　　　——直接燃料與動力　14,000

　　　　　　　　　　　　　——直接人工　　　　12,000
　　　　　　　　　　　　　——製造費用　　　　4,000

表 9-23　　　　　　　　　產品成本明細帳（乙產品）

產品批號：1012　　　購貨單位：B 公司　　　投產日期：6 月
產品名稱：乙　　　　批量：10 臺　　　　　完工日期：7 月　　　　單位：元

摘　　要	直接材料	直接燃料及動力	直接人工	製造費用	合　　計
月初在產品費用	14,000	11,000	9,000	4,000	38,000
本月生產費用		7,400	9,308	3,912	20,620
累計	14,000	18,400	18,308	7,912	58,620
完工(8臺)產品總成本	11,200	16,000	15,920	6,880	50,000
完工產品單位成本	1,400	2,000	1,990	860	6,250
月末在產品費用	2,800	2,400	2,388	1,032	8,620

表 9-23 中數字計算如下：

完工產品原材料費用 = 14,000÷（8+2）× 8 = 11,200（元）

月末在產品原材料費用 = 14,000÷（8+2）×2 = 2,800（元）

月末在產品約當產量 = 2×70% = 1.4（臺）

完工產品燃料及動力費 = 18,400÷（8+2×60%）× 8 = 16,000（元）

月末在產品燃料及動力費 = 18,400÷（8+2×60%）×2 × 60% = 2,400（元）

完工產品工資及福利費 = 18,308÷（8+2×60%）× 8 = 15,920（元）

月末在產品工資及福利費 = 18,308÷（8+2×60%）× 2×60% = 2,388（元）

完工產品製造費用 = 7,912÷（8+2×60%）×8 = 6,880（元）

月末在產品製造費用 = 7,912÷（8+2×60%）×2×60% = 1,032（元）

編製會計分錄：

　借：庫存商品——乙產品　　　　　　　　　　　　　　50,000
　　　貸：生產成本——基本生產成本——1012 批次——直接材料　　11,200
　　　　　　　　　　　　　　　　　　　　　　——直接燃料與動力　16,000
　　　　　　　　　　　　　　　　　　　　　　——直接人工　　　　15,920
　　　　　　　　　　　　　　　　　　　　　　——製造費用　　　　6,880

表 9-24　　　　　　　　　產品成本明細帳（丙產品）

產品批號：1013　　　購貨單位：C 公司　　　投產日期：7 月
產品名稱：丙　　　　批量：8 臺　　　　　完工日期：7 月　　　　單位：元

摘　　要	直接材料	直接燃料及動力	直接人工	製造費用	合　　計
本月生產費用	11,000	9,000	7,000	4,000	31,000
單臺定額成本	1,500	600	500	400	3,000
完工(2臺)產品總成本	3,000	1,200	1,000	800	6,000
月末在產品費用	8,000	7,800	6,000	3,200	25,000

編製會計分錄：

借：庫存商品——丙產品　　　　　　　　　　　　　6,000
　　貸：生產成本——基本生產成本——1013 批次——直接材料　6,000
　　　　　　　　　　　　　　　　　　　——直接燃料與動力　1,200
　　　　　　　　　　　　　　　　　　　——直接人工　　　　1,000
　　　　　　　　　　　　　　　　　　　——製造費用　　　　　800

9.2.3 簡化的分批法

1. 簡化分批法的概述

在小批、單件生產的企業或車間中，有時同一月份投產的產品批數很多，而且月末未完工的批數也較多，如機械製造廠等，在這種情況下，如果把當月發生的間接計入費用全部分配給各批產品，而不考慮各批產品是否完工，費用分配的核算工作將非常繁重。因此，在這類企業或者車間中還可以採用簡化分批法來減少月末成本計算工作量，提高核算效率。

簡化分批法又稱累計間接計入費用分批法，仍按照產品的批別設立產品成本明細帳，在各批次產品沒有完工產品之前，只按月登記直接計入費用（如直接材料）和生產工時。直接材料費用外的各項間接計入費用（比如人工和製造費用），不登記入各批次產品成本明細帳，而是先將各項間接計入費用（比如人工和製造費用）登記在基本生產成本二級帳中，按成本項目分別累計起來。等到有產品完工的月份，再將各項間接計入費用在各批完工產品之間進行分配，將完工產品間接計入費用從基本生產成本二級帳轉出，轉入各批次產品成本明細帳的間接費用成本項目下（人工和製造費用）。根據成本計算的特點簡化分配法又稱之為不分批計算在產品成本的分批法。

2. 簡化分批法的成本計算程序

（1）按照產品批別設置產品生產成本明細帳。按產品批別設置產品生產成本明細帳，並分別按成本項目設置專欄或專行，平時帳內僅登記直接計入費用（比如直接材料）和生產工時。

（2）設置基本生產成本二級帳。按全部產品設立一個「基本生產成本二級帳」，歸集企業投產的所有批次產品在生產過程中所發生的各項費用和累計生產工時。

（3）登記各批次產品生產成本明細帳。根據月初在產品成本及生產工時資料記入各批產品生產成本明細帳。根據本月的直接材料費用分配表及生產工時記錄，將各批產品耗用的直接材料費用和耗用的生產工時記入各批次產品生產成本明細帳。

（4）登記基本生產成本二級帳。匯總所有批次在產品的直接材料、直接人工、製造費用及生產工時，登記入基本生產成本二級帳的期初數中。將本月各批次產品耗用的直接材料和生產工時記入基本生產成本二級帳的本月發生額中。根據月初在產品成本、生產工時記錄與本月生產費用、生產工時記錄確定基本生產成本二級帳本月末各項間接費用總額與生產工時累計數。

（5）計算產品成本。如果月末各批產品均未完工，則各項費用與生產工時累計數

轉至下月繼續登記。如果本月某批產品全部完工或部分完工，或同時有幾批完工，對完工產品應負擔的直接材料費用，可根據產品生產成本明細帳中的累計直接材料，採用適當的分配方法在完工產品和在產品之間進行分配。如果本月有完工產品或某批全部完工或部分完工，或有幾批完工，對完工產品應負擔的間接計入費用，則需要根據「基本生產成本二級帳」的累計間接計入費用數與累計工時，計算全部產品的各項累計間接計入費用分配率，並根據分配率分配各項累計間接計入費用，計算完工產品成本。公式如下：

某項累計間接費用分配率＝全部產品累計某項間接費用÷全部產品的累計工時

某批完工產品應負擔的某項間接費用＝完工產品累計生產工時×累計間接費用分配率

現用圖表示簡化分批法成本核算的基本程序，如圖 9-2 所示。

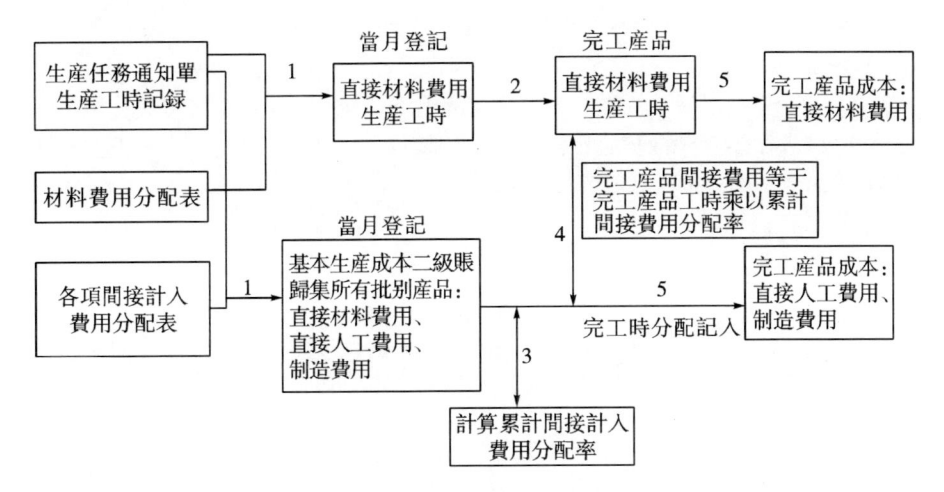

圖 9-2 簡化分批法成本核算基本程序圖

3. 簡化分批法舉例

【例 9-3】（1）該企業 20××年 7 月份的產品生產資料如下：

1201 批號 A 產品 10 臺，5 月份投產，本月完工。

1202 批號 B 產品 8 臺，5 月份投產，本月尚未完工。

1203 批號 C 產品 6 臺，6 月份投產，本月尚未完工。

1204 批號 D 產品 8 臺，6 月投產，本月完工 5 臺。

（2）該企業 7 月份的月初在產品成本和本期生產費用以及生產工時等資料詳見表 9-25：

表 9-25　　　　　　　　　月初在產品成本和本期生產資料

單位：元

批號	產品名稱	期初在產品				本月發生生產費用及生產工時		
		累計工時（小時）	累計直接材料	累計直接人工	累計製造費用	生產工時（小時）	直接材料	直接人工	製造費用
1201	A	5,760	14,000			2,080	1,780		
1202	B	2,600	7,900			3,460	2,100		
1203	C	2,230	5,800			5,160	1,360		
1204	D	1,600	12,200			2,740	1,220		
合計		12,190	39,900	19,500	14,091	13,440	6,460	6,130	8,976

1204 批 D 產品原材料在投產時一次投入；1204 批 D 產品的月末在產品工時為 1,640 小時。

（3）該企業按訂貨單位要求小批量組織生產多種產品，由於各月投產的產品批別較多，且月末存在大量的未完工產品，為了簡化成本計算，採用簡化分批法（不分批計算在產品成本的分批法）計算產品成本。

（4）具體計算如下：

①設置該企業的基本生產成本二級帳，如表 9-26 所示。

表 9-26　　　　　　　　　基本生產成本二級帳
（各批產品總成本）

單位：元

月	日	摘　要	直接材料	生產工時	直接人工	製造費用	合計
7	01	期初余額	39,900	12,190	19,500	14,091	73,491
7	31	本月發生	6,460	13,440	6,130	8,976	21,566
		累計發生額	46,360	25,630	25,630	23,067	95,057
		累計間接計入費用分配率			1	0.9	
		本月完工產品成本轉出	24,167.5	10,540	15,040	9,486	48,693.5
		期末在產品成本	22,192.5	15,090	10,590	13,581	46,363.5

全部產品累計間接計入費用分配率計算如下：

直接人工費用累計分配率 = 全部產品累計直接人工費用÷全部產品的累計工時 = 25,630÷25,630 = 1

製造費用累計分配率 = 全部產品累計製造費用÷全部產品的累計工時 = 23,067÷25,630 = 0.9

②設置該企業各批產品生產成本明細帳，詳見表 9-27 至表 9-30。

表 9-27　　　　　　　　　　產品成本明細帳（A 產品）

批號：1201　　　　　　訂貨單位：甲工廠　　　　　投產日期：5 月
產品名稱：A 產品　　　批量：10 臺　　　　　　　完工日期：7 月　　　　單位：元

月	日	摘要	直接材料	生產工時	直接人工	製造費用	合計
7	01	期初余額	14,000	5,760			
7	31	本月發生	1,780	2,080			
		累計數及累計分配率	15,780	7,840	1	0.9	
		本月完工產品轉出	15,780	7,840	7,840	7,056	30,676
		本批產品總成本	15,780		7,840	7,056	30,676
		本批產品單位成本	1,578		784	705.6	3,067.6

A 完工產品直接人工費用＝完工產品累計生產工時×累計人工費用分配率
　　　　　　　　　　＝7,840×1＝7,840（元）
A 完工產品製造費用＝完工產品累計生產工時×累計製造費用分配率
　　　　　　　　　＝7,840×0.9＝7,056（元）

編製會計分錄：

借：庫存商品——A 產品　　　　　　　　　　　　　　　　30,676
　　貸：生產成本——基本生產成本——1201 批次——直接材料　15,780
　　　　　　　　　　　　　　　　　　　　　　　——直接人工　7,840
　　　　　　　　　　　　　　　　　　　　　　　——製造費用　7,056

表 9-28　　　　　　　　　　產品成本明細帳（B 產品）

批號：1202　　　　　　訂貨單位：乙工廠　　　　　投產日期：5 月
產品名稱：B 產品　　　批量：8 臺　　　　　　　　完工日期：7 月　　　　單位：元

月	日	摘　要	直接材料	生產工時	直接人工	製造費用	合計
7	01	期初余額	7,900	2,600			
7	31	本月發生	2,100	3,460			
		累計發生數	10,000	6,060			

表 9-29　　　　　　　　　　產品成本明細帳（C 產品）

批號：1203　　　　　　訂貨單位：丙公司　　　　　投產日期：6 月
產品名稱：C 產品　　　批量：6 臺　　　　　　　　完工日期：7 月　　　　單位：元

月	日	摘　要	直接材料	生產工時	直接人工	製造費用	合計
7	01	期初余額	5,800	2,230			
7	31	本月發生	1,360	5,160			
		累計發生數	7,160	7,390			

表 9-30　　　　　　　　　　　**產品成本明細帳（D 產品）**

批號：1204　　　　訂貨單位：丁工廠　　　投產日期：6 月
產品名稱：D 產品　　批量：8 臺　　　　　完工日期：8 月（本月完工 5 臺）　　單位：元

月	日	摘　要	直接材料	生產工時	直接人工	製造費用	合　計
7	01	期初余額	12,200	1,600			
7	31	本月發生	1,220	2,740			
		累計數及累計費用分配率	13,420	4,340	1	0.9	
		本月完工（5 臺）產品轉出	8,387.5	2,700	2,700	2,430	13,517.5
		完工產品單位成本	1,677.5		540	486	2,703.5
		期末在產品成本	5,032.5	1,640			

D 產品 7 月末，完工產品 5 臺，在產品 3 臺。由於 1204 批 D 產品原材料在投產時一次投入，因而原材料費用分配如下：

材料費用÷（完工產品產量 + 在產品約當產量）= 13,420÷（5+3）= 1,677.5（元）

完工產品材料費用 = 1,677.5×5 = 8,387.5（元）

在產品材料費用 = 1,677.5×3 = 5,032.5（元）

1204 批 D 產品的月末在產品工時 1,640 小時，1204 批 D 產品的月末完工產品工時為：(4,340-1,640) = 2,700 小時。因而 D 產品製造費用和直接人工費用計算如下：

完工產品直接人工 = 2,700×1 = 2,700（元）

完工產品製造費用 = 2,700×0.9 = 2,430（元）

編製會計分錄：

借：庫存商品——D 產品　　　　　　　　　　　　　13,517.5
　　貸：生產成本——基本生產成本——1204 批次——直接材料　　8,387.5
　　　　　　　　　　　　　　　　　　　　　　——直接人工　　2,700
　　　　　　　　　　　　　　　　　　　　　　——製造費用　　2,430

③編製企業各批完工產品成本匯總表，如表 9-31 所示。

表 9-31　　　　　　　　　　**各批完工產品成本匯總表**
　　　　　　　　　　　　　　20××年 7 月　　　　　　　　　　　單位：元

成本項目		直接材料	直接人工	製造費用	合　計
1201 A 產品	總成本	15,780	7,840	7,056	30,676
（產量 10 臺）	單位成本	1,578	784	705.6	3,067.6
1204 D 產品	總成本	8,387.5	2,700	2,430	13,517.5
（產量 5 臺）	單位成本	1,677.5	540	486	2,703.5

【例 9-4】續例【7-3】該企業 20××年 8 月份的產品生產資料如下：

1202 批 B 產品 8 臺，5 月份投產，本月完工 8 臺。

1203 批 C 產品 6 臺，6 月份投產，本月尚未完工。

1204 批 D 產品 8 臺，6 月投產，本月完工 3 臺。

（1）該企業 8 月份的月初在產品成本、本期生產費用以及生產工時等資料詳見表 9-32：

表 9-32　　　　　　　　月初在產品成本和本期生產資料

單位：元

批號	產品名稱	期初在產品				本月發生生產費用及生產工時			
		累計工時（小時）	累計直接材料	累計直接人工	累計製造費用	生產工時（小時）	直接材料	直接人工	製造費用
1202	B	6,060	10,000			3,460	2,100.5		
1203	C	7,390	7,160			2,160	2,360		
1204	D	1,640	5,032.5			560	0		
合計		15,090	22,192.5	10,590	13,581	6,180	4,460.5	2,200	2,300

（2）計算如下：

①設置該企業的基本生產成本二級帳，如表 9-33 所示。

表 9-33　　　　　　　　　基本生產成本二級帳

（各批產品總成本）　　　　　　　　　　單位：元

月	日	摘　要	直接材料	生產工時	直接人工	製造費用	合計
8	01	期初余額	22,192.5	15,090	10,590	13,581	46,363.5
8	31	本月發生	4,460.5	6,180	2,200	2,300	10,960.5
		累計發生額	26,653	21,270	12,790	15,881	57,324
		累計間接計入費用分配率			0.6	0.7	
		本月完工產品成本轉出	17,133	11,520	6,912	8,064	
		期末在產品成本	9,520	9,750	5,878	7,817	

註：取小數點 1 位數。

全部產品累計間接計入費用分配率計算如下：

直接人工費用累計分配率 = 全部產品累計直接人工費用 ÷ 全部產品的累計工時 = 12,790 ÷ 21,270 = 0.6

製造費用累計分配率 = 全部產品累計製造費用 ÷ 全部產品的累計工時 = 15,881 ÷ 21,270 = 0.7

②設置該企業各批產品生產成本明細帳，詳見表 9-34 至表 9-36。

表 9-34　　　　　　　　　　　**產品成本明細帳（B 產品）**

批號：1202　　　　訂貨單位：乙工廠　　　投產日期：5 月

產品名稱：B 產品　　批量：8 臺　　　　　完工日期：8 月（完工 8 臺）　　　單位：元

月	日	摘　要	直接材料	生產工時	直接人工	製造費用	合計
8	01	期初余額	10,000	6,060			
8	31	本月發生	2,100.5	3,460			
		累計數及累計費用分配率	12,100.5	9,520	0.6	0.7	
		本月完工（8 臺）產品轉出	12,100.5	9,520	5,712	6,664	24,476.5
		完工產品單位成本	1,512.6		714	833	3,059.6

註：取小數點 1 位數。

編製會計分錄：

借：庫存商品——B 產品　　　　　　　　　　　　　　　　　24,476.5
　　貸：生產成本——基本生產成本——1202 批次——直接材料　12,100.5
　　　　　　　　　　　　　　　　　　　　　　　——直接人工　　5,712
　　　　　　　　　　　　　　　　　　　　　　　——製造費用　　6,664

表 9-35　　　　　　　　　　　**產品成本明細帳（C 產品）**

批號：1203　　　　訂貨單位：丙公司　　　投產日期：6 月

產品名稱：C 產品　　批量：6 臺　　　　　完工日期：8 月　　　　　　　　　單位：元

月	日	摘　要	直接材料	生產工時	直接人工	製造費用	合計
8	01	期初余額	7,160	7,390			
8	31	本月發生	2,360	2,160			
		累計發生數	9,520	9,550			

表 9-36　　　　　　　　　　　**產品成本明細帳（D 產品）**

批號：1204　　　　訂貨單位：丁工廠　　　投產日期：6 月

產品名稱：D 產品　　批量：8 臺　　　　　完工日期：8 月（本月完工 3 臺）　單位：元

月	日	摘　要	直接材料	生產工時	直接人工	製造費用	合計
7	01	期初余額	5,032.5	1,640			
7	31	本月發生	0	560			
		累計數及累計費用分配率	5,032.5	2,000	0.6	0.7	
		本月完工（3 臺）產品轉出	5,032.5		1,320	1,540	7,892.5
		完工產品單位成本	1,677.5		440	466.7	2,630.8

編製會計分錄：

借：庫存商品——D 產品　　　　　　　　　　　　　　　　　7,892.5
　　貸：生產成本——基本生產成本——1204 批次——直接材料　5,032.5

——直接人工　　　1,320
　　——製造費用　　　1,540

4. 簡化分批法的特點和應用條件

簡化的分批法與一般的分批法相比較，具有以下特點：

（1）必須設立「基本生產成本二級帳」。採用其他成本計算方法，不需要設置基本生產成本二級帳，採用簡化分配法需要設置基本生產成本二級帳，主要用來匯總登記各個批次發生的直接材料、直接人工、製造費用、生產工時，為簡化分配法的累計間接費用分配率的計算提供依據。

（2）累計間接計入費用在基本生產成本二級帳中累計起來，只以總數反應，即不分批次計算月末在產品成本，在有產品完工的月份，才將間接計入費用在各批完工產品之間進行分配。採用這種方法，月末未完工的批數越多，核算工作就越簡化。

（3）簡化了完工產品與在產品之間費用的分配。採用簡化的分批法，間接計入費用在各批產品之間及完工產品與在產品之間的分配一次完成，即生產費用的橫向分配和縱向分配，都是利用間接計入費用累計分配率在各批產品完工時合併在一起進行的，因而大大簡化了費用的分配和登記工作量。

但是，要想充分發揮簡化分批法成本核算工作的優點，保證成本計算結果的正確性，必須注意和滿足兩個條件：

（1）同一月份投產的產品批數較多，且月末未完工產品批數也較多。如果月末未完工產品的批數不多，大多數批號的產品仍然要分配登記各項間接計入費用，並沒有減少多少核算工作，因此在這種情況下就不宜採用。

（2）各月份間接計入費用水平相差不大。由於間接計入費用不是每月分配，而是在產品完工的月份一次累計分配，在各月間接計入費用數額相差懸殊的情況下，會影響各批成本計算的準確性。

9.3　產品成本計算的分步法

9.3.1　分步法概述

1. 分步法的定義

成本計算的分步法是指按照產品的生產步驟歸集生產費用，計算產品成本的一種方法。

2. 分步法的適用範圍

分步法適用於大量大批的多步驟生產類型的企業，既適用於冶金、紡織、造紙等大量大批連續式複雜生產類型的企業，也適用於拖拉機、軸承、汽車等大量大批的裝配式複雜生產類型的企業。在這些企業中，產品生產可以劃分為若干步驟，如紡織企業的生產可以分為紡紗、織布等步驟，冶煉企業的生產可以分為煉鐵、煉鋼、軋鋼等步驟，造紙企業可以分為制漿、制紙等步驟，機械製造企業可以分為鑄造、加工、裝

配等步驟。

3. 分步法的特點

(1) 成本計算對象

成本計算對象是指企業為了計算產品成本而確定的歸集和分配生產費用的對象，即成本費用的承擔者。由於多步驟工業企業的組織形式和工藝不同，各個步驟的成本計算對象也有所不同。

①生產產品的各個步驟分佈在不同的車間，並且每個步驟只生產一種產品時，各個步驟的成本計算對象可以是每個步驟產品名稱也可以是每個步驟所在車間的名稱。

②生產產品的各個步驟分佈在不同的車間，並且每個步驟生產兩種及以上產品時，各個步驟的成本計算對象是每個步驟生產的產品名稱。

③生產產品的所有步驟在同一個車間中進行，並且每個步驟只生產一種產品時，各個步驟的成本計算對象就是各個步驟產品的名稱。

④生產產品的所有步驟在同一個車間中進行，每個步驟生產兩種或以上產品時，各個步驟的成本計算對象就是各個步驟的產品名稱。

大多數企業往往會按生產步驟來設立車間，在此情況下，分步計算成本也就是分車間計算成本。但是分步計算成本與分車間計算成本有時也不是完全相同的概念。例如：有的企業管理上不要求分車間計算成本，為了簡化核算，我們可將幾個車間合併成一個步驟來計算成本，在此，成本計算的範圍就超出了車間的範圍；有的企業一個車間的生產是由幾個生產步驟所組成的，管理上又要求分步計算成本，此時成本計算的步驟又小於車間的範圍。另外，分步法並不是完全要求必須對所有的生產步驟單獨設立明細帳單獨計算成本，出於重要性原則的要求，管理上不要求單獨計算某些生產步驟的成本，則可將其與其他生產步驟合併來共同計算成本。

(2) 成本計算期

分步法適應於大量大批多步驟工業企業。大量大批多步驟生產的特點決定其生產過程較長，並且可以間斷，到了月末，往往會出現大量已經完工和未完工的產品。如果等到產品全部完工再計算和結轉其成本，就錯過了月末會計核算期，月末會計報表工作也會由於缺少成本數據無法進行。為了會計核算的及時有效，分步法不按照產品生產週期，而是按會計核算期（按月定期）來計算產品成本。

(3) 生產費用在完工產品和月末在產品之間的分配

由於生產的連續性和成本計算期的定期按月進行，期末生產費用總額中既包含了完工產品的成本，又包含了在產品的成本。月末計算成本時，需要採用適當的分配方法，將匯集在各種產品、各生產步驟產品成本明細帳中的生產費用，在完工產品和在產品之間分配，計算出各生產步驟的完工產品成本與在產品成本。

(4) 成本的結轉

採用分步法進行成本核算的企業，其生產過程是由若干個在技術上可以間斷的生產步驟所組成的，每個生產步驟除了生產出半成品（最后一步驟為產成品）外，還有一些在每個步驟裡未完工的在產品。每個步驟的半成品又成為下一生產步驟待加工的「原材料」，在下一步驟繼續加工，生產出下一步驟的半成品和未完工的在產品。為了

計算各種產品成本,各個步驟成本的結轉至關重要。

由於各個企業生產工藝過程的特點和成本管理對各步驟提供成本資料要求不同,各步驟生產成本的計算和步驟間成本的價值流轉採用兩種不同的方法:逐步結轉和平行結轉。對應的產品成本計算的分步法就相應的分為逐步結轉分步法和平行結轉分步法。逐步結轉分步法又稱為計算半成品成本的分步法,平行結轉分步法又稱為不計算半成品成本的分步法。

9.3.2 分步法的計算程序和分類

各個企業生產工藝過程的特點和成本管理要求不同,故分步法成本計算的具體程序也不完全一樣,一般來說,企業分步法的成本計算程序為:

(1) 按各個生產步驟的產品(包括半成品)設置產品成本明細帳。

(2) 對各步驟所耗生產費用進行歸集和分配。如要素費用的歸集和分配;輔助生產費用的歸集和分配;製造費用的歸集和分配;生產費用在完工產品和在產品之間的分配;上一步驟完工產品往下一個步驟的結轉。

(3) 最終產成品成本的計算。最終產成品成本的計算建立在前面各生產步驟成本計算的基礎之上。其核算程序可分為兩種:

逐步結轉分步法下的最終產品成本計算如圖 9-3 所示。

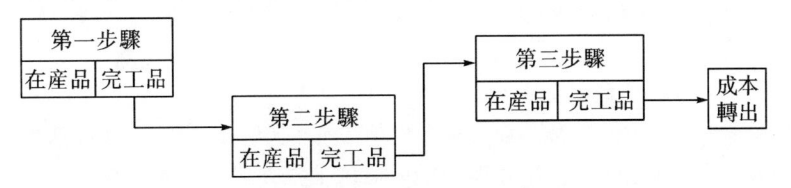

圖 9-3 逐步結轉分步法下的最終產品成本計算圖

平行結轉分步法下的最終產品成本計算如圖 9-4 所示。

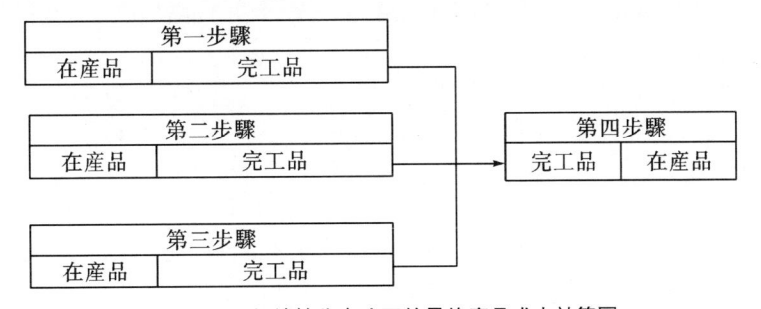

圖 9-4 平行結轉分步法下的最終產品成本計算圖

9.3.3 逐步結轉分步法

1. 逐步結轉分步法概述

逐步結轉分步法又稱為順序結轉分步法，是指按照產品生產步驟的先后順序歸集生產費用，逐步計算並結轉各步驟半成品成本，即上一步驟的半成品成本隨著半成品實物的轉移而結轉到下一步驟的產品成本中，直到最后步驟累計計算出產成品成本的一種成本計算方法。

逐步結轉分步法主要適用於成本管理中需要提供各個生產步驟半成品成本資料的企業。例如棉紡企業，生產工藝過程包括紡棉紗和織棉布兩大步驟。原料棉花投入生產后，先紡成棉紗，然后再織成布，前一步驟的棉紗是半成品，后一步驟的棉布是產成品。在這類生產中，從原料投入到產品制成，中間要經過幾個生產步驟的逐步加工，前面各步驟生產的都是半成品，只有最后步驟生產的才是產成品。如果棉紡企業的棉紗用於下一步驟紡織棉布外還有剩餘，企業會將剩餘的棉紗對外出售。棉紡企業管理上一方面要加強對各生產步驟成本的控制，另一方面要通過詳細掌握棉紗的剩餘數據為下一步生產組織做準備，同時還要為外售棉紗定價提供準確的成本數據。總的來說，棉紡企業會計核算不僅要提供棉布成本，還要提供棉紗半成品成本數據，同時還需半成品行業對比數據來考核績效。

2. 逐步結轉分步法的特點

（1）成本計算對象是各生產步驟的半成品和最后步驟的產成品。

（2）各個生產步驟結轉通過半成品庫收發結存。

（3）各加工步驟的半成品成本隨實物轉移而在各生產步驟之間順序結轉。

（4）各個生產步驟生產成本明細帳中反應了狹義的該步驟在產品成本、狹義的該步驟完工產品成本。

3. 逐步結轉分步法的計算程序

在逐步結轉分步法下，各步驟所耗用的上一步驟半成品的成本，要隨著半成品實物的轉移，從上一步驟的產品成本明細帳轉入下一步驟產品成本明細帳中，以便逐步計算各步驟的半成品成本和最后步驟的產成品成本。其成本計算的程序為：

（1）設置產品成本計算單。逐步結轉分步法下產品成本計算對象是每種產品及其所經過生產步驟半成品成本。因此，應按照產品品種或者車間設置生產成本明細帳，產品成本明細帳內設置直接材料、直接人工、製造費用等成本項目。

（2）第一步驟產品生產成本明細帳中歸集直接材料、直接人工、製造費用等生產費用，然后將第一步驟當月生產費用在完工產品和在產品之間進行分配。將第一步驟半成品的成本轉入到第二步驟的產品生產明細帳中，也可以將第一步驟半成品放入第一步驟半成品庫中，第二步驟領用時，從第一步驟半成品庫中領取。

（3）第二步驟發生的直接材料、直接人工、製造費用等生產費用，加上領用的第一步驟半成品成本構成了第二步驟的生產費用。然后將第二步驟當月生產費用在完工產品和在產品之間進行分配。最后將第二步驟半成品的成本轉入到第三步驟的產品生產明細帳中。

（4）第三步驟發生的直接材料、直接人工、製造費用等生產費用，加上領用的第二步驟半成品成本構成了第三步驟的生產費用。然后將第三步驟當月生產費用在完工產品和在產品之間進行分配。

這樣，按照加工順序，逐步計算和結轉半成品成本，直到最后一個步驟，就可以計算出產成品的成本。

逐步結轉分步法的成本計算程序如圖9-5所示。

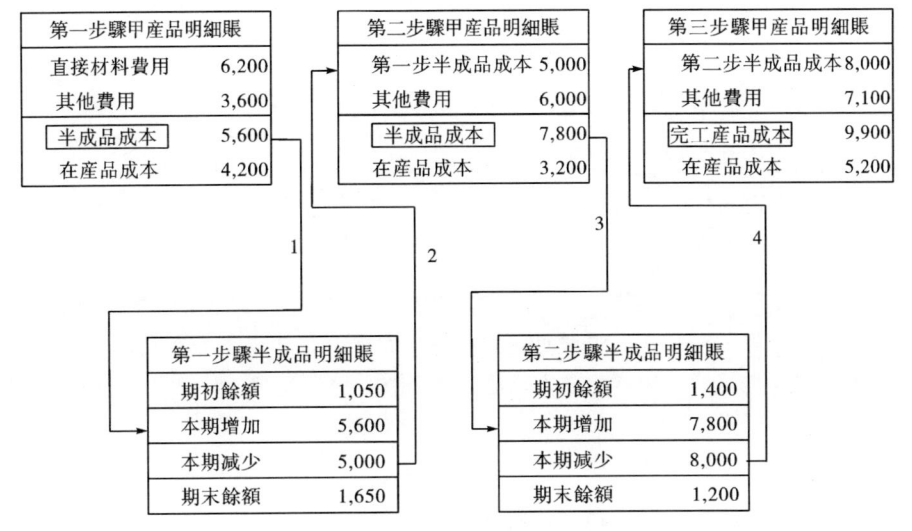

第一步驟甲產品明細賬		第二步驟甲產品明細賬		第三步驟甲產品明細賬	
直接材料費用	6,200	第一步半成品成本	5,000	第二步半成品成本	8,000
其他費用	3,600	其他費用	6,000	其他費用	7,100
半成品成本	5,600	半成品成本	7,800	完工產品成本	9,900
在產品成本	4,200	在產品成本	3,200	在產品成本	5,200

第一步驟半成品明細賬		第二步驟半成品明細賬	
期初餘額	1,050	期初餘額	1,400
本期增加	5,600	本期增加	7,800
本期減少	5,000	本期減少	8,000
期末餘額	1,650	期末餘額	1,200

圖9-5　逐步結轉分步法的成本計算程序圖

從圖9-5可以看出，採用逐步結轉分步法，每一個步驟都包括各項生產費用在本步驟的歸集和分配、生產費用在完工產品和在產品之間的分配。每一步驟都是一個品種法的應用，因此，逐步結轉分步法實際上就是品種法在各個步驟多次的連續應用。

4. 半成品成本的結轉方法

按照結轉的半成品成本在下一步驟產品成本明細帳中的反應方式，逐步結轉分步法可分為綜合結轉法和分項結轉法。

（1）綜合結轉法

綜合結轉法是指各步驟所耗上一步驟的半成品成本不分成本項目，而是以一個綜合金額記入下一步驟產品成本明細帳的「直接材料」或「半成品」成本項目的一種成本結轉方法。綜合結轉，可以按照半成品的實際成本結轉，也可以按照半成品的計劃成本結轉。

①半成品按實際成本綜合結轉。採用這種方法，各步驟所耗上一步驟的半成品費用，應根據所耗半成品的實際數量乘以半成品的實際單位成本計算。每個步驟都有自制半成品庫，因而本步驟完工產品需要轉入自制半成品庫，然后通過自制半成品庫被下一步驟生產領用。由於各月所產半成品的實際單位成本不同，進入自制半成品庫的每個批次實際單位成本不同，下一步驟領用本步驟半成品實際成本也會因使用個別計價法、先進先出法、加權平均法而不同。

【例9-5】假定某產品生產過程有兩個步驟，分別由兩個車間進行。第一車間生產半成品，完工后交半成品庫驗收；第二車間按所需數量從半成品庫領用，所耗半成品費用按全月一次加權平均單位成本計算。兩個車間的完工產品和月末在產品的計算採用約當產量比例法，兩個車間所耗原材料或半成品均是生產開始時一次投入。各步驟之間成本結轉採用綜合結轉分步法，產品的有關實物量和在產品完工程度資料見表9-37。

表9-37　　　　　　　　產品的有關實物量和在產品的完工程度資料

項　目	第一步驟	第二步驟
月初在產品數量	40	30
本月投產數量	180	170
本月完工產品數量	200	180
月末在產品數量	20	40
在產品完工程度	50%	50%

根據上月第一步驟產品成本明細帳所記錄的月末在產品成本和本月的各種生產費用分配表登記第一車間甲產品成本明細帳中月初在產品成本和本月費用有關數據，詳見表9-38。

表9-38　　　　　　　　　　　產品成本明細帳

第一車間：甲半成品　　　　　　　　　　　　　　　　　　　　　　　　單位：元

摘　　要	產量（件）	直接材料	直接人工	製造費用	成本合計
月初在產品		5,000	3,000	2,000	10,000
本月費用		17,000	11,700	8,500	37,200
累計		22,000	14,700	10,500	47,200
完工轉出半成品成本	200	20,000	14,000	10,000	44,000
月末在產品		2,000	700	500	3,200

第一車間成本明細帳的有關計算如下：
直接材料費用分配率＝材料費用÷（完工產品＋在產品約當產量）
　　　　　　　　　＝22,000÷（200+20）＝100
完工產品應分配的直接材料費用＝100×200＝20,000（元）
在產品應分配的直接材料費用＝100×20＝2,000（元）
直接人工費用分配率＝人工費用÷（完工產品＋在產品約當產量）
　　　　　　　　　＝14,700÷（200+20×20%）＝70
完工產品應分配的直接人工費用＝70×200＝14,000（元）
在產品應分配的直接人工費用＝70×20×50%＝700（元）
製造費用分配率＝製造費用÷（完工產品＋在產品約當產量）
　　　　　　　＝10,500÷（200+20×20%）＝50

完工產品應分配的直接人工費用 ＝50× 200 ＝ 10,000（元）
在產品應分配的直接人工費用 ＝ 50× 20 ×50% ＝ 500（元）
根據第一車間半成品交庫單（單中按所列交庫數量和上列甲產品成本明細帳中完工轉出半成品成本計價）編製會計分錄。

借：自制半成品——甲半成品　　　　　　　　　　　　44,000
　　貸：生產成本——基本生產成本——甲半成品　　　　　44,000

根據計價的半成品交庫單和第二車間領用半成品的領用單，登記自制半成品明細帳，詳見表9-39。

表9-39　　　　　　　　　　　自制半成品明細帳
甲半成品　　　　　　　　　　　　　　　　　　　　　　　　　　單位：元

月份	月初余額		本月增加		合計			本月減少	
	數量（件）	實際成本	數量（件）	實際成本	數量（件）	實際成本	單位成本	數量（件）	實際成本
1	20	4,180	200	44,000	220	48,180	219	170	37,230
2	50	8,760							

加權平均單位成本 ＝（4,180+44,000）÷（20+200）＝ 219（元）
本月減少自制半成品實際成本 ＝170×219＝37,230（元）
根據第二車間半成品領用單（單中按所列領用數量和自制半成品明細帳中加權平均單位成本計價）編製會計分錄。

借：生產成本——基本生產成本——甲產品　　　　　　37,230
　　貸：自制半成品——甲半產品　　　　　　　　　　　37,230

最後，根據各種費用分配表、半成品領用單、產成品交庫單以及第二車間在產品定額成本資料，登記第二車間甲產品成本明細帳，詳見表9-40。

表9-40　　　　　　　　　　　產品成本明細帳
第二車間：甲產成品　　　　　　　　　　　　　　　　　　　　　單位：元

摘要	產量（件）	半成品	直接人工	製造費用	成本合計
月初在產品		13,810	4,500	3,300	21,610
本月費用		37,230	9,000	8,000	54,230
累計		51,040	13,500	11,300	75,840
完工轉出產成品成本	180	41,760	12,150	10,170	64,080
完工產品單位成本		232	67.5	56.5	356
月末在產品	40	9,280	1,350	1,130	11,760

第二車間成本明細帳的有關計算如下：

直接材料費用分配率＝材料費用÷（完工產品＋在產品約當產量）

                  ＝51,040÷（180+40）＝232

完工產品應分配的直接材料費用＝232×180＝41,760（元）

在產品應分配的直接材料費用＝232×40＝9,280（元）

直接人工費用分配率＝人工費用÷（完工產品＋在產品約當產量）

                ＝12,500÷（180+40×50%）＝67.5

完工產品應分配的直接人工費用＝67.5×180＝12,150（元）

在產品應分配的直接人工費用＝67.5×40×50%＝1,350（元）

製造費用分配率＝製造費用÷（完工產品＋在產品約當產量）

              ＝11,300÷（180+40×50%）＝56.5

完工產品應分配的直接人工費用＝56.5×180＝10,170（元）

在產品應分配的直接人工費用＝56.5×40×50%＝1,130（元）

根據第二車間的產成品交庫單所列成產品交庫數量和上例第二車間產品成本明細帳中完工轉出成產品成本，編製會計分錄。

借：庫存商品——甲產品　　　　　　　　　　　　　　64,080
   貸：生產成本——基本生產成本——甲產品　　　　　　64,080

②半成品按計劃成本綜合結轉。採用這種結轉方法，半成品日常收發的明細核算均按計劃成本計價；在半成品實際成本計算出來後，再通過實際成本與計劃成本的對比，計算半成品成本差異額和差異率，調整領用半成品的計劃成本。而半成品收發的總分類核算則按實際成本計價。

半成品按計劃成本綜合結轉所用帳表的特點：

第一，自制半成品明細帳不僅要反應半成品收、發和結存的數量和實際成本，還要反應其計劃成本、成本差異額和成本差異率。

第一車間甲半成品資料如表9-41。

表9-41　　　　　　　　　　產品成本明細帳

第一車間：甲半成品　　　　　　　　　　　　　　　　　　　　　單位：元

摘　要	產量（件）	直接材料	直接人工	製造費用	成本合計
月初在產品		5,000	3,000	2,000	10,000
本月費用		17,000	11,700	8,500	37,200
累計		22,000	14,700	10,500	47,200
完工轉出半成品成本	200	20,000	14,000	10,000	44,000
月末在產品		2,000	700	500	3,200

按計劃成本綜合結轉的第一步驟完工甲自製半成品明細帳格式見表9-42。

表 9-42　　　　　　　　　　自制半成品明細帳

甲半成品　　　　　　　　　計劃單位成本：210 元　　　　　　　　單位：元

	月　份		3 月	4 月
月初余額	數量		20	50
	計劃成本		4,200	10,500
	實際成本		4,180	10,948.47
本月增加	數量	④	200	
	計劃成本	⑤	42,000	
	實際成本	⑥	44,000	
合計	數量	⑦=①+④	220	
	計劃成本	⑧=②+⑤	46,200	
	實際成本	⑨=③+⑥	48,180	
	成本差異	⑩=⑨-⑧	1,980	
	成本差異率	⑪=⑩÷⑧×100%	4.29%	
本月減少	數量	⑫	170	
	計劃成本	⑬	35,700	
	實際成本	⑭=⑬+⑬×⑪	37,231.53	

表 9-42 中指標計算如下：

半成品成本差異率=(月初結存半成品成本差異+本月收入半成品成本差異)÷(月初結存半成品計劃成本+本月收入半成品計劃成本)=(−20+2,000)÷(4,200+42,000)=4.29%

發出半成品成本差異=發出半成品計劃成本×半成品成本差異率

　　　　　　　　　=35,700×4.29%=1,531.53（元）

發出半成品實際成本=發出半成品計劃成本±發出半成品成本差異

　　　　　　　　　=35,700+1,531.53=37,231.53（元）

③在第二車間的產品成本明細帳中，對於所耗上一步驟半成品，可以直接按照調整成本差異後的實際成本登記，也可以按照計劃成本、成本差異和實際成本分別登記，以便分析上一步驟半成品成本差異對本步驟產品成本的影響。

第二車間產品成本明細帳的格式，詳見表 9-43。

表 9-43　　　　　　　　　　產品成本明細帳

第二車間：甲產成品　　　　　　　　　　　　　　　　　　　　　單位：元

摘要	產量（件）	半成品			直接人工	製造費用	成本合計
		計劃成本	成本差異	實際成本			
月初在產品		13,258	552	13,810	4,500	3,300	21,610
本月費用		35,700	1,531.53	37,231.53	9,000	8,000	54,231.53
累計		48,958	2,083.53	51,041.53	13,500	11,300	75,841.53
完工轉出產成品成本	180	40,053	1,706.26	41,759.26	12,150	10,170	64,079.26
產成品單位成本		222.52	9.48	232	67.5	56.5	356
月末在產品	40	8,905	377.27	9,282.27	1,350	1,130	11,762.27

表 9-43 中指標計算如下：

半成品成本差異率 =（月初結存半成品成本差異+本月收入半成品成本差異）÷（月初結存半成品計劃成本+本月收入半成品計劃成本）=（552+1,531.53）÷（13,258+35,700）= 4.26%

發出半成品成本差異 = 發出半成品計劃成本×半成品成本差異率
= 40,053×4.26% = 1,706.26（元）

發出半成品實際成本 = 發出半成品計劃成本±發出半成品成本差異
= 40,053+1,706.26 = 41,759.26（元）

與按實際成本綜合結轉半成品成本方法相比較，按計劃成本綜合結轉半成品成本方法的優點是：

第一，可以簡化和加速半成品核算和產品成本計算工作。按計劃成本結轉半成品成本，可以簡化和加速半成品收發計價和記帳工作。半成品成本差異率如果不是按半成品品種，而是按類計算，更可以省去大量的計算工作。如果月初半成品存量較大，本月耗用的半成品大部分甚至全部是以前月份生產的，則本月所耗半成品成本差異調整也可以根據上月半成品成本差異率計算。這樣，不僅簡化了計算工作，各步驟的成本計算也可以同時進行，從而加速產品成本的計算工作。

第二，便於各步驟進行成本的考核和分析。按計劃成本結轉半成品成本，在各步驟的產品成本明細帳中，可以分別反應所耗半成品的計劃成本、成本差異和實際成本，因而在分析對各步驟產品成本的影響時，可以剔除上一步驟半成品成本變動對本步驟所耗半成品的成本差異，不調整計入各步驟的產品成本，而是直接調整計入最后的產成品成本，這樣不僅可以進一步簡化和加速各步驟的成本計算工作，而且由於各步驟產品成本中不包括上一步驟半成品成本變動的影響，因而便於分清各步驟的經濟責任，從而便於各步驟產品成本的考核和分析。

綜合結轉的成本還原。從前面舉例的第二車間產品成本明細帳中可以看出，採用綜合結轉法，在最后步驟計算出的產成品成本中的絕大部分費用是第二車間所耗的第一車間生產的半成品費用，而直接人工和製造費用是第二車間發生的費用，並且該費用在產品成本中所占比重很小。顯然，這不是產品成本構成（即各項費用之間的比例關係）的實際情況，不能據以從整個企業角度考核和分析產品成本的構成和水平。當企業需要考核和分析生產產品所耗直接材料費用、直接人工費用和製造費用各是多少時，綜合結轉半成品法下成本數據不能滿足企業管理所需，只有通過綜合結轉的半成品成本還原才可得到管理所需的詳盡數據。

所謂成本還原，就是指從最后一個步驟起，把所耗上一步驟半成品的綜合成本分解還原成直接材料、直接人工、製造費用等原始成本項目，從而求得按原始成本項目反應的產成品成本資料。成本還原的方法是：從最后一步起，把最終完工產品成本中的自製半成品項目根據上一步驟的本月完工半成品的成本構成予以還原（因為最后一步所用的自製半成品即為上一步驟的完工半成品）。還原後如還有自製半成品，則再根據上一步的本月完工自製半成品的成本構成予以還原，直到把最終完工產品成本還原成直接材料、直接人工、製造費用等原始的成本項目，從而求得按原始成本項目反應

的最終完工產品成本。

具體來講，成本還原的方法有兩種：

第一種方法是按各步驟耗用半成品的總成本占上一步驟完工半成品總成本的比重還原。成本還原步驟為：

第一步：計算還原分配率。還原分配率是指完工產品中所耗上一步半成品費用同上一步完工半成品成本之比，計算公式為：

還原分配率＝本月完工產品所耗上一步驟半成品綜合成本÷本月上一步驟所產該種半成品成本合計

第二步：對半成品成本進行還原。以還原分配率分別乘以本月所產該種半成品的成本構成進行分解、還原，求得按原始成本項目反應的還原對象成本。

其計算公式如下：

半成品各成本項目還原＝本月所產該種半成品各成本項目全額×還原分配率

第三步：計算還原后產品成本。

【例9-6】沿用【9-5】例題數據。編製產成品成本還原計算表，如表9-44所示。

表9-44　　　　　　　　　　產成品成本還原計算表

產品名稱：甲　　　　產品產量：180件　　　　　　　　　　　　　　　單位：元

項　目		半成品	直接材料	直接人工	製造費用	合計
（本步驟成本數據）還原前產成品成本	①	41,760		12,150	10,170	64,080
（上一步驟成本數據）本月所產半成品成本	②		20,000	14,000	10,000	44,000
成本還原率（％）	③＝①中還原對象÷②合計		0.95	0.95	0.95	
成本還原	④＝③×②中各欄	－41,760	19,000	13,300	9,460	
還原后產成品成本	⑤＝④＋①	0	19,000	25,450	19,630	64,080
還原后產成品單位成本	⑥＝⑤÷產量		105.6	141.4	109.1	356.1

表9-44中「還原前產成品成本」根據第二車間甲產品成本明細帳中完工轉出產成品填列，其中「半成品」成本項目41,760元是還原的對象。「本月所產半成品成本」根據第一車間甲產品成本明細帳中完工轉出半成品成本填列，其中各種成本項目之間的比例是還原的依據。進行成本還原的具體步驟為：

第一步是計算還原分配率。還原分配率＝41,760÷44,000＝0.95（小數點取兩位）。

第二步是成本還原。通過計算，還原計算出第二車間產成品所耗半成品成本41,760中的直接材料費用為19,000（即20,000×0.95）元，直接人工費用為13,300（14,000×0.95）元。因為分配率是個約數，因而製造費用採用倒擠的方法，即：41,760－19,000－13,300＝9,460元。還原后三個項目費用（直接材料、直接人工和製造費用）之和等於還原對象成本，應與產成品所耗半成品費用41,760元相抵消。

第三步是計算還原后產品成本。將本步驟「直接材料」「直接人工」「製造費用」與半成品綜合成本還原值中的「直接材料」「直接人工」和「製造費用」按項目分別

相加，即為按原始成本項目還原后產成品總成本。其中，還原后的直接材料費用為19,000元，還原后的直接人工費用為25,450（12,150+13,300）元，還原后的製造費用為19,630（10,170+9,460）元。

第二種方法是按照半成品各成本項目占全部成本的比重還原。按照上述成本還原方法的原理，還可以按上一步驟所產半成品的成本項目占上一步驟所產半成品全部成本的比重，將本步驟完工產成品成本中所耗上一步驟半成品綜合成本還原為上一步驟對應的原始成本項目。其成本還原的步驟同上，但成本還原率的計算公式為：

還原分配率＝上一步驟完工半成品各成本項目金額÷上一步驟完工半成品成本合計
半成品成本還原＝還原前產成品成本×還原分配率

【例9-7】沿用【9-5】例題數據，編製產成品成本還原計算表，如表9-45所示。

表9-45　　　　　　　　　　產成品成本還原計算表
產品名稱：甲　　　　　　　產品產量：180件　　　　　　　　　　　　　單位：元

項　目		半成品	直接材料	直接人工	製造費用	合計
（本步驟成本數據）還原前產成品成本	①	41,760		12,150	10,170	64,080
（上一步驟成本數據）本月所產半成品成本	②		20,000	14,000	10,000	44,000
成本還原率（％）	③＝①中還原對象÷②合計		0.45	0.32	0.23	
成本還原	④＝③×②中各欄	-41,760	18,792	13,363.2	9,604.8	0
還原后產成品成本	⑤＝④+①	0	18,792	25,513.2	19,774.8	64,080
還原后產成品單位成本	⑥＝⑤÷產量		104.4	141.74	109.86	356

表9-45中「還原前產成品成本」根據第二車間甲產品成本明細帳中完工轉出產成品填列，其中「半成品」成本項目41,760元是還原的對象。「本月所產半成品成本」根據第一車間甲產品成本明細帳中完工轉出半成品成本填列，其中各種成本項目之間的比例是還原的依據。進行成本還原的具體步驟為：

第一步是計算還原分配率。

原材料還原率 ＝ 20,000÷44,000＝0.45

直接人工還原率 ＝ 14,000 ÷ 44,000 ＝ 0.32

製造費用還原率 ＝ 1 － 0.45 － 0.32 ＝ 0.23（由於分配率是個約數，因而製造費用還原率計算採用倒擠的方法）

第二步是成本還原。通過計算，還原計算出第二車間產成品所耗半成品成本41,760中的直接材料費用為18,792（41,760×0.45）元，直接人工費用為13,363.2（41,760×0.32）元，製造費用為9,604.8（41,760×0.23）元。

還原后三個項目費用（直接材料、直接人工和製造費用）之和等於還原對象成本，應與產成品所耗半成品費用41,760元相抵消。

第三步是計算還原后產品成本。將本步驟「直接材料」「直接人工」「製造費用」

與半成品綜合成本還原值中的「直接材料」「直接人工」和「製造費用」按項目分別相加，即為按原始成本項目還原后產成品總成本。其中，還原后的直接材料費用為18,792元，還原后的直接人工費用為25,513.2（12,150+13,363.2）元，還原后的製造費用為19,774.8（10,170+9,604.8）元。

（2）分項結轉法

分項結轉法是指各個步驟所耗上一步驟的半成品成本，按照「直接材料」「直接人工」「製造費用」等成本項目，分別記入該步驟各產品成本明細帳中的相應成本項目的一種成本結轉方法。採用該方法時，若各個步驟完工的半成品通過半成品庫收發，在「自製半成品明細帳」中登記其成本時，也要分成本項目分別登記。採用此法計算出的產成品成本能提供按原始成本項目反應的產品的成本結構，不需進行成本還原。

【例9-8】仍用【9-5】甲產品成本資料，說明採用分項結轉法的成本計算程序。

第一車間甲產品成本明細帳如表9-46所示。

表9-46　　　　　　　　　　　產品成本明細帳

第一車間：甲半成品　　　　　　　　　　　　　　　　　　　　單位：元

摘　要	產量（件）	直接材料	直接人工	製造費用	成本合計
月初在產品		5,000	3,000	2,000	10,000
本月費用		17,000	11,700	8,500	37,200
累計		22,000	14,700	10,500	47,200
完工轉出半成品成本	200	20,000	14,000	10,000	44,000
月末在產品(定額成本)		2,000	700	500	3,200

自製半成品明細帳如表9-47所示。

表9-47　　　　　　　　　　　自製半成品明細帳

甲半成品　　　　　　　　　　　　　　　　　　　　　　　　　單位：元

月份	摘要	數量（件）	實　際　成　本			
			直接材料	直接人工	單位成本	成本合計
1	月初余額	20	1,900	1,330	950	4,180
	本月增加	200	20,000	14,000	10,000	44,000
	合　計	220	21,900	15,330	10,950	48,180
	單位成本		99.55	69.68	49.77	219
	本月減少	170	16,923.5	11,845.6	8,460.9	37,230
2	月初余額	50	4,976.5	3,484.4	2,489.1	10,950

第二車間產品成本明細帳，如表9-48所示。

表 9-48　　　　　　　　　　　產品成本明細帳

第二車間：甲產成品　　　　　　　　　　　　　　　　　　　　　　　　　單位：元

摘要	產量（件）	直接材料	直接人工	製造費用	成本合計
月初在產品		5,931	8,919	6,760	21,610
本月費用		16,923.5	20,845.6	16,460.9	54,230
累計		22,854.5	29,764.6	23,220.9	75,840
完工轉出產成品成本	180	18,698.4	26,787.6	20,898	64,080
完工產品單位成本		103.88	148.82	116.1	356
月末在產品	40	4,156.1	2,977	2,322.9	9,456

第二車間成本明細帳的有關計算如下：

直接材料費用分配率＝材料費用÷（完工產品＋在產品約當產量）＝ 22,854.5÷（180+40）＝ 103.88

完工產品應分配的直接材料費用 ＝ 103.88×180 ＝ 18,698.4（元）

在產品應分配的直接材料費用 ＝ 22,854.5-18,698.4 ＝ 4,156.1（元）

直接人工費用分配率＝人工費用÷（完工產品＋在產品約當產量）＝29,764.6÷(180+40×50%)＝148.82

完工產品應分配的直接人工費用 ＝ 148.82×180 ＝ 26,787.6（元）

在產品應分配的直接人工費用 ＝29,764.6-26,787.6＝2,977（元）

製造費用分配率 ＝製造費用÷（完工產品＋在產品約當產量）＝ 23,220.9÷（180+40×50%）＝ 116.10

完工產品應分配的直接人工費用 ＝116.10×180 ＝ 20,898（元）

在產品應分配的直接人工費用 ＝ 23,220.9-20,898＝2,322.9（元）

（3）逐步結轉分步法的優缺點

第一，逐步結轉分步法的成本計算對象是企業產成品及各步驟的半成品，這就為分析和考核企業產品成本計劃和各生產步驟半成品成本計劃的執行情況，以及正確計算半成品成本提供了資料。

第二，不論是綜合結轉還是分項結轉，半成品成本都是隨著半成品實物的轉移而結轉，各生產步驟產品成本明細帳中的生產費用餘額，反應了留存在各個生產步驟的在產品成本，因而還能為在產品的實物管理和生產資金管理提供資料。

第三，採用綜合結轉法結轉半成品成本時，由於各生產步驟產品成本中包括所耗上一生產步驟半成品成本，從而能全面反應各步驟完工產品所耗上一步驟半成品費用水平和本步驟加工費用水平，有利於各步驟的成本管理。採用分項結轉法結轉半成品成本時，可以直接提供按原始成本項目反應的產品成本，滿足企業分析和考核產品構成和水平的需要。

第四，綜合結轉分步法核算工作比較複雜，核算工作的及時性也較差。採用綜合結轉分步法，半成品按實際成本結轉，第二步驟產品成本計算，需要第一步驟半成品成本數據，第三步驟成本計算，需要第二步驟半成品成本數據，如果有一個步驟成本

數據出現時滯，直接影響下面環節的成本計算，各步驟則不能同時計算成本。採用綜合結轉法，需要進行成本還原；採用分項結轉法，結轉的核算工作量大。半成品按計劃成本結轉，還要計算和調整半成品成本差異。企業在採用綜合結轉分步法時核算工作比較複雜，工作量大，需要從實際情況出發，根據管理要求，權衡利弊，做到既滿足管理要求，提供所需的各種資料，又能簡化核算工作。

9.3.4 平行結轉分步法

1. 平行結轉分步法概述

平行結轉分步法，又稱為「不計算半成品成本法」，是指先將各個步驟發生的生產費用中應計入產成品成本的「份額」計算出來，然后將其平行結轉、匯總起來計算產成品成本的一種成本計算方法。

在採用分步法計算成本的大量、大批多步驟生產中，有的產品生產過程屬於裝配式生產，即先對各種原材料平行地進行加工，成為各種半成品——零件或部件，然后再裝配成各種產成品，如機械製造企業。有的產品生產過程雖屬於連續式多步驟生產，如紡織、造紙企業，但由於逐步結轉分步法步驟間成本結轉工作繁瑣，步驟間成本結轉需要等待上一步驟成本數據，導致成本計算時滯，採用平行結轉分步法，可以簡化和加速成本計算工作。

2. 平行結轉分步法的特點

與逐步結轉分步法相比，平行結轉分步法的特點主要是：

（1）不計算半成品成本。第一步驟成本明細帳中包括直接材料、直接人工和製造費用成本項目，第二步驟的成本明細帳僅包括第二步驟新發生的直接人工和製造費用（此處假設材料在第一步驟投入，后期加工步驟沒有材料費用的投入），各步驟只計算本步驟發生的費用。

（2）步驟間不結轉半成品成本。不論半成品實物是在各生產步驟之間直接轉移還是通過半成品庫收發，都不在下一步驟成本明細帳中顯示。也就是說，平行結轉分步法中半成品數據不隨半成品實物轉移而結轉。

（3）為了計算各生產步驟發生的費用中應計入產成品成本的份額，必須將每一個生產步驟發生的費用劃分為耗用於產成品部分和尚未最后制成的在產品部分。在產品是指尚在本步驟加工中的在產品（在本步驟沒有加工完畢），本步驟已經完工轉入半成品庫的半成品（本步驟加工完畢，其他步驟還沒有加工完畢），已從半成品庫轉到以后各步驟進一步加工、尚未最終制成的半成品（本步驟加工完畢，其他步驟還沒有加工完畢）。這裡的產成品部分指的是本步驟加工完畢，其他步驟也加工完畢的最終的完工品。

（4）以最后一個步驟的完工產品為核心，根據各步驟費用中應計入最后一個步驟的產成品成本的份額，採用平行結轉、匯總計算的方法計算出最后一個步驟產成品的總成本和單位成本。

3. 平行結轉分步法的計算程序

（1）按產品的生產步驟和產品品種設置生產成本明細帳，按成本項目歸集本步驟

發生的生產費用（不包括所耗用的上一步驟半成品的成本）。

（2）月末，採用適當的方法將各個步驟歸集的生產費用在產成品與廣義在產品之間進行分配，計算各個步驟應計入產成品成本的份額。

（3）將各個步驟應計入產成品成本的份額平行結轉、加總後，就得到產成品總成本，除以產成品產量，即為單位成本。

平行結轉分步法成本的計算程序圖如圖 9-6 所示（假設材料在第一個生產步驟一次性投入）：

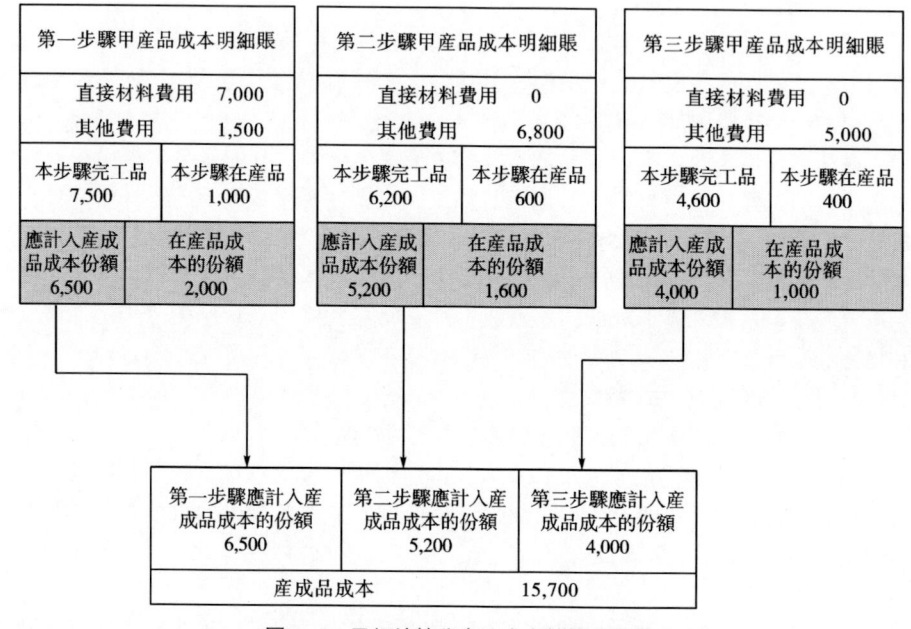

第一步驟甲產品成本明細賬		第二步驟甲產品成本明細賬		第三步驟甲產品成本明細賬	
直接材料費用 7,000		直接材料費用 0		直接材料費用 0	
其他費用 1,500		其他費用 6,800		其他費用 5,000	
本步驟完工品 7,500	本步驟在產品 1,000	本步驟完工品 6,200	本步驟在產品 600	本步驟完工品 4,600	本步驟在產品 400
應計入產成品成本份額 6,500	在產品成本的份額 2,000	應計入產成品成本份額 5,200	在產品成本的份額 1,600	應計入產成品成本份額 4,000	在產品成本的份額 1,000

第一步驟應計入產成品成本的份額 6,500	第二步驟應計入產成品成本的份額 5,200	第三步驟應計入產成品成本的份額 4,000
產成品成本		15,700

圖 9-6　平行結轉分步法成本計算程序圖

陰影部分的完工產品和在產品的金額不同於各個步驟的完工品和在產品的金額。原因在於，陰影部分的完工產品是狹義的完工產品，是經過所有步驟后最終完工的產品。陰影部分的在產品是廣義在產品，不僅包括本步驟未完工的產品，而且包括本步驟已經完工但是在最終環節未完工的產品。這是平行結轉分步法與逐步結轉分步法的本質區別。

每個步驟的完工品和在產品僅僅是就每個步驟而言，指完工的轉入半成品庫的產品和未完工的在生產線上等待繼續加工的產品。

4. 平行結轉分步法產品成本計算舉例

【例 9-9】某企業生產丙產品，生產費用在完工產品（應計入產品份額）和在產品之間的分配採用定額比例法，其中，原材料費用按定額原材料費用比例分配，其他各項費用按定額工時比例分配。其成本核算程序如下：

第一，有關丙產品的定額資料詳見表 9-49。

表 9-49　　　　　　　　　　丙產品的定額資料

單位：元

車間份額	月初在產品		本月投入		本月產成品				
	定額直接材料費用	定額工時（小時）	定額直接材料費用	定額工時（小時）	單位定額		產量（件）	定額直接材料費用	定額工時（小時）
					直接材料費用	工時（小時）			
第一車間份額	20,000	480	26,000	840	6,000	20	50	30,000	1,000
第二車間份額		420		620		16	50		800
合計	20,000	900	26,000	1,460	6,000	36	50	30,000	1,800

第二，根據丙產品的定額資料、各種生產費用分配表和產成品交庫單，登記第一、二車間的產品成本明細帳，詳見表 9-50、表 9-51。

表 9-50　　　　　　　　　　產品成本明細帳

第一車間：丙產品　　　　　　　　　　　　　　　　　　　　　　　　　　單位：元

摘要	產量（件）	直接材料		定額工時	直接人工	製造費用	成本合計
		定額	實際				
月初在產品		20,000	17,760	480	9,840	12,240	39,840
本月生產費用		26,000	23,400	840	12,280	13,160	48,840
累計		46,000	41,160	1,320	22,120	25,400	88,680
費用分配率			0.89		16.76	19.24	
產成品成本中本步驟份額	50	30,000	26,700	1,000	16,760	19,240	62,700
月末在產品		16,000	14,460	320	5,360	6,160	25,980

直接材料定額費用和定額工時，根據表 9-49 丙產品的定額資料計算登記。月末在產品定額數字是根據月初在產品定額數、本月投入定額和產成品定額數，採用倒擠的方法計算求得。計算公式如下：

月末在產品直接材料定額費用 = 月初在產品直接材料定額費用 + 本月投入的直接材料定額費用 − 本月完工產品直接材料定額費用

月末在產品定額工時 = 月初在產品定額工時 + 本月投入產品的定額工時 − 本月完工產品的定額工時

以第一車間為例：

月末在產品直接材料定額費用 = 20,000 + 26,000 − 30,000 = 16,000（元）

月末在產品定額工時 = 480 + 840 − 1,000 = 320

本月生產費用，即本步驟本月為生產丙產品發生的各項生產費用，應根據各種費用分配表登記。由於原材料是在生產開始時一次投入，採用平行結轉分步法在各生產步驟之間不結轉半成品成本，因而，只有第一車間會有直接材料費用（定額和實際），第二車間則沒有本月耗用的半成品費用。

採用定額比例法在完工產品（應計入產成品成本的份額）和在產品（廣義在產品）之間分配費用，應首先計算費用分配率，其中直接材料費用按直接材料定額費用比例分配；其他費用按定額工時比例分配。以第一車間為例，各項費用分配率及產成品中本步驟份額的計算如下：

直接材料費用分配率＝41,160÷46,000＝0.89

產成品成本中第一車間直接材料費用份額＝30,000×0.89＝26,700（元）

月末在產品直接材料費用＝41,160－26,700＝14,460（元）

直接人工費用分配率＝22,120÷1,320＝16.76 元/工時

產成品成本中第一車間直接人工費用份額＝1,000×16.76＝16,760（元）

月末在產品直接人工費用＝22,120－16,760＝5,360（元）

製造費用的分配率＝25,400÷1,320＝19.24（元/工時）

產成品成本中第一車間製造費用份額＝1,000×19.24＝19,240（元）

月末在產品製造費用＝25,400－19,240＝6,160（元）

第二車間各成本項目費用的分配計算依此類推，其明細帳詳見表9-51。

表9-51　　　　　　　　　　產品成本明細帳

第二車間：丙產品　　　　　　　　　　　　　　　　　　　　　　　單位：元

摘　要	產成品產量(件)	直接材料 定額	直接材料 實際	定額工時（小時）	直接人工	製造費用	成本合計
月初在產品				420	6,000	6,800	12,800
本月生產費用				620	14,620	12,480	27,100
累計				1,040	20,620	19,280	39,900
費用分配率					19.83	18.54	
產成品成本中本步驟份額	50			800	15,864	14,832	30,696
月末在產品				240	4,756	4,448	9,204

上述第二車間產品成本明細帳中數字計算和登記方法如下所述：

直接人工費用分配率＝20,620÷1,040＝19.83（元/工時）

產成品成本中第二車間直接人工費用份額＝800×19.83＝15,864（元）

月末在產品直接人工費用＝20,620－15,864＝4,756（元）

製造費用的分配率＝19,280÷1,040＝18.54（元/工時）

產成品成本中第一車間製造費用份額＝800×18.54＝14,832（元）

月末在產品製造費用＝19,280－14,832＝4,448（元）

第三，將第一、二車間產品成本明細帳中應計入產成品成本的份額平行結轉，匯總計入丙產品成本匯總表，詳見表9-52。

表 9-52　　　　　　　　　　丙產品成本匯總表
　　　　　　　　　　　　　　　20××年×月　　　　　　　　　　　　　單位：元

車間份額	產量（件）	直接材料	直接人工	製造費用	成本合計
第一車間份額	50	26,700	16,760	19,240	62,700
第二車間份額	50		15,864	14,832	30,696
合計	50	26,700	32,624	34,072	93,396
單位成本		534	652.48	681.44	1,867.92

編製會計分錄：

　借：庫存商品——丙產品　　　　　　　　　　　　　　　93,396
　　貸：生產成本——基本生產成本——丙產品——第一車間　62,700
　　　　　　　　　　　　　　　　　　　　　　——第二車間　30,696

【例 9-10】某企業甲產品生產分為三個步驟，分別由三個車間進行，原材料在第一車間開始生產時一次性投入，月末在產品按約當產量法計算，各步驟在產品完工程度均為 50%。有關產量記錄和生產費用記錄資料見表 9-53 和表 9-54。

表 9-53　　　　　　　　　　甲產品產量記錄
　　　　　　　　　　　　　　　　　　　　　　　　　　　　　　　　單位：件

項目	月初在產品數量	本月投產數量	本月完工數量	月末在產品數量
第一步驟	6	80	82	4
第二步驟	8	82	84	6
第三步驟	4	84	86	2

表 9-54　　　　　　　　　　生產費用資料
　　　　　　　　　　　　　　　　　　　　　　　　　　　　　　　　單位：元

項　目		直接材料	直接人工	製造費用
月初在產品成本	第一步驟	8,600	3,200	3,600
	第二步驟		5,600	3,100
	第三步驟		1,300	1,200
本月發生費用	第一步驟	53,600	27,600	28,800
	第二步驟		48,400	34,600
	第三步驟		69,400	51,650

其具體計算如下：

首先將第一步驟的成本明細帳月初余額和本月的費用記入第一車間的產品成本明細帳，詳見表 9-55。

表 9-55   產品成本明細帳
第一車間   20××年×月   單位：元

摘要	直接材料	直接人工	製造費用	合計
月初在產品成本	8,600	3,200	3,600	15,400
本月費用	53,600	27,600	28,800	110,000
合計	62,200	30,800	32,400	125,400
本月產成品的數量	86	86	86	—
月末在產品的約當產量	12	10	10	—
費用分配率	634.69	320.83	337.5	—
應計入產成品成本份額	54,583.34	27,591.38	29,025	111,199.72
在產品成本份額	7,616.66	3,208.62	3,375	14,200.28

表 9-55 中有關計算如下：

採用約當產量法，將生產費用的合計數按成本項目在產成品和在產品中分配，根據資料產成品 86 件，第一車間有 4 件在產品，第二車間有 6 件在產品，第三車間有 2 件在產品，所有的在產品及產成品都經歷過第一個步驟，完成第一步的生產後成本並沒有結轉出去，因此都應參與第一步驟成本的分配，計算過程如下：

「直接材料」項目，由於材料在開始生產時一次性投入，單位在產品的材料消耗和單位完工產品的材料消耗一樣，所以月末在產品約當產量為 4+6+2＝12 件。

材料費用分配率＝(8,600+53,600)÷(86+12)＝634.69（元）

本月本步驟應計入產成品成本的份額＝86×634.69＝54,583.34（元）

月末本步驟在產品的成本份額計算，採用倒擠的方法，即 8,600+53,600－54,583.34＝7,616.66（元）

「直接人工」項目，月末本步驟在產品的約當產量為 2 件，即 4×50%＝2，第二、三步驟在產品完整地經歷了第一步驟，所以約當產量分別為 6 件和 2 件，在產品約當總產量為 2+6+2＝10 件。

直接人工費用的分配率＝(3,200+27,600)÷(86+10)＝320.83（元）

本月本步驟應計入產成品成本份額＝86×320.83＝27,591.38（元）

月末本步驟在產品成本份額計算，採用倒擠的方法，即 3,200+27,600－27,591.38＝3,208.62（元）

「製造費用」項目，在產品約當產量的計算同上。

製造費用分配率＝(3,600+28,800)÷(86+10)＝337.5（元）

本月本步驟應計入產成品成本份額＝86×337.5＝29,025（元）

月末本步驟在產品成本份額，採用倒擠的方法，即 3,600+28,800－29,025＝3,375（元）

通過上述計算，第一車間本月產成品成本份額總計 111,199.72 元，其中，直接材料 54,583.34 元，直接人工 27,591.38 元，製造費用 29,025 元。

第二車間的成本計算中，僅歸集本步發生的費用，不包括領用上步驟的自制半成品成本。所以，在第二車間生產成本明細帳中登記成本明細帳月初余額和本月本步驟發生的費用，如表 9-56 所示。對本步驟發生的費用合計，按成本項目採用約當產量法在本月產成品和在產品中分配，方法和第一車間的相同，不再列示其計算過程。值得一提的是採用約當產量分配第二步驟成本時，在產品只包括第二步驟的在產品，因為第一步驟的在產品沒從第二步驟中受益，不應承擔第二步驟的成本分配。計算過程見表 9-56。

表 9-56　　　　　　　　　　　產品成本明細帳
第二車間　　　　　　　　　　20××年×月　　　　　　　　　　　　單位：元

摘　要	本步驟發生		合計
	直接人工	製造費用	
月初在產品成本	5,600	3,100	8,700
本月發生費用	48,400	34,600	83,000
本月合計	54,000	37,700	91,700
本月產成品的數量	86	86	——
月末在產品的約當產量	5	5	
費用分配率	593.41	414.29	——
應計入產成品成本份額	51,033.26	35,628.94	86,662.2
在產品成本份額	2,966.74	2,071.06	5,037.8

月末第二步驟在產品的約當產量為 3 件，即 6×50% = 3，第三步驟在產品完整地經歷了本步驟，所以約當產量為 2 件，在產品約當總產量為 3+2 = 5 件。

「直接人工」項目，月末本步驟在產品的約當產量為 5 件，完工產品為 86 件。

直接人工費用的分配率 =（5,600+48,400）÷（86+5）= 593.41（元）

本月本步驟應計入產成品成本份額 = 86×593.41 = 51,033.26（元）

月末本步驟在產品成本份額的計算，採用倒擠的方法，即 5,600 + 48,400 - 51,033.26 = 2,966.74（元）

「製造費用」項目，在產品約當產量的計算同上。

製造費用分配率 =（3,100+34,600）÷（86+5）= 414.29（元）

本月本步驟應計入產成品成本份額 = 86×414.29 = 35,628.94（元）

月末本步驟在產品成本份額的計算，採用倒擠的方法，即 3,600 + 28,800 - 35,628.94 = 2,071.06（元）

通過上述計算，第一車間本月產成品成本份額總計 86,662.2 元，其中，直接人工 51,033.26 元，製造費用 35,628.94 元。

月末第三步驟成本計算如表 9-57。

表 9-57　　　　　　　　　　　　產品成本明細帳
第三車間　　　　　　　　　　　　20××年×月　　　　　　　　　　　　　　　單位：元

摘要	本步驟發生 直接人工	本步驟發生 製造費用	合計
月初在產品成本	1,300	1,200	2,500
本月發生費用	69,400	51,650	121,050
本月合計	70,700	52,850	123,550
本月產成品的數量	86	86	—
月末在產品的約當產量	1	1	—
費用分配率	812.64	607.47	—
應計入產成品成本份額	69,887.36	52,242.53	122,129.89
在產品成本份額	812.64	607.47	1,420.11

月末第三步驟在產品的約當產量為 2 件，即 2×50% = 1。

「直接人工」項目，月末本步驟在產品的約當產量為 1 件，完工產品為 86 件。

直接人工費用的分配率 =（1,300+69,400）÷（86+1）= 812.64（元）

本月本步驟應計入在產品成本份額 = 1×812.64 = 812.64（元）

月末本步驟在產品成本份額的計算，採用倒擠的方法，即 1,300+69,400−812.64 = 69,887.36（元）

「製造費用」項目，在產品約當產量的計算同上。

製造費用分配率 =（1,200+51,650）÷（86+1）= 607.47（元）

本月本步驟應計入在產品成本份額 = 1×607.47 = 607.47（元）

本月本步驟應計入產成品成本份額採用倒擠的方法，即 1,200+51,650−607.47 = 52,242.53（元）

通過上述計算，第一車間本月產成品成本份額總計 122,129.89 元，其中，直接人工 69,887.36 元，製造費用 52,242.53 元。

綜合以上三個步驟的分配結果，加總三個步驟的產成品成本份額可以得出產成品的總成本，進而可以計算出產成品的單位成本。計算過程見表 9-58。

表 9-58　　　　　　　　　　　　完工產品成本匯總表　　　　　　　　　　　　單位：元
產品名稱：甲產品　　　　　　　　　20××年×月　　　　　　　　　　　　　　產量：86 件

車間	直接材料	直接人工	製造費用	合計
第一車間	54,583.34	27,591.38	29,025	111,199.72
第二車間	—	51,033.26	35,628.94	86,662.2
第三車間	—	69,887.36	52,242.53	122,129.89
產成品總成本	54,583.34	148,512	116,896.47	319,991.81
產成品單位成本	634.69	1,726.88	1,359.26	3,720.84

根據表 9-58 的計算結果，編製結轉完工產品入庫的會計分錄。
借：庫存商品——甲產品　　　　　　　　　　　319,991.81
　　貸：生產成本——基本生產成本——甲產品——第一車間　　111,199.72
　　　　　　　　　　　　　　　　　　　　——第二車間　　86,662.2
　　　　　　　　　　　　　　　　　　　　——第三車間　　122,129.89

5. 平行結轉分步法的優缺點

綜上所述，平行結轉分步法與逐步結轉分步法相比較，具有以下優點：

第一，簡化和加速成本計算工作。採用這一方法，各步驟可以同時計算產品成本，然后將應計入完工產品成本的份額平行結轉，匯總計入產成品成本，不必逐步結轉半成品成本，從而可以簡化和加速成本計算工作。

第二，不必進行成本還原或大量分項結轉工作。採用這一方法，一般是按成本項目平行結轉，匯總各步驟成本中應計入產成品成本的份額，因而能夠直接提供按原始成本項目反應的產成品成本資料，不必像採用逐步結轉分步法那樣要進行成本還原，省去了大量繁瑣的計算工作和還原工作。

但是，由於採用這一方法，各步驟不計算也不結轉半成品成本，因而存在以下缺點：

第一，不利於各步驟的成本管理。不能提供各步驟半成品成本資料及各步驟所耗上一步驟半成品費用資料，因而不能全面地反應各步驟生產耗費的水平，不利於各步驟的成本管理。

第二，不能為各步驟在產品的實物管理和資金管理提供資料。由於各步驟間不結轉半成品成本，使半成品實物轉移與費用結轉脫節，因而不能為各步驟在產品的實物管理和資金管理提供資料。

從以上對比分析中可以看出，平行結轉分步法的優缺點正好與逐步結轉分步法的優缺點相反。因而，平行結轉分步法只適宜在半成品種類較多，逐步結轉半成品成本工作量較大，管理上又不要求提供各步驟半成品成本資料的情況下採用。在採用時應加強各步驟在產品收發結存的數量核算，以便為在產品的實物管理和資金管理提供資料，彌補這一方法的不足。

本章小結

本章主要介紹了產品成本計算的三種基本方法，即品種法、分批法和分步法。其中，品種法主要適用於大量、大批單步驟生產或管理上不要求分步驟計算成本的多步驟生產。分批法主要適用於小批、單件單步驟生產或管理上不要求分步驟計算成本的多步驟生產，具體包括一般分批法和簡化分批法。分步法主要適用於大量、大批多步驟生產。根據結轉各步驟成本的方法不同，分步法具體可以分為逐步結轉分步法和平行結轉分步法。逐步結轉分步法按半成品成本的結轉方式不同，又分為綜合結轉分步法和分項結轉分步法。為了獲得更加詳盡的成本信息，需要對綜合結轉分步法進行成本還原。

習題

一、單項選擇題

1. 簡化的分批法是（　　）。
   A. 分批計算在產品成本的分批法　　B. 不分批計算在產品成本的分批法
   C. 不計算在產品成本的分批法　　　D. 不分批計算完工產品成本的分批法

2. 在大量大批多步驟生產情況下，如果管理上不要求分步計算產品成本，其所採用的成本計算方法應是（　　）。
   A. 品種法　　　B. 分批法　　　C. 分步法　　　D. 分類法

3. 分批法適用於（　　）。
   A. 大量大批多步驟生產　　B. 單件小批生產
   C. 大量大批生產　　　　　D. 大量大批單步驟生產

4. 在（　　）下，需要進行成本還原。
   A. 逐步結轉分步法　　　　　　　B. 平行結轉分步法
   C. 綜合結轉的逐步結轉分步法　　D. 分項結轉的逐步結轉分步法

5. 採用簡化分批法，在產品完工之前，產品成本明細帳（　　）。
   A. 不登記任何費用　　　B. 只登記直接費用和生產工時
   C. 只登記原材料費用　　D. 登記間接費用，不登記直接費用

6. 產品成本計算的品種法就是（　　）。
   A. 按照產品品種計算產品成本的方法
   B. 按照產品批別計算產品成本的方法
   C. 一種成本計算的輔助方法
   D. 按照產品生產步驟計算產品成本的方法

7. 半成品成本流轉與實物流轉相一致，又不需要成本還原的方法是（　　）。
   A. 逐步結轉分步法　　B. 綜合結轉分步法
   C. 分項結轉分步法　　D. 平行結轉分步法

8. 平行結轉分步法（　　）。
   A. 需要進行成本還原
   B. 不需要進行成本還原
   C. 能提供完整的半成品成本資料
   D. 能加強物質和資金的有效管理

9. 成本還原的對象是（　　）。
   A. 產成品成本
   B. 本步驟生產費用
   C. 上步驟轉來的生產費用
   D. 各步驟產成品所耗上一步驟半成品的綜合成本

10. 不計算半成品成本的分步法是指（　　）。

A. 逐步分項結轉分步法　　　　B. 平行結轉分步法
C. 按實際成本綜合結轉分步法　D. 按計劃成本綜合結轉分步法

11. 採用簡化的分批法，下列各項中，屬於產品成本明細帳登記的內容是（　　）。
A. 本月發生的直接材料　　　　B. 本月發生的直接人工
C. 本月發生的製造費用　　　　D. 本月發生的費用合計

12. 平行結轉分步法下，在完工產品與在產品之間分配費用，是指（　　）之間的費用分配。
A. 產成品與月末在產品
B. 產成品與廣義的在產品
C. 完工半成品與月末加工中的在產品
D. 前面步驟的完工半成品與加工中的在產品

13. 在逐步結轉分步法下，產成品成本中的半成品費用可以按（　　）還原。
A. 本月所產耗半成品成本的結構　B. 定額成本
C. 本月所產產成品成本的結構　　D. 本月所耗半成品成本的結構

14. 分項結轉分步法的缺點是（　　）。
A. 需要進行成本還原
B. 不便於進行各步驟完工產品的成本分析
C. 成本結轉工作比較複雜
D. 不便於加強各生產步驟的成本管理

15. 採用平行結轉分步法計算產品成本時（　　）。
A. 不能提供所有步驟半成品的成本資料
B. 只能提供第二步驟半成品成本資料
C. 只能提供第一步驟半成品成本資料
D. 只能提供最后步驟半成品成本資料

16. 在大量大批多步驟生產的企業裡，當半成品種類較多，管理上又不要求提供各個步驟半成品成本資料的情況下，成本計算可採用（　　）。
A. 綜合逐步結轉分步法
B. 分項逐步結轉分步法
C. 綜合逐步結轉（按照實際成本結轉）分步法
D. 平行結轉分步法

17. 採用綜合結轉分步法計算產品成本時，若有三個生產步驟，需要進行成本還原的次數為（　　）。
A. 一次　　　B. 二次　　　C. 三次　　　D. 四次

18. 採用累計分配法分配間接費用，月末未完工產品的間接費用（　　）。
A. 全部分配　B. 部分分配　C. 全部保留　D. 部分保留

19. 採用分批法計算產品成本時，若是單件生產，月末計算產品成本時（　　）。
A. 需要將生產費用在完工產品和在產品之間進行分配

B. 不需要將生產費用在完工產品和在產品之間進行分配

C. 區別不同情況確定是否分配生產費用

D. 應採用同小批生產一樣的核算方法

20. 採用分批法計算產品成本，若是小批生產，出現批內陸續完工的現象，並且批內完工數量較多時，完工產品和月末在產品成本計算應採用（　　）。

A. 計劃成本法　　　　　　　　B. 定額成本法

C. 按年初固定數計算　　　　　D. 約當產量法

21. 若企業只生產一種產品，則發生的費用（　　）。

A. 全部是直接計入費用　　　　B. 全部是間接計入費用

C. 部分是直接計入費用　　　　D. 部分是間接計入費用

二、多項選擇題

1. 採用簡化的分批法，基本生產成本二級帳和產品成本明細帳可以逐月核對的項目有（　　）。

A. 月末在產品原材料項目余額

B. 月末在產品工資及福利費項目余額

C. 月末在產品製造費用項目余額

D. 月末在產品生產工時項目余額

2. 品種法適用於（　　）。

A. 大量大批生產

B. 單件小批生產

C. 簡單生產

D. 複雜生產，且管理上不要求分步驟計算產品成本

3. 品種法的特點是（　　）。

A. 要求按照產品的品種計算成本　　B. 按月定期計算產品成本

C. 品種法一般要計算在產品成本　　D. 適用於大量大批生產

4. 採用分批法計算產品成本時，成本計算對象可以按（　　）。

A. 一張訂單中的不同品種產品分別確定

B. 一張訂單中的同種產品分批確定

C. 一張訂單中的單件產品的組成部分分別確定

D. 多張訂單中的同種產品確定

5. 採用逐步結轉分步法，按照結轉的半成品成本在下一步驟產品成本明細帳中的反應方法，分為（　　）。

A. 綜合結轉法　　　　　　　　B. 分項結轉法

C. 實際成本結轉法　　　　　　D. 計劃成本法

6. 分批法的特點是（　　）。

A. 按照產品的批別計算成本　　B. 計算產品的生產步驟成本

C. 間接費用月末必須全部進行分配　　D. 成本計算期與會計報告期不同

7. 採用平行結轉分步法不能提供（　　）。

A. 按原始成本項目反應的產成品成本資料
B. 所耗上一步驟半成品成本的資料
C. 各步驟完工半成品成本的資料
D. 本步驟應計入產成品成本份額的資料

8. 分批法中，間接費用的分配方法有（   ）。
A. 計劃成本分配法   B. 累計分配法
C. 定額比例分配法   D. 當月分配法

9. 分步法的特點是（   ）。
A. 按照產品批別計算產品成本
B. 綜合結轉分步法需要進行成本還原
C. 按產品的生產步驟計算成本
D. 不按產品的批別和步驟計算成本

10. 採用逐步結轉分步法需要提供各個步驟半成品成本資料的原因是（   ）。
A. 各步驟的半成品既可以自用，也可以對外銷售
B. 半成品需要進行同行業的評比
C. 產成品不需要進行同行業的評比
D. 一些半成品為多種產品耗用
E. 適應實行場內經濟核算或責任會計的需要

三、判斷題

1. 在小批或單件生產的企業或車間中，如果各個月份的間接計入費用多，月末未完工產品的批數比較多，可採用簡化的分批法。（   ）

2. 劃分產品成本計算基本方法的標誌是成本計算對象。（   ）

3. 採用分批法計算產品成本，在批內部分完工產品按計劃單位成本計算結轉后，待該批產品全部完工後，還應計算該批產品實際總成本，並調整前期完工產品實際成本與計劃成本的差異。（   ）

4. 大量大批的多步驟生產也可能採用品種法計算產品成本。（   ）

5. 在平行結轉分步法下，各步驟的生產費用都必須在產成品和廣義的在產品之間進行分配。（   ）

6. 在月末未完工產品批數較多的情況下，不適宜採用簡化的分批法。（   ）

7. 在平行結轉分步法下，只能採用定額比例法進行產成品和在產品之間的費用分配。（   ）

8. 成本還原後的各項費用之和應該與成本還原對象相等。（   ）

9. 多批生產下，在月末未完工產品批數較多的情況下，不適宜採用簡化的分批法。（   ）

10. 大量大批的多步驟生產也可能採用品種法計算產品成本。（   ）

11. 在平行結轉分步法下，各步驟的生產費用都必須在步驟內完工產品和在產品之間進行分配。（   ）

12. 平行結轉分步法的在產品是狹義的在產品，即只包括車間或生產步驟內未完工

在產品。（　）

13. 採用平行結轉分步法時，不論半成品是在各生產步驟之間轉移還是通過半成品庫收發，都應通過「自製半成品」科目進行總分類核算。（　）

14. 成本還原是指採用逐步結轉（綜合結轉）分步法計算成本時，將產成品成本中的綜合成本，逐步分解成為原來成本項目的過程。（　）

15. 採用分批法計算成本的程序比採用品種法計算成本的程序簡單。（　）

四、計算題

1. 甲企業201×年8月生產A、B兩種產品，都是單步驟的大量生產，採用品種法計算產品成本。本月有關成本計算資料如下：

（1）月初在產品成本。A、B兩種產品的月初在產品成本如下，見表9-59。

表9-59　　　　　　　A、B產品月初在產品成本資料表

201×年8月　　　　　　　　　　　　　　　　單位：元

摘　要	直接材料	直接人工	製造費用	合計
A產品月初在產品成本	285,000	43,680	5,675	334,355
B產品月初在產品成本	225,740	27,500	4,560	257,800

（2）本月生產數量。A產品本月完工500件，月末在產品100件，實際生產工時80,000小時；B產品本月完工200件，月末在產品40件，實際生產工時20,000小時。A、B兩種產品的原材料都在生產開始時一次投入，加工費用發生比較均衡，月末在產品完工程度均為50%。

（3）本月發生的生產費用如下：

①本月發出材料匯總表，如表9-60所示。

表9-60　　　　　　　　　發出材料匯總表

201×年8月　　　　　　　　　　　　　　　　單位：元

領料部門和用途	材料類別 原材料	材料類別 包裝物	合　計
基本生產車間耗用			
A產品耗用	980,000	19,000	999,000
B產品耗用	790,000	5,600	795,600
A、B產品共同耗用	49,000		49,000
車間一般耗用	4,000	800	4,800
輔助生產車間耗用			
供電車間耗用	2,800		2,800
供汽車間耗用	3,200		3,200
廠部管理部門耗用	2,600	900	2,600
合　計	1,831,600	26,300	1,857,000

備註：生產A、B兩種產品共同耗用的材料，按A、B兩種產品直接耗用原材料的比例進行分配。

②本月工資結算匯總表，見表9-61。

表9-61　　　　　　　　　　　　職工薪酬匯總表
　　　　　　　　　　　　　　　　201×年8月　　　　　　　　　　　　單位：元

人員類別	應付職工薪酬
基本生產車間	
產品生產工人	440,000
車間管理人員	40,000
輔助生產車間	
供電車間	9,000
供汽車間	8,000
廠部管理人員	52,000
合　計	549,000

③本月以現金支付的費用為5,000元，其中包括基本生產車間負擔的辦公費450元，市內交通費265元；供電車間負擔的市內交通費345元；供汽車間負擔的外部加工費980元；廠部管理部門負擔的辦公費2,460元，材料市內運輸費500元。

④本月以銀行存款支付的費用為25,700元，其中包括基本生產車間負擔的辦公費2,000元，水費3,000元，差旅費2,400元，設計制圖費3,600元；供電車間負擔的水費1,500元，外部修理費2,800元；供汽車間負擔的辦公費1,400元；廠部管理部門負擔的辦公費4,000元，水費2,200元，招待費1,200元，市話費1,600元。

⑤本月應計提固定資產折舊費32,000元，其中：基本生產車間折舊20,000元，供電車間折舊2,000元，供汽車間折舊4,000元，廠部管理部門折舊6,000元。

⑥輔助費用的分配採用計劃成本法。電費的計劃成本為0.21元/度，供汽車間的計劃成本為3.5元/立方。

要求：

（1）根據上述資料，編製各種費用分配表。

（2）登記產品成本明細帳，計算各種產品的成本。

（3）編製有關生產費用分配和產品成本結轉的會計分錄。

2. A企業小批生產甲、乙兩種產品，採用分批法計算成本，產品跨月陸續完工。有關資料如下：

（1）6月投產的產品批號有：

701批號：甲產品10臺，本月投產，本月完工6臺，5月全部完工。

802批號：乙產品10臺，本月投產，本月完工2臺，5月全部完工。

（2）6月份和7月份各批號生產費用資料詳見表9-62。

表 9-62　　　　　　　　　　　生產費用分配表

單位：元

月　份	批　號	直接材料	直接人工	製造費用
6	701	59,800	8,800	6,900
	802	10,200	8,600	4,960
7	701		1,800	1,400
	802		8,100	4,050

　　701 批號甲產品 6 月份完工數量占全部批量比重較大。原材料在生產開始時一次投入，其他費用在完工產品與在產品之間採用約當產量比例法進行分配，在產品完工程度為 50%。

　　802 批號乙產品 6 月完工數量較少，在產品按定額成本結轉。每臺在產品定額成本為：直接材料費用 960 元，直接人工費用 710 元，製造費用 440 元。

　　要求：根據上述資料，登記產品成本明細帳，計算各批產品成本。

　　3. 甲企業根據其自身的生產特點和管理要求，採用簡化分批法計算產品成本，有關資料如下：

　　(1) 8 月份生產批號有：

　　1301 批號：A 產品 6 件，7 月投產，8 月全部完工。

　　1302 批號：B 產品 12 件，7 月投產，8 月完工 6 件。

　　1303 批號：C 產品 7 件，5 月底投產，尚未完工。

　　1304 批號：D 產品 9 件，6 月初投產，尚未完工。

　　(2) 各批號產品 8 月底累計直接材料費用（原料在生產開始時一次投入）和生產工時為：

　　1301 批號：直接材料 15,000 元，工時為 9,060 小時。

　　1302 批號：直接材料 19,200 元，工時為 17,500 小時。

　　1303 批號：直接材料 9,600 元，工時為 8,500 小時。

　　1304 批號：直接材料 8,900 元，工時為 7,100 小時。

　　(3) 8 月末該廠全部累計直接材料費用為 52,700 元，累計工時為 43,260 小時，職工薪酬為 18,169.2 元，製造費用為 21,630 元。

　　(4) 8 月末，完工產品工時為 19,560 小時，其中 B 產品 10,500 小時。

　　要求：

　　(1) 登記基本生產成本二級帳和各批產品成本明細帳。

　　(2) 計算和登記累計間接費用分配率，計算各批完工產品成本。

　　4. 某企業 E 產品生產需順序地經過兩個加工步驟，第一步驟生產出半成品后交第二步驟加工製成 E 產品。該企業採用逐步結轉分步法計算產品成本，設有「直接材料」「自制半成品」「直接人工」和「製造費用」四個成本項目。5 月份有關 E 產品成本計算的資料如下：

(1) 產量資料詳見表9-63。

表9-63　　　　　　　　　　　E 產品產量表

單位：件

項　目	第一步驟	第二步驟
月初在產品結存數量	60	10
本月投產或上月轉入數量	240	250
本月完工產品數量	250	200
月末在產品結存數量	50	60
月末在產品加工程度	40%	50%

E 產品所耗直接材料在第一步驟生產開始時一次投入。

(2) 各步驟月初在產品成本資料詳見表9-64。

表9-64　　　　　　　　　月初在產品成本資料表

單位：元

項　目	直接材料	自製半成品	直接人工	製造費用	合計
第一步驟	6,520		440	600	7,560
第二步驟		1,226	88	108	1,656

(3) 各步驟本月生產耗費資料詳見表9-65。

表9-65　　　　　　　　　　本月生產費用表

單位：元

項　目	直接材料	直接人工	製造費用	合計
第一步驟	20,480	2,260	4,800	27,540
第二步驟		1,706	3,595	5,301

要求：

(1) 根據上述資料，設立產品成本明細帳，計算 E 產品成本。

(2) 進行成本還原，編製成本還原計算表。

5. 某企業生產 D 產品需經過第一車間和第二車間連續加工完成。採用逐步結轉分步法計算成本。第一步驟本月轉入第二步驟的生產費用合計（半成品成本）99,000元，其中原材料35,000元，職工薪酬26,000元，製造費用38,000元。第二車間本月發生工資費用為8,000元，製造費用為12,500元。第二車間期初在產品成本為24,000元，其中直接材料15,000元，職工薪酬4,300元，製造費用4,700元；第二車間期末在產品成本按定額成本核算為18,000元，其中半成品成本15,000元，職工薪酬1,100元，製造費用1,900元。分別採用分項結轉半成品成本和綜合結轉半成品成本計算完工產品各成本項目的成本及總成本。

6. 某工廠生產 B 產品，分兩個生產步驟連續加工，原材料在第一步驟開始時一次投入，成本計算採用平行結轉分步法。兩個步驟的完工產品份額和廣義在產品之間的費用分配，均採用定額比例法。第一步驟直接材料成本按原材料定額費用比例分配，第一步驟和第二步驟的職工薪酬及製造費用，都按定額工時比例分配。2011 年 10 月份有關資料如下：

（1）第一步驟和第二步驟的定額資料詳見表 9-66。

表 9-66　　　　　　　　　　　定額資料表

單位：元

項　目	第一步驟		第二步驟	
	完工產品	在產品	完工產品	在產品
原材料定額費用	20,000	5,000		
定額工時	10,000	6,000	6,800	3,200

（2）月初在產品成本資料詳見表 9-67。

表 9-67　　　　　　　　　　月初在產品成本資料表

單位：元

生產步驟	直接材料	職工薪酬	製造費用	合計
第一步驟	8,400	4,800	4,200	17,400
第二步驟		1,604	1,480	3,084

（3）本月發生的生產費用詳見表 9-68。

表 9-68　　　　　　　　　　本月生產費用表

單位：元

生產步驟	直接材料	職工薪酬	製造費用	合計
第一步驟	36,000	12,000	11,400	59,400
第二步驟		8,600	5,800	14,400

（4）本月完工產量為 500 噸。

要求：

（1）根據上述資料，編製各生產步驟應計入產品成本的份額。

（2）編製產品成本匯總表，計算完工產品總成本和單位成本。

（3）編製完工產品入庫的會計分錄。

7. 某工廠生產 F 產品，分兩個生產步驟連續加工，原材料均在每個步驟生產開始時一次投入，直接人工和製造費用隨加工進度發生。各項費用在完工產品和在產品之間分配採用約當產量比例法。2011 年 10 月份有關資料如下：

（1）第一步驟和第二步驟的定額資料詳見表 9-69。

表 9-69　　　　　　　　　　　產品資料

單位：件

項　目	第一步驟	第二步驟
月初在產品結存	20	15
本月投入或轉入	350	340
本月完工並轉出	340	335
月末在產品結存	30	20
完工程度	40%	50%

（2）月初在產品成本資料詳見表 9-70。

表 9-70　　　　　　　　月初在產品成本資料表

單位：元

生產步驟	直接材料	職工薪酬	製造費用	合計
第一步驟	8,400	4,800	4,200	17,400
第二步驟		1,604	1,480	3,084

（3）本月發生的生產費用詳見表 9-71。

表 9-71　　　　　　　　　本月生產費用表

單位：元

生產步驟	直接材料	職工薪酬	製造費用	合計
第一步驟	36,000	12,000	11,400	59,400
第二步驟		8,600	5,800	14,400

（4）本月完工產量為 500 噸。

要求：

（1）採用約當產量比例法在完工產品和在產品之間分配費用。

（2）登記各步驟產品成本明細帳。

（3）編製完工產品入庫的會計分錄。

8. 某企業採用逐步結轉分步法分三個步驟計算產品成本，三個步驟的成本資料見表 9-72。

表 9-72　　　　　　　　　各步驟生產費用表

單位：元

生產步驟	半成品(直接材料)	燃料及動力	直接人工	製造費用	成本合計
1	21,500	9,000	8,100	4,500	43,100
2	37,050	3,510	3,250	1,950	45,760
3	38,896	5,600	3,840	2,720	51,056

要求：根據上述資料進行成本還原。

9. 廣義在產品練習：

(1) A企業甲產品有四個加工步驟，各步驟之間沒半成品庫，其他資料如下：

表 9-73　　　　　　　　　　　　數量表

單位：件

項目	第一步驟	第二步驟	第三步驟	第四步驟
月初在產品數量	16	2	14	4
本月投入數量	44	50	40	50
本月完工產品數量	50	40	50	50
月末在產品數量	10	12	4	4

要求：計算各步的廣義在產品數量。

(2) A企業甲產品有三個加工步驟，各步驟之間沒半成品庫，第一步驟兩個產品組裝成第二步驟一個產品，其他資料見表9-74。

表 9-74　　　　　　　　　　　　數量表

單位：件

項目	第一步驟	第二步驟	第三步驟
月初在產品數量	16	2	14
本月投入數量	44	25	20
本月完工產品數量	50	20	30
月末在產品數量	10	7	4

要求：計算各步的廣義在產品數量。

(3) A企業甲產品有三個加工步驟，各步驟之間沒半成品庫，第一步驟兩個產品組裝成第二步驟一個產品，第二步驟兩個產品組裝成第三步驟一個產品，其他資料見表9-75。

表 9-75　　　　　　　　　　　　數量表

單位：件

項目	第一步驟	第二步驟	第三步驟
月初在產品數量	16	2	14
本月投入數量	44	25	10
本月完工產品數量	50	20	20
月末在產品數量	10	7	4

要求：計算各步的廣義在產品數量。

10. C企業總財務核算下設三個科室：一車間財務科，二車間財務科，三車間財務

科。在集中核算時，總廠財務得到如表 9-76 所示資料。

表 9-76　　　　　　　　　　　　　數量表

單位：件

項目	一車間	二車間	三車間
期初在產品	10	20	30
投入	100	90	80
轉出	90	80	60
期末在產品	20	30	50

問題：

（1）從上述三個車間產品結轉的情況看，該企業產品的生產工藝是多步驟連續式，還是裝配式？

（2）連續式多步驟生產能否運用平行結轉分步法核算成本？有何難度？

（3）多步驟裝配式生產能否運用平行結轉分步法核算成本？

11. 某 A 航空的發展模式是：「兩高兩低兩單兩減」，即高客座率，高飛機利用率；低營銷費用，低管理費用；單一機型，單一艙位；減少非必要成本，減少日常費用。據 A 航空董事長透露，他們飛機上每個與眾不同的細節都瞄準了同一個目標——能省則省：航班為旅客免費提供的僅僅是一小瓶礦泉水，沒有了一般航空公司的餐食；空乘人員自己打掃機艙；他們的服裝一套大概不到千元（而在去年，南方航空就曾為 6,000 名空姐定做了每套價格近 7,000 元的服裝）；航班上是清一色的經濟型座位，沒有頭等艙（這使同樣一架飛機能夠多載 10% 的顧客）；公司採取空客 A320 單一機型；大量選擇非主流的二類機場，減少機場設備的使用（每年能夠節約 5,000 萬元左右）；縮短機場停靠時間；航空公司租用辦公樓；董事長的辦公室面積只有 12 平方米；夏天只要乘客下了飛機，哪怕機艙裡達到 50℃，機長也會關掉給空調供電的發動機；採取各種節油措施（每年省下來的油錢就有 3,000 多萬元）；提高飛機利用率；採用自己開發的系統，不進入中國民航信息網路有限公司的銷售系統（光此一項就能省下票面價值的 5% 左右，通過網上和電話預訂，則又能夠在銷售費用上節省 5%）……低成本、低價格，使這個民營的航空公司單機營利達到國內的最高水平。兩年來，總營業收入 15.2 億元，上繳國家稅收 4,782 萬元，實現企業利潤 6,700 萬元。雖然 A 航空公司想盡各種辦法節省成本，但在保證安全上的成本卻從不「吝嗇」。比如最新租賃的 3 架新飛機，他們每個月都要多付出四五萬美元的代價。

要求：

（1）根據 A 航空的案例資料，試列舉其經營過程中的耗費。

（2）分析以上耗費，判斷哪些耗費應該列作成本計算對象的成本，哪些耗費列入期間費用。

（3）分析成本計算對象成本的耗費，判斷哪些屬於直接成本，哪些屬於間接成本。

10　產品成本計算的輔助方法

教學目標：

通過本章的學習，瞭解分類法和定額法的特點、適用範圍、應用條件和優缺點，掌握分類法成本計算的程序、方法以及定額法下各類差異的計算，重點掌握定額法及分類法下產品實際成本的核算。

教學要求：

知識要點	能力要求	相關知識
分類法	(1) 瞭解分類法的特點； (2) 掌握分類法的計算程序； (3) 瞭解分類法的適用範圍； (4) 熟悉分類法的優缺點	(1) 特點； (2) 計算程序； (3) 適用範圍； (4) 優缺點
定額法	(1) 瞭解定額法的特點； (2) 掌握定額法的計算程序； (3) 瞭解定額法的適用範圍； (4) 熟悉定額法的優缺點	(1) 特點； (2) 計算程序； (3) 適用範圍； (4) 優缺點

基本概念：

　　分類法　副產品　定額法　定額成本　產品原材料消耗定額　產品生產工時定額　原材料計劃單價　生產工資計劃單價　製造費用計劃單價　原材料定額消耗量　原材料實際消耗量　原材料脫離定額差異

導入案例：

　　曾經有一家企業，在做一個新項目時，項目組每天的營運成本為 8 萬元，可是其在產品上市前夕，採購部門為了採購 10 萬餘元的包裝，竟然耗費了一週時間，理由是要找價格低廉的供應商以節約採購成本。整個營銷團隊因此多等待一週時間。

　　這種現象其實在很多企業裡均存在：一味地追求降低採購的直接成本而忽略了同時並存的「隱形成本」。當然，降低採購直接成本與本書並無衝突，在這裡，我們要說的是，企業的採購部門要站在整體經營的角度綜合權衡各項指標，才能真正控制採購的成本支出。

10.1 產品成本計算的分類法

在有些企業中，如無線電子原件、化工、針織、制帽制鞋、煉油等企業，產品品種、規格繁多，但每類產品的結構、所用原材料和工藝基本相同，若按每一種產品、每一種規格計算產品成本，工作量大而且繁瑣，在這種情況下，一般採用分類法計算產品的成本。

10.1.1 分類法的特點

產品成本計算的分類法，是指按產品類別歸集生產費用，計算產品成本的一種方法。在一些工業企業中，生產的產品品種、規格很多，若按產品品種、規格歸集生產費用，計算產品成本，則計算工作極為繁重。在這種情況下，如果不同品種、規格的產品可以按照一定標準進行分類，為了簡化成本計算工作，就可以採用分類法來計算產品成本。

分類法的特點是：按照產品的類別歸集生產費用、計算成本；類內不同品種（或規格）產品的成本按照一定的分配方法分配確定。其特點主要表現在：

1. 成本計算對象的確定

在分類法下，成本計算對象是各類產品。按照產品的類別設置產品成本明細帳歸集生產費用，計算該類產品，類內不同品種（或規格）產品的成本按照一定的分配方法分配確定。

2. 成本計算期的確定

在分類法下，成本計算期與會計期間一致，即以日曆月份為成本計算期，定期在月末進行產品成本的計算。

3. 完工產品與月末在產品成本的分配

在分類法下，月末應將歸集在產品成本明細帳中的生產費用，在該類完工產品與在產品之間分配，計算出各類完工產品成本及在產品成本。然后採用適當的方法，分配計算類內各種產品總成本和單位產品成本。

10.1.2 分類法的成本計算程序

運用分類法計算產品成本結果是否正確，主要取決於兩個因素：首先，必須恰當地劃分產品的類別；其次，在類別內部選擇合理的標準分配費用。因此，分類法的成本計算程序可以劃分為以下幾個步驟：

1. 正確劃分產品類別

產品類別的劃分，應根據產品結構、所用原材料和工藝技術過程的不同，將產品劃分為若干類，一般將使用原材料、生產工藝過程和結構基本相同或相近的產品歸為一類。類別確定要恰當，類別劃分不可過細，否則成本計算對象仍然很多，起不到簡化成本計算的作用。但如果類別劃分過粗，將不同性質、結構、所耗原材料及工藝過

程不同的產品歸為一類,將會影響產品成本計算的正確性。

2. 確定產品成本計算對象,正確歸集生產費用

以產品類別作為成本計算對象,開設產品成本明細帳,按產品成本項目歸集各項生產費用,計算各類產品的總成本。可以把類別看成產品的品種,採用品種法的原理和方法計算某類產品成本。在按類別分配、歸集生產費用時,能按類別劃分的直接計入費用,應直接計入按類別開設的產品成本明細帳;不同類別的產品共同耗用的間接計入費用,在採用適當的方法分配後,分別計入各類產品成本明細帳。

3. 各類完工產品與月末在產品成本的計算與分配

月末,應將歸集在產品成本明細帳中的各項生產費用,按照一定的方法在完工產品與月末在產品之間分配。

4. 採用適當的分配標準和方法將各類完工產品總成本在類內各種產品之間進行分配,計算出各種完工產品的總成本和單位產品成本

選擇合理的分配標準,分別將每類產品的成本,在類內的各種產品之間進行分配,計算每類產品內各種產品的成本。

同類產品內各種產品之間分配費用的標準,一般有定額消耗量、定額費用、售價以及產品的體積、長度和重量等。在選擇費用的分配標準時,應主要考慮與產品生產耗費的關係,即應選擇與產品各項耗費有密切聯繫的分配標準。

在類內各種產品之間分配費用時,各成本項目可以按同一個分配標準進行分配;為了使分配結果更為合理,也可以根據各成本項目的性質,分別按照不同分配標準進行分配。例如,原材料費用可以按照原材料定額消耗量或原材料定額費用比例進行分配,工資及福利費等其他費用可以按照定額工時比例進行分配。

此外,為了簡化分配工作,可以將分配標準折算成相對固定的係數,按照固定的係數在類內各種產品之間分配費用。確定係數時,一般是在類內選擇一種產量較大、生產比較穩定或規格折中的產品作為標準產品,將這種產品的係數定為「1」。再用其他各種產品的分配標準額分別與標準產品的分配標準額相比較,計算出其他各種產品的分配標準額與標準產品的分配標準額的比率,即係數。在分類法中,按照係數分配類內各種產品成本分方法,也叫係數法。係數一經確定,在一定時期內應相對穩定。在實際工作中,也採用按照標準產品產量比例分配類內各種產品成本的方法,即將各種產品的產量按照係數進行折算,折算成標準產品,然後,按照標準產品產量的比例分配類內各種產品成本,這也是一種係數分配法。假定某企業產品品種、規格繁多,但可以按一定標準將其分為甲、乙兩類產品,其中甲類包括 A、B、C 三種產品,乙類包括 D、E、F 三種產品,那麼產品成本明細帳的設置,以及分類法成本計算的一般程序如圖 10-1 所示。

```
歸集分配生產費用 ------→ 計算各類產品成本 ------→ 計算各種產品成本
```

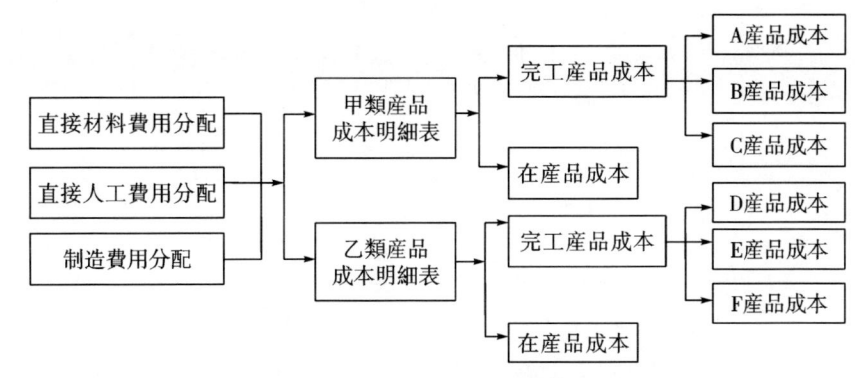

```
                                                    ┌──────────┐
                                          ┌────────→│ A產品成本 │
                                          │         └──────────┘
                              ┌─────────┐ │         ┌──────────┐
                              │完工產品  │─┼────────→│ B產品成本 │
                     ┌──────┐ │ 成本    │ │         └──────────┘
                     │甲類產│ │         │ │         ┌──────────┐
              ┌─────→│品成本│→          └────────→│ C產品成本 │
              │      │明細表│             └──────────┘
┌──────────┐  │      └──────┘ ┌─────────┐
│直接材料費│  │               │在產品成本│
│用分配    │──┤               └─────────┘
└──────────┘  │
┌──────────┐  │                                    ┌──────────┐
│直接人工費│  │                          ┌────────→│ D產品成本 │
│用分配    │──┤               ┌─────────┐│         └──────────┘
└──────────┘  │      ┌──────┐ │完工產品 ││         ┌──────────┐
┌──────────┐  │      │乙類產│ │ 成本   │─┼────────→│ E產品成本 │
│制造費用  │  │      │品成本│→│        │ │         └──────────┘
│分配      │──┘      │明細表│ └─────────┘│         ┌──────────┐
└──────────┘         └──────┘            └────────→│ F產品成本 │
                              ┌─────────┐           └──────────┘
                              │在產品成本│
                              └─────────┘
```

圖 10-1　分類法核算程序圖

下面舉例介紹分類法下，類內各種產品成本的分配。

【例 10-1】某企業生產甲、乙、丙三種產品，其結構、特性、材料和生產工藝過程相近，採用分類法合併為一類進行成本計算。有關資料如下：

（1）類內各種產品的原材料費用按照原材料費用系數進行分配。原材料費用系數按原材料費用定額確定。

（2）類內各種產品的工資費用、製造費用均按各種產品的定額工時比例分配。其工時定額為：甲產品 10 小時，乙產品 12 小時，丙產品 15 小時。

（3）該企業該月份的產品產量分別為：甲產品 1,000 件，乙產品 1,200 件，丙產品 500 件。

該企業成本計算過程如下：

（1）根據原材料費用定額計算原材料費用系數，見表 10-1。

表 10-1　　　　　　　　各種產品原材料費用系數計算表

產品名稱	原材料名稱或編號	消耗定額（千克）	計劃單價（元/千克）	費用定額（元）	原材料費用系數
甲	150	8	10	80	270/300 = 0.9
	287	4	25	100	
	301	5	18	90	
	合計	—	—	270	
乙（標準產品）	150	7.8	10	78	1
	287	6	25	150	
	301	4	18	72	
	合計	—	—	300	

表10-1(續)

產品名稱	單位產品原材料費用				原材料費用系數
	原材料名稱或編號	消耗定額（千克）	計劃單價（元/千克）	費用定額（元）	
丙	150	8.8	10	88	450/300=1.5
	287	8	25	200	
	301	9	18	162	
	合計	—	—	450	

（2）根據產品類別開設成本明細帳，並登記明細帳，計算各類產品成本（假定該類產品月末在產品成本按年初數固定計算成本），見表10-2。

表10-2　　　　　　　　　　　產品成本明細表

產品名稱：×類　　　　　　　　201×年×月　　　　　　　　　　　單位：元

項目	直接材料	直接人工	製造費用	成本合計
月初在產品成本	40,000	3,000	5,000	48,000
本月發生費用	900,600	111,650	175,450	1,187,700
生產費用合計	940,600	114,650	180,450	1,235,700
完工產品成本	900,600	111,650	175,450	1,187,700
月末在產品成本	40,000	3,000	5,000	48,000

（3）分別計算甲、乙、丙三種產品的成本，並編製產品成本計算表（表10-3）。

表10-3　　　　　　　　　　　類內各種產品計算表

產品名稱：×類　　　　　　　　201×年×月

項目	產量（件）	原材料費用系數	原材料費用總系數	工時消耗定額（小時/件）	定額工時（小時）	直接材料（元）	直接人工（元）	製造用費（元）	成本合計（元）
①	②	③	④=②×③	⑤	⑥=②×⑤	⑦=④×分配率	⑧=⑥×分配率	⑨=②×③	⑩
分配率	—	—	—	—	—	316	3.5	5.5	—
甲產品	1,000	0.9	900	10	10,000	284,400	35,000	55,000	374,400
乙產品	1,200	1	1,200	12	14,400	379,200	50,400	79,200	508,800
丙產品	500	1.5	750	15	7,500	237,000	26,250	41,250	304,500
合計	—	—	2,850	—	31,900	900,600	111,650	175,500	1,187,700

表10-3中各種費用分配率的計算過程如下：

直接材料費用分配率 $= \dfrac{900,600}{2,850} = 316$

直接人工費用分配率 $= \dfrac{111,650}{31,900} = 3.5$（元/小時）

$$製造費用分配率 = \frac{175,450}{31,900} = 5.5（元/小時）$$

實際工作中，企業還可以根據需要採用標準產品產量比例分配同一類產品中各種產品成本，也就是按照系數將各種產品的實際產量折算成標準產品的產量，然后據此分配各種產品的成本。這種方法也是系數法的一種具體應用。

10.1.4 分類法的適用範圍及其優缺點

1. 分類法的適用範圍

分類法與生產的類型無直接關係，可以在各種類型的生產中應用，即凡是產品品種、規格繁多，又可以按照一定標準劃分為若干類別的企業或車間，均可以採用該分類法計算成本。例如，鋼鐵廠生產的各種型號和規格的生鐵、鋼錠和鋼材，針織廠生產的各種不同種類和規格的針織品，燈泡廠生產的各種不同類別和瓦數的燈泡，食品廠生產的各種餅干和麵包，等等。它們的生產類型有所不同，但都可以採用分類法計算產品成本。

一些化工企業，對同一原料進行加工，可以同時生產出幾種主要產品。例如，原油經過提煉，可以同時生產出各種汽油、煤油和柴油等產品，它們所用的原料和工藝過程相同，因而最適宜於用分類法進行產品成本的計算。

另外，有些企業可能生產一些零星產品，例如為協作單位生產的少量零部件，或自制少量材料和工具等。這些零星產品，雖然所用原材料和工藝過程不一定完全相近，但其品種規格多，且數量少，費用比重小。為了簡化核算工作，也可以把它們歸為一類，採用分類法計算產品成本。

2. 分類法的優缺點

一方面，由於分類法是按產品的類別歸集生產費用，先計算該類產品總成本，然后按一定方法分配計算類內各種產品成本，因此分類法的優點主要表現在三個方面：

（1）簡化產品成本的計算工作。在一些生產製造企業中，生產的產品品種、規格繁多，如果按產品品種、規格歸集生產費用，計算產品成本，其核算工作十分繁重。採用分類法進行成本計算，可以將品種、規格繁多的產品按一定的標準予以分類，以產品類別為成本計算對象，計算產品成本，從而可以大大減少產品成本計算的工作量。

（2）能夠提供各類產品成本完成情況。前述的成本計算方法，如品種法、分批法、分步法，究其實質都是以產品品種為成本計算對象，提供各種產品成本完成情況，無法提供各類產品成本的完成情況。分類法與其相比，由於以產品類別為成本計算對象，歸集各項生產費用，計算該類產品成本，然后計算類內各種產品成本，因此分類法不但能提供各種產品成本完成情況，更能提供各類產品成本的完成情況，這是其他成本計算方法無法比擬的。

（3）適用範圍較廣。由於分類法與企業的生產類型沒有直接關係，因此任何生產類型的企業均可使用，無論是單步驟還是多步驟生產類型的企業，只要所生產的產品能夠按一定的標準分類，都可以採用分類法進行產品成本的計算。

另一方面，由於類內各種產品成本計算中不論是直接計入費用還是間接計入費用，

都是按一定的分配標準按比例分配的,其計算的結果具有一定的假定性。因此,在分類法下,產品的分類和分類標準的選定,是非常關鍵的。在產品的分類上,應以所耗原材料和工藝過程是否相近為標準。因為,所耗原材料和工藝過程相近的各種產品,成本往往接近。在對產品分類時,如果類距定得過小,則會使成本計算工作量加大;如果定得過大,則會影響成本計算的正確性。

10.2　產品成本計算的定額法

前面所述的成本計算的基本方法和輔助方法,都是以產品的實際成本為基礎來計算產品成本的,因此生產費用和產品的實際成本與定額成本間的差異及其發生的原因,只有在月末通過實際成本與定額成本進行對比分析才能確定,而不能在月份內生產費用發生的當時反應出來,不能及時地對產品成本進行有效的控制和管理。而定額法強調的則是以產品的定額成本為基礎來計算產品的實際成本,重視考核生產費用日常核算中實際成本和定額成本產生的差異以及差異產生的原因。因此,其計算依據和要求與前面各種方法有所不同。定額法既是一種成本計算方法,更是一種對產品成本進行直接控制和管理的方法。

10.2.1　定額法的特點

為了及時反應和監督生產費用和產品成本脫離定額的差異,產品成本計算的定額法,把產品成本的計劃、控制、核算和分析結合在一起,以便加強成本管理。其主要特點為:將事前制定產品的消耗定額、費用定額和定額成本作為降低成本的目標。在生產費用發生的當時,就將符合定額的費用和發生的差異分別核算,以加強對成本差異的日常核算、分析和控制;月末,在定額成本的基礎上,加減各種成本差異,計算產品的實際成本,為成本的定期考核分析提供數據。

產品定額成本與產品計劃成本並不完全相同。二者相同點表現在都是以產品生產耗費的消耗定額與計劃價格為依據確定的。二者的不同點表現在:①定額成本是以現行消耗定額為根據計算的,現行消耗定額應隨著生產技術的進步和勞動生產率的提高不斷修訂。計劃成本則是以計劃期(一般為1年)內平均消耗定額為依據計算的,計劃成本在計劃期內通常是不變的。②計算計劃成本所用的價格是全年平均計劃價格,計算定額成本所用的價格是不同時期的計劃價格。③定額成本反應了企業在各個時期現有生產條件下應該達到的成本水平,而計劃成本則反應了企業在這個計劃期內成本的奮鬥目標。因此,定額法不僅是一種產品成本計算方法,更重要的還是一種對產品成本進行直接控制和管理的方法。

10.2.2 定額法的計算程序

1. 定額成本的計算

採用定額法計算產品成本，必須先制定產品的原材料、動力、工時等消耗定額，並根據各項消耗定額和原材料的計劃單價、計劃工作率或計件工資單價、製造費用率等資料，計算產品的各項費用定額和產品的單位定額成本。具體計算公式為：

原材料費用定額＝產品原材料消耗定額×原材料的計劃單價
生產工作費用定額＝產品生產工時定額×生產工作計劃單價
製造費用定額＝產品生產工時定額×製造費用計劃單價

定額成本的計算通常是通過編製定額成本計算表進行的。定額成本計算表的編製方法，與產品的結構、零部件的多少、企業規模的大小、是否實行車間成本核算以及車間之間的結轉方式等有密切的關係。當產品的零部件數量不多時，可以先編製零部件定額成本計算表，然后編製部件定額成本計算表和產成品定額成本計算表。如果產品的零部件數量較多，為了簡化定額成本計算表的編製工作，可以不計算零件的定額成本，直接根據零件定額卡所列的原材料消耗定額、工時消耗定額，以及原材料的計劃單價、計劃的薪酬率和計劃的製造費用率計算部件定額成本，然后再計算產成品定額成本，之後再編製企業單位產品定額成本計算表。或者根據零件定額卡所列的原材料消耗定額、工時消耗定額，以及原材料的計劃單價、計劃的薪酬率和計劃的製造費用率，直接編製產成品定額成本計算表。零件定額卡和部件定額成本計算表以及產成品定額成本計算表的格式如表10-4、表10-5、表10-6所示。

表10-4　　　　　　　　　　　零件定額卡

零件編號名稱：2101　　　　　　　201×年

材料編號名稱	計量單位	材料消耗定額
1301	千克	4
工序	工時定額	累計工時定額
1	3	3
2	5	8
3	6	14

表10-5　　　　　　　　　　部件定額成本計算表

部件編號名稱：2100　　　　　　　201×年

所需零件編號名稱	零件數量	材料定額						金額合計	工時定額
^	^	1301			1302			^	^
^	^	數量	計劃單價	金額	數量	計劃單價	金額	^	^
2101	4	12	5	60				60	30
2102	2				16	6	96	96	50
裝配									16
合計				60			96	156	96

表10-5(續)

原材料	定額成本					定額成本合計
	薪酬費用		製造費用			
	計劃薪酬率	金額	計劃製造費用率	金額		
132	0.5	48	0.4	38.4		242.4

表 10-6　　　　　　　　　　產品定額成本計算表

產品編號：2000　　　　　產品名稱：A

所用部件編號或名稱	所用部件數量	材料費用定額		工時定額	
		部件	產品	部件	產品
2100	2	156	312	30	60
2200	2	100	200	25	50
裝配					10
合計			512		120

產品定額成本項目					產品定額成本合計
直接材料	直接人工		製造費用		
	工資率	金額	費用率	金額	
512	8	960	5	600	2,072

2. 脫離定額差異的計算

脫離定額的差異，是指在生產過程中，各項生產費用的實際支出脫離現行定額或預算的數額。脫離定額差異的核算，就是指在發生生產費用時，為符合定額的費用和脫離定額的差異，分別編製定額憑證和差異憑證，並在有關的費用分配表和明細分類帳中分別予以登記。這樣，就能及時正確地核算和分析生產費用脫離定額的差異，控制生產費用支出。因此，對定額差異的核算是實行定額法的重要內容。為了防止生產費用的超支，避免浪費和損失，差異憑證填製以後，還必須按照規定辦理審批手續。在有條件的企業，可以將脫離定額差異的日常核算同車間或班組經濟責任制結合起來，依靠各生產環節的職工，控制生產費用。脫離定額的差異的計算包括以下三個方面：

（1）原材料脫離定額差異的計算

在各成本脫離定額的核算中，因原材料費用（包括自用半成品費用）屬於直接費用，且一般在產品成本項目中佔有較大的比重，因此材料脫離定額差異的核算是一個很重要方面。材料脫離定額的差異，是指實際產量的現行定額耗用量與實際耗用量之差。至於材料價格差異，一般可以不下車間、班組，屬於成本開支的，可由財務部門一次記入當期產品成本，列入「直接材料」項下。原材料脫離定額差異的核算方法一般有以下三種方法：

①限額法。在定額成本法下，企業領用原材料一般都實行限額領料制度，對限額內的領料應填寫限額領料單辦理領料手續。由於產量增加，需要增加領料時，應辦理追加限額領料手續。由於其他原因發生超額領料時，應填寫專設的超額領料單等差異

憑證辦理領料手續，也可以用普通的領料單代替，但應以不同的顏色或加蓋專用的戳記加以區別。這個超過定額的數額就是材料脫離定額的差異。生產零用代用材料或以廢料代替好料使用，應填寫專用領料單，並在有關的限額領料單中註明，還應將領用的代用材料或廢料折算成原來規定材料數量後計算材料脫離定額的差異。差異憑證的簽發、代用材料或廢料的利用，都要經過一定的審批手續。

每批產品生產任務完成以後，應根據車間余料數額填製退料單，辦理退料手續，實際耗用量低於定額耗用量的節約數，應列作材料脫離定額差異。

由於當期投產的產品數量不一定正好等於規定的產品數量，當期所領原材料的數量也不一定正好等於原材料的實際消耗量，即期初、期末車間可能有余額，因此上述差異憑證反應的往往是領料差異，而不是用料差異。只有投產的產品數量正好等於規定的產品數量時，領料差異才是用料脫離定額的差異。

【例10-2】某限額領料單規定的產品數量為100件，每件產品的原材料消耗定額為5千克，則領料限額為500千克，本月實際領料480千克，領料差異為少領20千克。在下面三種情況下，分別計算原材料脫離定額差異：

（1）本期投產產品數量等於限額領料單規定的產品數量，且期初、期末均無余料。

（2）本期投產產品數量為100件，但車間期初余料為10千克，期末余料為12千克。

（3）本期投產產品數量為90件，但車間期初余料為10千克，期末余料為12千克。

針對上述三種情況，原材料脫離定額差異計算如下：

（1）由於本期投產產品數量＝限額領料單規定的產品數量，期初期末無余料，則少領20千克的領料差異就是用料脫離定額的節約差異。

（2）原材料定額消耗量＝100×5＝500（千克）

原材料實際消耗量＝480＋10－12＝478（千克）

原材料脫離定額差異＝478－500＝－22（千克）（節約）

（3）原材料定額消耗量＝90×5＝450（千克）

原材料實際消耗量＝480＋10－12＝478（千克）

原材料脫離定額差異＝478－450＝28（千克）（超支）

②切割核算法。對於某些貴重材料或經常大量使用的，且需要經過切割才能投入生產的材料，還應編製材料切割計算單，計算材料定額消耗量和材料脫離定額差異。對於材料切割和應切割的毛坯數量，在工人切割完畢後，應填寫實際切割成的毛坯數量和材料實際消耗量。然後根據實際切割成的毛坯數量和消耗定額計算出材料定額消耗量，並將其與材料實際消耗量對比分析，確定材料脫離定額差異。對於材料消耗量和材料脫離定額的差異，也應填製材料切割計算單，並說明產生差異的原因。材料切割計算單如表10-7所示。

表 10-7　　　　　　　　　　　　　**材料切割計算單**

材料編號名稱：1021　　　　材料計算單位：千克　　　　　　材料計劃單價：5 元
產品名稱：甲產品　　　　　零件編號名稱：1105　　　　　　圖紙號：304
切割工人工號和姓名：1823　李明
發交切割日期：201×年×月×日　　　　　　　　　　　　　　完工日期：201×年×月×日

發料數量	材料實際消耗量	退回余料數量	廢料實際回收數量
249	243	6	22

單件消耗定額	單件回收廢料定額	應切割成的毛坯數量	實際切割成毛坯數量	材料定額消耗量	廢料定額回收量
16	0.8	15	14	224	11.2

材料脫離定額差異		廢料脫離定額差異			差異原因	責任者
數量	金額	數量	單價	金額	未按規定要求操作多留邊料	切割工人
18	90	-10.8	0.5	-5.4		

　　在表 10-7 中，退回余料是指切割后退回材料廠庫可以按照原來用途使用的材料，計算材料實際消耗量時應將其從發料數量中減去。回收廢料是指切割過程中產生的不能按照原來用途使用的邊角料，是材料實際消耗量的組成部分，但退回廠庫的廢料價值應從材料費用中減去，材料定額消耗量與廢料定額回收量應按實際切割成的毛坯數量分別乘以材料消耗定額和廢料回收定額計算。材料實際消耗量減去材料定額消耗量就是材料脫離定額的差異數量，再乘以材料計劃單價就可計算出材料脫離定額的差異額。廢料實際回收量減去廢料定額回收量就是廢料脫離定額的差異數量。若廢料實際回收量高於定額的回收量則填負數；相反，若廢料實際回收量低於定額回收量填正數。本例中，廢料超額回收的數量是 10.8 千克，是在實際切割成的毛坯數量比應切割成毛坯數量少 1 的情況下產生的，是單價為 5 元的材料變成單價為 0.5 元的廢料，從而導致每件毛坯的材料費用增加。這種超額回收廢料的差異是不利差異。只有在實際切割成的毛坯數量等於或大於應切割成的毛坯數量的情況下，超額回收廢料的差異才是利差異。

　　採用這種辦法時，差異核算期越短越好，這樣可以及時反應材料的消耗情況和發生差異的具體原因，以便加強對材料的控制。若與車間或班組經濟核算結合起來，則會收到更好的效果。

　　③盤存法是指除在使用限額領料單等定額憑證和超額領料單等差異憑證控制日常材料的實際消耗外，還應定期（按工作班、工作日、周或旬等）通過盤存的方法核算用料差異。首先，根據完工產品數量和在產品盤存數量（通過實地盤存或帳面盤存）計算出投產數量，再乘以原材料消耗定額，計算出原材料定額消耗量。其次，根據限額領料單、超額領料單和退料單等憑證以及車間餘料的盤存數量，計算出原材料實際消耗量。最后，將原材料實際消耗量與定額消耗量進行對比，計算出原材料脫離定額的差異。

採用這種方法計算本期投產產品數量，原材料必須是在生產開始時一次投入，期初和期末在產品不再耗用原材料。若原材料是隨著生產的進行陸續投入，在產品還要耗用原材料，則期初和期末在產品數量應改為按原材料消耗定額計算的期初和期末在產品的約當產量。

【例10-3】生產甲產品耗用 A 材料。甲產品期初在產品為 50 件，本期完工產品為 1,000 件，期末在產品為 150 件。生產甲產品所耗用原材料在生產開始時一次投入，甲產品的原材料消耗定額為 2 千克，原材料的計劃單價為 10 元/千克。限額領料單中載明的本期已實際領料數量為 2,100 千克。車間期初余料為 40 千克，期末余料為 10 千克。計算原材料脫離定額差異。

投產產品數量 = 1,000+150−50 = 1,100（件）
原材料定額消耗量 = 1,100×2 = 2,200（千克）
原材料實際消耗量 = 2,100+40−10 = 2,130（千克）
原材料脫離定額差異（數量）= 2,130−2,200 = −70（千克）（節約）
原材料脫離定額差異（金額）= −70×10 = −700（元）（節約）

(2) 生產工人薪酬脫離定額差異的計算

生產工人薪酬脫離定額差異的核算，因薪酬的形式不同而有所差別。在計件薪酬形式下，如果薪酬定額不變，則生產工人勞動生產率的提高，並不會影響單位產品成本中的薪酬額。單位產品成本中薪酬額的變動，可能由變更工作條件、支付補加薪酬、發給工人的獎勵薪酬的變動或加班加點津貼造成的。在這些情況下，為了便於及時查明薪酬差異的原因，符合定額的生產工人薪酬，可以反應在產量記錄中。對於脫離定額的差異，應該經過一定的手續，反應在專設的薪酬差異憑證中，並填明差異原因，以便根據薪酬差異憑證進行分析。

在計時薪酬形式下，生產工人薪酬總額平時無法確定，因此生產工人薪酬脫離定額的差異也不能隨時按產品直接計算。為此，生產工人薪酬定額差異分為工時差異和薪酬率差異兩部分。在日常核算中，主要核算工時差異，月末在實際生產工人薪酬總額確定以後，再核算薪酬率差異，其計算公式如下：

$$計劃每小時生產工人薪酬 = \frac{某車間計劃產量的定額生產工人薪酬}{該車間計劃產量的定額生產工時}$$

$$實際每小時生產工人薪酬 = \frac{該車間實際生產工人薪酬總額}{該車間實際生產工時總額}$$

$$\begin{matrix}某產品的定額\\生產工人薪酬\end{matrix} = \begin{matrix}該產品實際產量\\的定額生產工時\end{matrix} \times \begin{matrix}計劃每小時\\生產工人薪酬\end{matrix}$$

$$\begin{matrix}該產品的實際\\生產工人薪酬\end{matrix} = \begin{matrix}該產品實際\\生產工時\end{matrix} \times \begin{matrix}實際每小時\\生產工人薪酬\end{matrix}$$

$$\begin{matrix}該產品生產工人薪\\酬脫離定額的差異\end{matrix} = \begin{matrix}該產品實際\\生產工人薪酬\end{matrix} - \begin{matrix}該產品定額\\生產工人薪酬\end{matrix}$$

工時差異，主要反應因勞動效率提高或下降而影響薪酬的節約或浪費，它是以實際產量的定額工時與實際工時相比之差乘上計劃小時薪酬率而求得的。為了及時核算

工時差異，產量記錄應正確反應產品的定額工時與實際工時及其差異原因。班組應根據勞動記錄，每天或定期按成本核算對象匯集實際產量的定額工時與實際工時以及工時差異，並按差異發生的原因分類反應，用以計算班組勞動效率和產品的薪酬費用，並據以考核和分析產品生產工人薪酬定額成本的執行情況。薪酬率差異，主要反應因實際小時工資率脫離計劃小時工作率而形成的薪酬差異。因此，企業要降低單位產品的計時薪酬費用，除應嚴格控制薪酬總額的支出外，還應充分利用生產工時，控制單位產品的工時消耗。

【例10-4】某廠生產甲產品，本月甲產品的實際生產總工時為13,000 小時，實際生產產量的定額工時為12,850 小時。本月甲產品生產工人工資和計提的福利費總和為53,300 元，計劃小時工資率為4 元/小時。工資脫離定額差異的計算過程如下：

$$實際小時工資率 = \frac{53,300}{13,000} = 4.1 元/小時$$

甲產品定額生產工資 = 12,850×4 = 51,400（元）

甲產品實際生產工資 = 13,000×4.1 = 53,300 元

甲產品生產工資脫離定額差異 = 53,300 − 51,400 = 1,900（元）（超支差異）

(3) 製造費用及其他費用差異的計算

製造費用一般都屬於間接費用，不能在費用發生的當時直接按產品確定定額差異。因此，在日常核算中，主要通過制定費用預算，並下達給有關部門和車間進行管理。其中能落實到班組的，還應分配到各班組。財會部門要定期反應各歸口管理部門，各費用開支單位的費用指標執行情況，並分析費用開支增減的原因，及時反應給領導和公布於眾，以便採取有效措施，促進費用不斷降低。各種產品的製造費用脫離定額的差異，只有在月終實際費用分配到各產品以后才能確定。其計算方法可比照上述計時薪酬的計算公式進行。即：

$$\begin{array}{c}某產品製造費用\\脫離定額的差異\end{array} = \begin{array}{c}該種產品實\\際製造費用\end{array} - \begin{array}{c}該種產品實際產\\量的定額工時\end{array} \times \begin{array}{c}計劃小時\\製造費用\end{array}$$

製造費用按生產工時進行分配時，定額差異產生的原因同生產工人薪酬類似，也是由工時差異和每小時分配率差異兩方面因素構成的。對於廢品數量及其原因，應該通過廢品通知單反應，其中不可修復廢品的成本可以根據定額成本或各項消耗定額計算。由於廢品損失一般不包括在產品的定額成本中，因而實際發生的廢品損失，通常作脫離定額差異處理。

為了計算完工產品的實際成本，在產品數量較少時，上述各成本項目脫離定額差異可全部計入產成品成本，即在產品按定額成本計算。這樣，不僅簡化了計算手續，而且產成品水平能夠正確地反應當期工作的成果。但是，如果各月間在產品數量波動較大，則脫離定額差異應按完工產品和在產品定額成本的比例進行分配。

3. 定額變動差異的計算

定額變動差異是指因技術革新、勞動生產率的提高、生產條件的變化，企業對定額進行修改而產生新舊定額之間的差異。它是定額本身變動的結果，與生產費用的節約或超支無關，而脫離定額差異則是反應生產費用的節約或超支的程度。由於定額變

動與某一種產品直接相關,因此通常都是直接計入產品成本的。

消耗定額的修改,一般是定期在年初進行。但如果定額與實際差距很大時,在年度內也可進行調整。在實際工作中,變動后的定額通常是在月初實施,當月初有在產品時,則要按新的定額調整,以便將月初在產品定額成本與按新定額計算的本期投產的定額成本在同一基礎上相加起來。由於消耗定額的變動一般表現為不斷下降的趨勢,因而對於月初在產品定額變動差異,一方面應將其從月初在產品定額成本中扣除,另一方面,由於該項差異是月初在產品生產費用的實際支出,所以應將這項差異計入當月生產費用。相反,如果消耗定額提高,則月初在產品定額成本應加上這項差異,但實際上並未發生這部分支出,所以應從本月生產費用中扣除這項差異。定額變動差異的計算公式如下:

$$定額變動系數=\frac{按新定額計算的單位產品定額成本}{按舊定額計算的單位產品定額成本}$$

$$月初在產品定額變動差異=按舊定額計算的月初在產品定額成本\times(1-定額變動系數)$$

【例10-5】某企業對生產的乙產品的定額進行修訂,從本月1日起實行新的材料消耗定額,其他定額不變。單位乙產品的新的材料費用定額為1,200元,舊的材料費用定額為1,250元。乙產品月初在產品按舊定額計算的原材料定額費用為50,000元,則月初在產品的定額變動差異計算過程如下:

$$定額變動系數=\frac{1,200}{1,250}=0.96$$

月初在產品定額變動差異=50,000×(1-0.96)=2,000(元)

4. 材料價格差異的計算

在定額法下,為了便於產品成本的分析和考核,原材料的日常核算必須按計劃成本計價進行。因此,原材料的定額費用和脫離定額差異都是按原材料的計劃成本計算。原材料的定額費用是原材料的定額消耗量與其計劃單位成本的乘積,即按原材料計劃單位成本反應的原材料消耗數量差異。兩者之和就是原材料的實際消耗量與其計劃單位成本的乘積,即原材料的計劃費用。因此,月末在計算產品的實際原材料費用時,還必須乘以由材料核算提供的原材料成本差異率,計算應分配負擔的原材料成本差異,即所耗原材料的價格差異。其計算公式為:

$$某產品應分配的材料定額差異=(該產品的材料定額費用\pm材料脫離定額的差異)\times材料成本差異分配率$$

【例10-6】某企業生產乙產品,本月所耗原材料定額費用總額為10,000元,脫離定額差異為節約差異500元,材料成本差異率為-1%,則甲產品應分配的材料成本差異為:

$$甲產品應分配的材料成本差異=(10,000-500)\times(-1\%)=-95(元)(節約)$$

10.2.3 定額法下產品實際成本的核算

1. 定額法下產品實際成本的計算程序

在定額法下，產品實際成本的計算公式如下：

$$\begin{matrix}產品實\\際成本\end{matrix} = \begin{matrix}按現行定額計算\\的產品定額成本\end{matrix} \pm \begin{matrix}脫離現行\\定額差異\end{matrix} \pm \begin{matrix}原材料或半\\成品成本差異\end{matrix} \pm \begin{matrix}月初在產品\\定額變動差異\end{matrix}$$

在實行定額成本計算時，產品實際成本的計算程序因產品成本核算對象、成本結轉的方法、在產品成本的計價等不同而異，若採用分步法計算，各車間按產品品種設置成本計算單，並按成本項目分別反應，同時單內還應按定額成本、脫離定額差異、原材料成本差異和定額變動差異分設專欄反應。

產品實際成本的計算公式中的產品，包括完工產品和月末在產品。因此，某種產品如果既有完工產品又有在產品，也應與一般成本計算方法一樣，在完工產品與月末在產品之間分配費用。但是，在定額法下，成本的日常核算是將定額成本與各種成本差異分別核算的。因而完工產品與月末在產品的費用分配，應先按定額成本和各種成本差異分別進行，先計算完工產品和月末在產品的費用分配，然后分配計算完工產品和月末在產品的各種成本差異。此外，定額法由於有著現成的定額成本資料，各種成本差異應採用定額比例法或在產品按定額成本計價法分配。前者將成本差異在完工產品和月末在產品之間按定額成本比例分配，后者將成本差異歸由完工產品成本負擔。分配應按每種成本差異分別進行，差異金額不大時，或者差異金額雖大但各月在產品數量變化不大時，可以歸由完工產品成本負擔；差異金額較大的，應在完工產品與月末在產品之間按定額成本比例分配。對於月初在產品定額變動差異，如果產品生產週期小於一個月的，定額變動的月初在產品在月內全部由完工產品成本負擔。根據完工產品的定額成本，加減應負擔的各種成本差異即可計算完工產品的實際成本。根據月末在產品的定額成本，加減應負擔的各種成本差異，即為月末在產品的實際成本。

2. 定額法下實際成本計算舉例

【例 10-7】某企業大量生產乙產品，該產品各項消耗定額比較準確、穩定，管理工作比較健全，採用定額成本法計算產品成本。產品成本定額成本如表 10-8 所示，產品成本計算單格式見表 10-9。

表 10-8　　　　　　　　乙產品成本定額成本表

項目	單位材料、工時消耗定額	計劃材料單價、工資率、費用率	金額（元）
直接材料	780 千克	0.50 元/千克	390
直接人工	330 小時	0.32 元/小時	105.6
製造費用	330 小時	0.60 元/小時	198
合計			693.60

表 10-9　　　　　　　　　　　　　　產品成本計算單

產品品種：乙產品　　　201×年×月×日　　　產量：件　　　　　　　　　金額：元

成本項目	月初在產品成本			月初在產品定額變動			本月生產費用		
	定額成本	脫離定額差異	定額成本調整	定額變動差異	定額成本	脫離定額差異	材料成本差異
直接材料	8,000	160	−600	600	40,000	800	450
直接人工	2,000	120			10,000	480	
製造費用	2,000	−66			20,000	−594	
合計	12,000	214	−600	600	70,000	686	450

成本項目	生產費用合計				脫離定額差異分配率
	定額成本	脫離定額差異	材料成本差異	定額變動差異	
直接材料	47,400	960	450	600	2%
直接人工	12,000	600			5%
製造費用	22,000	−600			−3%
合計	81,400	900	450	600	—

成本項目	產成品成本					月末在產品成本	
	定額成本	脫離定額差異	材料成本差異	定額變動差異	實際成本	定額成本	脫離定額差異
直接材料	39,000	780	450	600	40,830	8,400	168
直接人工	10,500	528			11,088	1,440	72
製造費用	19,800	−594			19,206	2,200	−66
合計	69,360	714	450	600	71,124	12,040	174

編表說明：

（1）「月初在產品成本」各欄，根據上月成本計算單「月末在產品成本」各欄分別轉入。

（2）「本月生產費用」中的定額成本與脫離定額差異，根據原材料定額費用、脫離定額差異匯總表和其他有關匯總表、分配表進行登記。

（3）材料成本差異根據原材料成本差異分配計算資料登記。

（4）脫離定額差異要在完工產品和月末在產品之間按定額比例進行分配，因此先要計算定額差異分配率，並據以計算完工產品和月末在產品應負擔的差異額。

（5）完工產品的定額成本根據產成品入庫數量乘以單位定額成本計算填列。月末在產品的定額成本可以根據定額成本累計數減去本月完工產品的定額成本的方法計算登記，也可以根據該產品各工序各種在產品的盤存數量或帳面結存數量乘以新的費用定額計算登記，兩種方法計算的結果相等。

（6）由於原材料成本差異和定額變動差異全部由產成品成本負擔，因此本月產成

品成本中的這兩種成本差異，應根據生產費用累計數中的這兩種成本差異直接登記。本月產成品的實際成本按照前列產品實際成本的計算工時，由產成品的定額成本加上或減去各種成本差異計算登記。

10.2.4 定額法的優缺點及適用範圍

1. 定額法的優點

定額法是用產品的定額成本來控制實際生產費用支出，隨后進一步查明實際生產費用脫離定額的差異及其原因，以實現降低成本目的的一種成本計算方法。定額法與傳統成本計算方法相比，其主要優點是：

（1）定額成本法在生產費用的日常核算中，同時計算生產費用定額數和脫離定額的差異數，能及時發現各項費用的節約和超支情況，從而採取措施有效地控制費用的發生，從而有利於加強成本的日常控制，達到降低成本的目的。

（2）按定額成本法計算的產品實際成本，能分別反應出產品定額成本、脫離定額成本差異、材料成本差異和定額變動差異，這樣有利於準確確定產品實際成本脫離計劃或脫離定額的原因及其程度，使成本分析有比較客觀的依據，有利於進一步挖掘降低成本的潛力。

（3）定額成本法一方面反應了企業各項費用的變動情況，另一方面也反應了企業的定額管理和計劃管理工作水平。通過計算和分析，發現問題，及時修訂各項定額和計劃，有利於提高成本的定額管理和計劃管理工作的水平。

（4）定額成本法下，各項差異在完工產品和在產品之間分配所採用脫離定額差異分配率可直接從核算資料中取得，計算比較方便、合理。定額成本法有利於解決各項費用在完工產品和在產品之間的合理分配問題。

上述定額成本法的優點說明，它對於有效推行成本控制和成本管理有著重要作用。但是，多年來中國未能廣泛推行這種方法，在實踐中這種方法也未能充分發揮其作用。

2. 定額法的缺點

（1）定額法由於要分別計算各產品的定額成本、脫離定額差異和定額變動差異，而且脫離定額差異要在完工產品和在產品之間進行分配，實行起來工作量較大。

（2）定額成本法主要是按產品確定定額成本差異，不便於分清各部分的經濟責任。而且按定額成本法計算出的產成品實際成本靈敏度較差，同當期生產經營工作績效脫節，因而未能引起領導和職工的關注。

（3）定額成本法要求企業必須具備比較健全的定額管理制度，比較定型的產品和比較準確、穩定的消耗定額，否則定額成本法就不能發揮其對產品成本的日常控制的作用。

3. 定額法的適用範圍

定額法不是為了解決產品成本計算的對象問題而產生的，它與產品的生產類型沒有直接的聯繫，因而適用於各種類型的生產。所以，定額法不能單獨應用，必須與確定產品成本計算對象的基本方法——品種法、分批法或分步法結合起來應用。

此外，為了充分發揮定額法的應用，並且簡化成本核算工作，採用定額法必須具

備一定的條件：一是定額管理制度比較健全，定額管理工作的基礎較好；二是產品的生產已經定型，消耗定額比較準確、穩定。由於大批或大量生產比較容易具備這些條件，因而定額法最早應用在大批、大量生產的機械製造企業中。

10.2.5　產品成本計算基本方法和輔助方法的關係

實際工作中，成本計算輔助方法都不是獨立的成本方法，必須結合三種基本成本計算方法。成本計算輔助方法是為了解決成本計算或成本管理過程中的某一方面的需要而採用的。例如，產品成本計算的定額法是在定額管理比較好的企業中採用的。定額法的使用可以在生產過程中找出企業生產脫離定額的差異，進行成本差異分析、成本差異考核，為企業降低產品成本提出有效舉措。比如，分類法是為了簡化成本計算的手續，在產品的型號、規格繁多或生產聯產品的企業中所採用的方法。標準成本法輔助於基本成本計算方法的整個過程，使得企業的成本核算過程變成了成本管理過程，實現了生產前、生產中和生產后全方位的成本管理。

由於成本計算輔助方法——定額法的輔助作用，在企業的實際成本計算中會出現定額法輔助品種法形成的採用定額的品種法、定額法輔助分批法形成的採用定額的分批成本計算方法、定額法輔助分步法形成的採用定額的分步成本計算方法。

由於成本計算輔助方法——分類法的輔助作用，在企業的實際成本計算中，會出現分類法輔助品種法形成的分類核算的品種法、分類法輔助分批法形成的採用分類的分批法、分類法輔助分步法形成的分類的分步成本計算方法。

本章小結

成本計算分類法是指按產品類別歸集生產費用，先計算各類產品的總成本，然后再計算出該類產品中各種產品成本的計算方法。即分類法就是把類別作為品種，按品種法計算出類別成本后，再按照一定的方法，在每類產品的各種產品之間分配費用，計算出類內各種產品的成本，分類法不是一種獨立的成本計算方法，它與企業的生產類型無關。

分類法的成本計算程序可劃分為以下幾個步驟：①劃分產品類別；②確定產品成本計算對象，正確歸集生產費用；③計算與分配各類完工產品與月末在產品成本，將各種完工產品的總成本在類內各種產品之間進行分配，計算出各種完工產品的總成本和單位產品成本。

分類法的優點主要表現在簡化產品成本的計算工作，能夠提供各類產品成本完成情況，適用範圍較廣等。然而分類法下，產品的分類和分類標準的選定是否適當，類內各種產品成本計算的分配標準的選定是否合理也在一定程度上影響產品成本計算的正確性。

定額法在品種法、分批法、分步法的基礎上，為了對產品生產過程中的成本實施反饋控制，達到及時控制產品成本的目的，用產品的定額成本來控制實際生產費用的支出，隨時查明實際生產費用脫離定額的差異及其原因，加強成本管理，以實現降低

產品成本目的。它即是一種成本計算方法，更是一種對產品成本進行直接控制和管理的方法。

定額法必須與確定產品成本計算方法的基本方法結合起來應用。此外，為了充分發揮定額法的作用，並且簡化成本核算工作，採用定額法必須具備一定的條件：一是定額管理的制度比較健全，定額管理工作的基礎較好；二是產品的生產已經定型，消耗定額比較準確、穩定。定額法通常適用於平行結轉的大批、大量生產的機械製造企業。

習題

一、單項選擇題

1. 在大量大批多步驟生產情況下，如果管理上不要求分步計算產品成本，其所採用的成本計算方法應是（　　）。
   A. 品種法　　　B. 分批法　　　C. 分步法　　　D. 分類法

2. 劃分產品成本計算基本方法和輔助方法的標準是（　　）。
   A. 成本計算工作的簡繁
   B. 對成本管理作用的大小
   C. 應用是否廣泛
   D. 對於計算產品實際成本是否必不可少

3. （　　）屬於產品成本計算方法的輔助方法。
   A. 品種法　　　B. 分批法　　　C. 分步法　　　D. 定額法

4. 分類法是在產品品種、規格繁多，但可按一定標準對產品進行分類的情況下，為了（　　）而採用的。
   A. 計算各類產品成本　　　B. 簡化成本計算工作
   C. 加強各類產品成本管理　　　D. 提高計算的準確性

5. 定額法是為了（　　）而採用的。
   A. 加強成本的定額管理　　　B. 簡化成本計算工作
   C. 計算產品的定額成本　　　D. 提高計算的準確性

6. 在產品品種、規格繁多，又可按一定要求和標準劃分為若干類別的企業或車間，產品成本計算一般可以採用（　　）。
   A. 分批法　　　B. 分步法　　　C. 分類法　　　D. 定額法

7. 採用分類法的目的在於（　　）。
   A. 分類計算產品成本　　　B. 簡化各種產品成本的計算工作
   C. 簡化各類產品成本的計算工作　　　D. 準確計算各種產品成本

8. 產品生產過程中各項實際生產費用脫離定額的差異為（　　）。
   A. 定額成本　　　B. 脫離定額差異
   C. 材料成本差異　　　D. 定額變動差異

9. 定額變動差異是指修復定額以后的原定額成本與新的定額成本之間的差異，只有（　　）存在定額變動差異。
　　A. 月初在產品　　　　　　　　B. 月末在產品
　　C. 本月投入產品　　　　　　　D. 本月完工產品
10. 在定額法下，為了有利於分析和考核材料消耗定額的執行情況，日常材料的核算都是按（　　）進行的。
　　A. 計劃成本　　B. 實際成本　　C. 定額成本　　D. 標準成本

二、多項選擇題
1. 採用定額比例法分配完工產品和月末在產品費用，應具備的條件有（　　）。
　　A. 各月末在產品數量變化較大　　B. 各月末在產品數量變化不大
　　C. 消耗定額或成本定額比較穩定　　D. 消耗定額或成本定額波動較大
2. 採用分類法計算產品成本一般應具備的條件是（　　）。
　　A. 產品品種規格繁多　　　　　B. 多產品可按照一定標準來分配
　　C. 使用同樣的原材料　　　　　D. 可以按一定的標準予以分類的企業
3. 企業在確定成本計算方法時，必須從企業的具體情況出發，同時考慮（　　）因素。
　　A. 企業生產規模的大小　　　　B. 企業的生產特點
　　C. 進行成本管理的要求　　　　D. 月末有沒有在產品
4. 品種法適用於（　　）。
　　A. 大量大批生產
　　B. 單件小批生產
　　C. 簡單生產
　　D. 複雜生產，且管理上不要求分步驟計算產品成本
5. 下列方法中，屬於產品成本計算的輔助方法的有（　　）。
　　A. 分步法　　B. 分類法　　C. 定額成本法　　D. 分批法
6. 類內各種（規格）產品成本的分配採用系數分配法時，各種（規格）產品系數確定的依據有（　　）等。
　　A. 產品定額耗用　　　　　　　B. 產品定額成本
　　C. 產品售價　　　　　　　　　D. 產品生產地點
7. 採用分類法計算產品成本，一般可以將（　　）相同或相似的產品歸為一類。
　　A. 產品的結構、性質　　　　　B. 產品耗用的原材料
　　C. 產品的生產工藝過程　　　　D. 產品的銷售和使用對象
8. 類內不同品種、規格之間費用分配的標準有（　　）。
　　A. 定額耗用量　　　　　　　　B. 定額成本
　　C. 產品售價　　　　　　　　　D. 產品排列順序
9. 採用分類法計算成本的優點有（　　）。
　　A. 可以簡化成本計算工作

B. 可以分類掌握產品成本情況
C. 可以使類內的各種產品成本的計算結果更準確
D. 便於成本日常控制

10. 採用定額法計算產品成本時，產品的實際成本由（　　）等組成。

A. 定額成本　　　　　　　　　B. 脫離定額差異
C. 材料成本差異　　　　　　　D. 定額變動差異

三、計算題

1. 某企業9月份生產甲、乙兩種產品，其耗用原材料8,000千克，每千克5.4元，本月產量為甲產品500件、乙產品400件。單件產品原材料消耗定額為：甲產品6千克、乙產品5千克。

要求：按原材料定額消耗量比例分配計算甲、乙產品實際耗用的原材料費用。

2. 某企業生產某類產品A、B、C三種，月末在產品按定額成本計價。本月份月末、月初在產品的定額成本如下：月初在產品定額成本中，原材料7,300元，直接人工1,500元，製造費用4,500元。月末在產品定額成本中，原材料5,200元，直接人工1,000元，製造費用3,000元。本月該類產品的費用為，原材料65,100元，直接人工12,250元，製造費用36,750元。材料消耗定額為，A產品9.6千克，B產品8千克，C產品6.4千克，以B產品為標準產品。工時消耗定額為，A產品6小時，B產品7小時，C產品5小時。各產品產量為，A產品1,500件，B產品2,000件，C產品500件。請採用分類法計算A、B、C三種產品的成本。

3. 乙產品採用定額法計算成本。本月有關乙產品原材料費用的資料如下：

（1）月初在產品定額費用為2,000元，月初在產品脫離定額的差異為節約100元，月初在產品定額費用調整為降低40元。定額變動差異全部由完工產品負擔。

（2）本月定額費用為48,000元，本月脫離定額的差異為節約1,000元。

（3）本月原材料成本節約率為節約2%，材料成差異全部由完工產品成本負擔。

（4）本月完工產品的定額費用為44,000元。

要求：計算月末在產品的原材料定額費用，並計算完工產品和月末在產品的原材料實際費用（脫離定額差異，按定額費用比例在完工產品和月末在產品之間進行分配）。

4. 某企業一車間實行計時工資制，對所生產的甲產品採用定額法進行核算。有關資料如下：

（1）甲產品的工時消耗定額為10小時，計劃單位小時工資10元。

（2）本月計劃產量為2,100件，實際產量為2,200件。

（3）本月實際發生的生產工人工資為240,000元，實際耗用生產工時23,000小時。

（4）本月甲產品期初、期末均無在產品。

要求：（1）計算甲產品本月生產工資脫離定額差異。

（2）根據以上計算結果和所給資料，進一步分析說明甲產品生產工資脫離定額差異產生的原因。

四、案例應用分析

案例一　　　　　　棉紡織業與工業革命的起源

17世紀后半葉，東印度公司開始從印度進口色彩鮮豔、質地輕薄、價格低廉的印花棉布，並迅速占領市場。1701年，毛紡織業說服議會通過第一部《印花布法案》，禁止進口印花棉布。然而一個新興產業很快出現——進口白坯布的印花工業。毛紡織業再次被震驚。1720年政府對進口印度綢和印花布課以重稅，以保護國內紡織工業的發展。1721年，議會強制性地通過第二部《印花布法案》，禁止陳列或消費印花棉布。這反過來又刺激了以進口原棉為基礎的棉紡織業。① 這是貿易保護主義的立法過程，但是讓人想不到的是，它最終成為工業革命的起源。正如托因比在1884年著名的演講中說的一樣：「工業革命的本質是競爭代替中世紀的條例，這些條例以前一直控制著財富的生產和分配。」② 18世紀末，棉紡織業取代了毛紡織業，成為英國工業的支柱產業。

問題：

(1) 棉紡織業的生產工藝特點是什麼類的？按加工方式分又是什麼類的？

(2) 請分別說出五個與此同類和不同類的企業。

(3) 請畫出上述內容中的三個工藝過程圖。

案例二

某加工企業在與同行業競爭時總是敗下陣來，每次高層領導都問財務：「同行業為什麼售價總比我們低？是不是我們的各種費用太高了？」財務領導告訴他：「請你關心一下原材料成本，因為原材料的成本占生產本的80%以上。」他不信，因為同行業都是使用同樣的原料、同樣的工藝、同樣執行行業標準。所以高層領導認定必須降低各種費用，便多次召開各部門降成本會議，制定降費用成本目標，從節約一滴水、一張紙、一度電開始，最終使成本降低了百分之一，但與同行業差距仍然較大。后來與同行業進行交流，發現他們的原料成本比同行業高15%以上，這才恍然大悟。回來以後，高層領導召集技術、生產、供應、財務等部門，從原材料成本的採購成本、消耗成本、配方成本、工藝成本、標準成本入手研究降低成本的方法，最終使原材料成本下降了20%左右，從而贏得了市場。高層領導最后總結了一句話：「先抓大頭，再攢小錢，做精做細才能降成本！」

要求：

通過本例，說說成本管理的重點與成本核算的重要性。

案例三

泰勒化學藥品廠購買鹽並加工成純度更高的產品，如苛性鈉、氯和聚乙烯氯化物。201×年6月份，該廠購買了80,000元的鹽，在分離點前發生的加工成本為100,000元。分離點處生產出兩種可銷售的產品：苛性鈉和氯。氯可進一步加工成聚乙烯氯化物。6月份的生產和銷售資料見表10-11。

---

① （美）龍多卡梅倫，拉里尼爾. 世界經濟簡史——從舊石器時代到20世紀末 [M]. 4版. 潘寧，譯. 上海：上海譯文出版社，2009.

② （美）道格拉斯·C. 諾思. 經濟史上的結構和變革 [M]. 厲以平，譯. 北京：商務印書館，1992.

表 10-11　　　　　　　　　　生產和銷售資料

項目	生產（噸）	銷售（噸）	每噸售價（元）
苛性鈉	1,200	1,200	50
氯	800		
聚乙烯氯化物	500	500	200

　　800 噸氯都被進一步加工成 500 噸聚乙烯氯化物，進一步加工成本為 20,000 元。在氯的進一步加工過程中沒有產生副產品和廢品。7 月份苛性鈉、氯和聚乙烯氯化物沒有期初及期末存貨。氯產品市場活躍，泰勒化學藥品廠可以按每噸 75 元的價格銷售 6 月份生產的所有氯產品。

　　要求：

　　(1) 分別採用分離點相對銷售價值分配法、實物量分配法、預計可實現淨值法分配聯合成本。

　　(2) 在要求 (1) 的三種方法下，苛性鈉和聚乙烯氯化物的毛利率分別是多少？

　　(3) 某游泳池 7 月份要求以 75 元/噸的價格購買 800 噸氯，這意味著 7 月份將不再生產聚乙烯氯化物。接受此項要求將如何影響 7 月份的經營收益？

11　產品成本計算的擴展方法

教學目標：

　　通過本章的學習，瞭解標準成本法和作業成本法的特點，掌握標準成本的制定、成本差異的計算和分析，熟悉標準成本法的帳務處理，明確作業成本法的基本概念、基本原理和一般程序，熟悉作業成本法的優點、局限性和中國企業使用時應注意的問題。

教學要求：

知識要點	能力要求	相關知識
標準成本法	(1) 瞭解標準成本法的概念、特徵分類和作用； (2) 熟悉標準成本法的帳務處理； (3) 掌握標準成本的制定、成本差異的計算和分析； (4) 重點掌握運用因素分析法對各種成本的差異進行分析	(1) 直接材料標準成本； (2) 直接人工標準成本； (3) 固定製造費用標準成本； (4) 變動製造費用標準成本
作業成本法	(1) 瞭解作業成本法的概念； (2) 熟悉作業成本法的基本原理； (3) 掌握作業成本的一般程序、優點和局限性； (4) 重點掌握作業成本法的一般程序	(1) 作業； (2) 作業中心； (3) 作業動因； (4) 資源動因

基本概念：

　　直接材料標準成本　直接人工標準成本　製造費用標準成本　直接材料成本差異　作業標準成本　直接人工成本差異　製造費用差異　固定製造費用差異　變動製造費用差異　作業動因　作業管理　批別作業　作業鏈　作業層次　作業中心　產品作業　成本動因

導入案例：

　　美國西南航空公司成立於1971年，在載客量上，它是世界上第三大航空公司，在美國它的通航城市最多。它以「打折航線」聞名，是民航「廉價航空公司」的鼻祖。它的低費用短程航線連續二十幾年盈利，儘管航空業中油料價格很高，但它仍然在維持原票價的基礎上保持了優質的服務，不斷降低成本的努力是其成功的主要原因之一。

即使在經濟繁榮期間，西南航空也非常重視成本控制。1999 年，國際油價大幅下跌，員工因此一度大手大腳起來，對此，西南航空公司立即採取了針對性措施：一是要求員工削減非燃料支出，公司董事長親自給員工寫信要求每人每天節省 5 美分，使開支在當年削減了 5.6%；二是提倡節約燃油，大幅減少公司的用油量。正是這種持之以恒堅持成本控制的作風使西南航空在 1990—1994 年民航業低迷時期仍然獨樹一幟地保持盈利。

11.1　標準成本法

著名的美國管理學家泰羅在 1903 年出版了《工廠管理》一書，書中論述了標準操作程序和時間定額，「標準」由此而被提出。美國會計師查特·哈里森在 1930 年出版《標準成本》一書，這本書，可以說是世界上第一部關於標準成本的專著。從此，「標準成本法」作為一種成本核算及管理的專門方法，正式從理論中走入應用階段，並在美國首先被應用和實踐，然後逐步完善並被廣泛推廣至英、德、法、瑞典及亞洲的日本等各國。哈里森也被稱之為「標準成本會計之父」。

11.1.1　標準成本法概述

1. 標準成本法的含義

標準成本法，也稱標準成本制度或標準成本系統，是指以預先制定的標準成本為基礎，將實際發生的成本與標準成本進行比較，核算和分析成本差異的一種成本計算方法，與成本計算的定額法相類似，標準成本法也是一種成本計算與成本管理、控制相結合的成本計算方法。標準成本法的主要特點在於其將成本的事前計劃（制定標準）、事中控制（分析、消除差異）和最終產品成本的確定有機地結合起來，成為加強成本管理，全面提高生產經濟效益的重要工具。

2. 標準成本的分類

標準成本作為目標成本的一種，它是根據各種有關成本資料，在充分分析和技術測定的基礎上，根據企業現已達到的技術水平所確定的企業在一定生產條件下生產某種產品應當實現的成本。根據制定標準的不同，可以分為以下幾種：

（1）理想標準成本，即以現有生產技術和經營管理、設備的運行和工人的技術水平都處於最佳狀態為基礎而制定的單位產品成本。採用這種標準成本，不允許任何失誤、浪費和損失存在，這種標準要求過高，採用這種標準可能會挫傷職工的積極性，產生負效應，所以在工作中很少被採用。

（2）正常的標準成本，即以正常的工作效率、正常的耗用水平、正常的價格和正常的生產經營能力利用程度等條件為基礎制定的標準成本。所謂正常，是指在經營活動中，排除了異常或偶然事件對成本水平的影響。確定正常標準成本時，應反應過去經營活動的平均結果，這種標準成本至少根據過去經驗估計的，往往不能反應目前的

實際，用它來控制成本也不夠積極。

(3) 現實標準成本，即根據企業最可能發生的生產要素耗用量、生產要素價格和生產經營能力利用程度而制定的標準成本。由於這種標準成本包含企業一時還不能避免的某些不應有的低效、失誤和超量消耗，它是一種經過努力可以達到的即先進又合理、最切實可行的成本，因此，正常標準成本最接近實際成本，並且隨著企業生產經營條件的不斷完善，標準成本也應定期被修訂。現實標準成本在實際中被廣泛採用。

11.1.2 標準成本的制定

產品的標準成本，根據完全成本法的成本構成項目，主要包括直接材料、直接人工和製造費用三個項目。無論哪一個成本項目，在制定其標準成本時，都需要分別確定其價格標準和用量標準，兩者相乘即為每一成本項目的標準成本，然後匯總各個成本項目的標準成本，最后得出單位產品的標準成本。即：

某一成本項目標準成本＝該成本項目的價格標準×該成本項目的用量標準

單位產品標準成本＝直接材料標準成本＋直接人工標準成本＋製造費用標準成本

制定標準成本有利於指導和控制企業的日常經營活動，通過每個成本項目的差異分析，可以分清各部門的責任，並尋找降低成本的途徑，以進一步加強成本控制。

1. 直接材料標準成本的制定

直接材料標準成本的制定，包括直接材料用量標準的制定和直接材料價格標準的制定兩個方面。如果一種產品耗用多種材料，應分別為各種材料制定用量標準和價格標準。

直接材料用量標準是指單位產品應該消耗的材料的數量，即產品的材料消耗定額。一般由工藝部門在生產人員的幫助下，通過分析測算，確定用於產品生產所耗用的直接材料的品種及其數量。直接材料數量標準的確定，也可以採用現場測試的方式，即在受控制的條件下，向生產過程投入一定數量的原材料來研究其結果。如果存在切割或下料消耗，一般採用如下公式來計算標準數量中所包含的損耗：

$$要增加的損耗百分比 = \frac{某材料在生產過程中損耗的重量}{製成品中該材料的淨重量}$$

以此為基礎，確定在合理的範圍內追加一定的損耗百分比，納入直接材料的數量標準中。

由於材料價格受諸多因素的影響，直接材料價格標準的確定相對較難。制定價格標準時，應當充分研究市場環境及其變化趨勢、供應商的報價和最佳採購批量等因素。當前流行的適時制（JIT）管理思想要求存貨最低化，因而較為頻繁的小批量訂貨對材料價格的影響也是一個必須考慮的因素，同時，企業應要求採購部門對採購物品的價格負責，同時對採購物品的質量負責，避免採購部門只注重尋找報價較低的供應廠商，而忽視採購物品的質量要求。

與實際成本計算中會計人員將材料處理成本分攤到庫存材料帳戶上相類似，材料標準價格也應考慮這些費用。為有關的運輸、採購、驗收和其他材料處理費用設定分配率，加計到材料的標準價格上。

在分別確定直接材料的用量標準和價格標準後，用下列公式即可求得直接材料的標準成本：

直接材料標準成本＝直接材料用量標準×直接材料價格標準

【例11-1】假定N產品耗用A、B兩種材料，其直接材料標準成本如表11-1所示。

表11-1　　　　　　　　　　N產品直接材料標準成本

標準	A材料	B材料
用量標準	10千克/件	15千克/件
價格標準	10元/千克	8元/千克
成本標準	100元/件	120元/件
單位產品直接材料標準成本	220元/件	

2. 直接人工標準成本的制定

產品耗用人工的成本是由單位產品耗用的人工工時數乘以每小時工資率所確定的。因此，直接人工標準成本的制定，包括工時標準的制定和標準工資率的制定。

工時標準是指生產單位產品應該耗用的生產工時。這裡的工時可以是人工工時，也可以是機器工時。工時標準的制定可以依賴於過去的生產記錄和工薪記錄，剔除歷史記錄中可能包含的無效和低效因素。工時標準的制定也可通過動作與時間研究，將工人的操作分解為最基本的動作要素，並通過改進操作方法盡可能消除一切不必要的動作因素，所得到的時間就是完成操作所需的必要時間，再加上必不可少的追加時間，就得出生產產品所需的工時標準。

標準工資率的的確定首先取決於企業採用的工資制度是計件工資還是計時工資。在計件工資制度下，標準工資率就是標準計件工資單價；在計時工資制度下，標準工資率是指單位工時標準工資率。同時，直接人工操作所需技能的差別也會影響每小時人工標準工資率，即同一項操作如需要更高的技能才能完成，為該項操作制定的小時工資率也應提高。

在分別確定直接人工工時標準和標準工資率確定以後，可用下列公式計算直接人工標準成本：

直接人工標準成本＝單位產品的工時標準×標準工資率

【例11-2】【例11-1】中N產品直接人工標準成本計算如表11-2所示。

表11-2　　　　　　　　　　N產品直接人工標準成本

項目	標準
月標準總工時	15,000小時
月標準總工資	300,000元
標準工資率	20元/小時
單位產品工時標準	4小時
直接人工標準成本	80元

3. 製造費用標準成本的制定

製造費用是指生產過程中發生的除直接材料和直接人工以外的所有費用。製造費用的標準成本可以分為變動製造費用標準成本和固定製造費用標準成本。在標準成本系統中，確定製造費用的標準成本，首先要按生產能力的利用程度編製生產費用預算，再除以用直接人工小時或機器小時等表現的生產能力利用程度的標準生產量來確定製造費用的標準分配率，這是確定製造費用標準成本的兩個構成要素。

(1) 變動製造費用標準成本

變動製造費用標準成本的制定，包括工時標準的制定和變動製造費用標準分配率的制定兩個方面。工時標準的含義與直接人工工時標準相同，變動製造費用標準分配率可按下列公式求得：

$$變動製造費用標準分配率 = \frac{變動製造費用預算總額}{標準總工時}$$

變動製造費用標準成本 = 工時標準 × 變動製造費用標準分配率

(2) 固定製造費用標準成本

在變動成本法下，固定製造費用作為期間成本全部計入當期損益，因而不包括在產品成本中。在完全成本法下，固定製造費用要在在成品和產成品之間進行分配，因而需要制定單位產品的固定製造費用的標準成本。

固定製造費用標準成本的制定，包括工時標準的制定和固定製造費用標準分配率的制定兩個方面。工時標準的含義與直接人工工時標準相同，固定製造費用標準分配率可按下列公式求得：

$$固定製造費用標準分配率 = \frac{固定製造費用預算總額}{標準總工時}$$

固定製造費用標準成本 = 工時標準 × 固定製造費用標準分配率

【例 11-3】【例 11-2】中 N 產品製造費用標準成本計算如表 11-3 所示。

表 11-3　　　　　　　　　N 產品製造費用標準成本

項目	標準
月標準總工時	15,000 小時
標準變動製造費用總額	90,000 元
標準變動製造費用分配率	6 元/小時
單位產品工時標準	4 小時
變動製造費用標準成本	24 元
標準固定製造費用總額	75,000 元
標準固定製造費用分配率	5 元/小時
固定製造費用標準成本	20 元
單位產品製造費用標準成本	44 元

4. 單位產品標準成本的制定

單位產品的標準成本是在直接材料標準成本、直接人工標準成本、製造費用標準

成本確定的基礎上匯總而成的，其計算公式如下：

單位產品的標準成本＝直接材料標準成本＋直接人工標準成本＋製造費用標準成本

【例11-4】根據【例11-1】至【例11-3】有關資料，填列 N 產品標準成本如表11-4：

表11-4　　　　　　　　　　　N 產品標準成本

成本項目		用量標準	標準價格	單位標準成本
直接材料	A	10 千克	10 元/千克	100 元
	B	15 千克	8 元/千克	120 元
	小計	—	—	220 元
直接人工		4 小時	20 元/小時	80 元
變動製造費用		4 小時	6 元/小時	24 元
固定製造費用		4 小時	5 元/小時	20 元
單位產品標準成本		—	—	344 元

11.1.3　成本差異的計算和分析

成本差異是指實際成本和標準成本之間的差額。實際成本超過標準成本所形成的差異，是不利差異；實際成本低於標準成本所形成的差異，是有利差異。計算成本差異的主要目的在於查明差異形成的原因，以便及時採取措施消除不利差異，並為成本控制、考核和獎懲提供依據。

成本差異包括直接材料成本差異、直接人工成本差異和製造費用差異三部分。其中，製造費用差異又可分為變動製造費用差異和固定製造費用差異。下面分別說明這些差異的計算和分析。

1. 直接材料成本差異的計算與分析

直接材料成本差異是指在生產過程中直接材料實際成本與直接材料標準成本之間的差額。由直接材料價格差異和用量差異兩部分組成。直接材料用量差異是指生產過程中直接材料實際耗用量偏離標準用量所形成的直接材料成本差異的部分。直接材料價格差異是指因直接材料實際價格偏離其標準價格所形成的直接材料成本差異部分。計算公式如下：

直接材料價格差異＝（實際價格×實際用量）－（標準價格×實際用量）
　　　　　　　　＝（實際價格－標準價格）×實際用量

直接材料用量差異＝（標準價格×實際用量）－（標準價格×標準用量）
　　　　　　　　＝（實際用量－標準用量）×標準價格

【例11-5】製造 N 產品需用 A、B 兩種直接材料，標準價格分別是 10 元/千克、8 元/千克，單位產品的標準用量分別是 10 千克/件、15 千克/件。本期共生產 N 產品2,000 件，實際耗用 A 材料 19,800 千克、B 材料 30,100 千克，A、B 兩種材料的實際價格分別是 11 元/千克、7.5 元/千克。直接材料成本差異計算分析如下：

A材料價格差異＝（11-10）×19,800＝19,800（元）（不利差異）
B材料價格差異＝（7.5-8）×30,100＝-15,050（元）（有利差異）
N產品直接材料價格差異＝19,800-15,050＝4,750（元）（不利差異）
A材料用量差異＝（19,800-10×2,000）×10＝-2,000（元）（有利差異）
B材料用量差異＝（30,100-15×2,000）×8＝800（元）（不利差異）
N產品直接材料用量差異＝800-2,000＝-1,200（元）（有利差異）
N產品直接材料成本差異＝4,750-1,200＝3,550（元）（不利差異）

在計算的基礎上，可以進一步分析原因並落實責任。直接材料價格差異是在採購過程中產生的，因此通常由採購人員負責控制。由於材料價格在很大程度上不為採購人員所控制，如受供應廠家價格變動、未按經濟批量進貨、未能及時訂貨造成的緊急訂貨、供貨方與本廠的距離等因素的影響。所以，在分析價格差異時，應注意區分主觀因素和客觀因素，對主觀因素要進行重點分析研究。

直接材料用量差異是在材料耗用過程中形成的，它反應生產製造部門的成本控制業績，因此通常由生產經理負責控制。例如，操作疏忽造成廢品或廢料增加、新員工上崗造成多用料而導致的材料浪費等。但是，材料用量差異形成的原因很多，除生產部門有關人員的原因外，其他部門的原因也可能對材料用量差異的形成產生影響，例如，因材料質量低而增加了廢品、因材料不符合要求而大材小用等，應由採購部門負責。總之，原材料價格差異和用量差異是由多種原因造成的，在進行差異分析時，應從實際出發，認真找出差異產生的原因，以便有針對性地採取措施。

2. 直接人工成本差異的計算與分析

直接人工成本差異是指直接人工實際成本與直接人工標準成本之間的差額。其中包括直接人工工資率差異和直接人工效率差異。直接人工工資率差異是直接人工價格差異，直接人工效率差異是直接人工用量差異。直接人工工資率差異，指由於直接人工的實際工資率脫離標準工資率而形成的人工成本差異。直接人工效率差異，指由於直接人工實際工時數脫離標準工時數而形成的人工成本差異。它們的計算公式為：

直接人工工資率差異＝（實際工工資率×實際工時）－（標準工資率×實際工時）
　　　　　　　　　＝（實際工資率－標準工資率）×實際工時
直接人工效率差異＝（標準工資率×實際工時）－（標準工資率×標準工時）
　　　　　　　　＝（實際工時－標準工時）×標準工資率

【例11-6】本期生產N產品2,000件，只需一個工種加工，實際耗用7,600小時，實際工資總額152,760元。標準工資率為20元/小時，單位產品的工時耗用標準為4小時。直接人工成本差異的計算分析如下：

標準工時＝2,000×4＝8,000（小時）

實際工資率＝$\frac{152,760}{7,600}$＝20.1元/小時

直接人工工資率差異＝（20.1-20）×7,600＝760（元）（不利差異）
直接人工效率差異＝（7,600-8,000）×20＝-8,000（元）（有利差異）
直接人工成本差異＝760-8,000＝-7,240（元）（有利差異）

直接人工工資率差異形成的原因很多而且複雜，但很大程度上是由外部因素如勞動力市場等決定的。其產生也可能是由於將平均工資率作為標準工資率，一旦實際人工組合改變，平均工資率也隨著改變，這就產生了人工工資率差異。另外，由於較為熟練且報酬較高的工人來完成只需較低技能的工作，加班或使用臨時工、出勤率變化等因素，也會產生直接人工工資率差異，所以直接人工工資率差異一般由負責安排工人工作的勞動人事部門或生產部門共同負責。直接人工效率差異形成的原因包括工人的熟練程度、設備的問題、管理的原因、材料的質量等。一般來說，直接人工效率差異基本上由生產部門負責，但也需要視具體情況而定。

3. 製造費用成本差異的計算與分析

(1) 變動製造費用差異的計算與分析

變動製造費用差異是指變動製造費用實際發生額與變動製造費用標準發生額之間的差額，它由變動製造費用開支差異和變動製造費用效率差異組成。其中變動製造費用開支差異是變動製造費用價格差異，變動製造費用效率差異是變動製造費用用量差異。變動製造費用開支差異是指因變動製造費用實際分配率偏離其標準分配率而形成的變動製造費用差異的部分。變動製造費用效率差異是指因生產單位產品實際耗用的直接人工工時偏離預定的標準工時而形成的變動製造費用差異部分。二者的計算公式如下：

變動製造費用開支差異 ＝（實際分配率×實際工時）－（標準分配率×實際工時）
　　　　　　　　　　＝（實際分配率－標準分配率）×實際工時

變動製造費用效率差異 ＝（標準分配率×實際工時）－（標準分配率×標準工時）
　　　　　　　　　　＝（實際工時－標準工時）×標準分配率

【例11-7】本期生產N產品2,000件，實際耗用工時7,600小時，實際發生了變動製造費用46,360元，單位產品的工時耗用標準為4小時，變動製造費用標準分配率為每一直接人工工時6元。對比變動製造費用差異分析如下：

標準工時＝2,000×4＝8,000（小時）

變動製造費用實際分配率＝$\dfrac{46,360}{7,600}$＝6.1（元）

變動製造費用開支差異＝（6.1-6）×7,600＝760（元）（不利差異）

變動製造費用效率差異＝（7,600-8,000）×6＝-2,400（元）（有利差異）

變動製造費用差異＝760-2,400＝-1,640（元）（有利差異）

引起變動製造費用不利差異的原因很多，如構成變動性製造費用的各要素價格的上漲，其中包括材料價格上漲、動力費用價格上漲等，另外材料的浪費和直接人工的使用浪費、大材小用等也是導致變動製造費用不利差異的原因。一般來說，價格變動的因素是不可控制的，而耗用量的因素則是可控的，所以對於變動製造費用的開支差異，必須區分不同費用項目及所屬的責任部門，具體分析，才能正確歸屬責任。

變動製造費用效率差異與直接人工效率或用量差異直接相關，如果變動製造費用確實與直接人工耗用成正比，那麼與人工用量差異一樣，變動製造費用效率差異也是由直接人工高效（或低效）利用引起的。

（2）固定製造費用差異的計算與分析

固定製造費用成本差異是指一定期間內實際產量下的固定製造費用實際發生總額與其預算發生總額之間的差額。對於固定製造費用差異的計算，通常有兩種方法，即兩差異法和三差異法。

兩差異法將製造費用差異分為開支差異和能量差異。開支差異是指固定製造費用的實際發生額與固定製造費用的預算發生額之間的差額。固定製造費用與變動製造費用不同，其總額不因業務量的變動而變動，故其差異有別於變動製造費用。能量差異是指固定製造費用預算數與固定製造費用標準成本之間的差額，它反應未能充分利用生產能力而形成的損失。二者的計算公式為：

固定製造費用開支差異＝固定製造費用的實際發生數－固定製造費用預算數

固定製造費用能量差異＝固定製造費用預算數－固定製造費用標準發生數

三差異法，是在二差異法的基礎上，將能量差異進一步分為能力差異和效率差異，即在三差異法下，固定製造費用差異分為固定製造費用開支差異、固定製造費用能力差異和固定製造費用效率差異。它們的計算公式為：

固定製造費用開支差異＝固定製造費用的實際發生數－固定製造費用預算數

固定製造費用能力差異＝（預算工時－實際工時）×標準費用分配率

固定製造費用效率差異＝（實際工時－標準工時）×標準費用分配率

【例11-8】本月N產品計劃產量為2,000件，實際產量為1,900件。預算固定製造費用為90,000元，實際發生固定製造費用為91,800元。預算總工時為12,000小時，實際耗用工時為11,500小時。工時標準為6小時，固定製造費用標準分配率為7.5元/小時。根據以上資料，在兩分法和三分法下，固定製造費用成本差異計算如下：

兩分法下成本差異計算：

固定製造費用開支差異＝91,800－90,000＝1,800（元）（不利差異）

固定製造費用能量差異＝（12,000－1,900×6）×7.5

　　　　　　　　　　＝（12,000－11,400）×7.5

　　　　　　　　　　＝4,500（元）（不利差異）

三分法下固定製造費用成本差異計算：

固定製造費用開支差異＝91,800－90,000＝1,800（元）（不利差異）

固定製造費用能力差異＝（12,000－11,500）×7.5＝3,750元（不利差異）

固定製造費用效率差異＝（11,500－1,900×6）×7.5

　　　　　　　　　　＝（11,500－11,400）×7.5

由上例可以看出，三差異分析法的能力差異與效率差異之和，等於兩差異分析法的能量差異。所以，採用三差異分析法，能夠清楚地說明生產能力利用程度和生產效益高低所導致的成本差異情況，從而便於分清責任。

11.1.4　標準成本法的帳務處理

在標準成本法下，為了能夠提供標準成本、成本差異和實際成本的資料，需要將實際發生的成本分為標準成本和成本差異兩部分。通過對實際成本和標準成本之間差

異的分析和披露,計算產品實際成本,從而實施對產品成本的控制。為了真實、準確地反應企業在一定時期的經營耗費和經營成果,必須對每一類成本差異分別設置成本差異帳戶進行核算,做出相關的帳務處理。

1. 標準成本法下成本差異的帳戶設置

在標準成本法下,企業針對各種成本差異,應分別設置成本差異帳戶進行核算。在材料成本差異方面,應設置「材料價格差異」和「材料用量差異」兩個帳戶;在直接人工差異方面,應設置「直接人工工資率差異」和「直接人工效率差異」兩個帳戶;在變動製造費用差異方面,應設置「變動製造費用開支差異」和「變動製造費用效率差異」兩個帳戶;在固定製造費用差異方面,應設置「固定製造費用開支差異」「固定製造費用能力差異」和「固定製造費用效率差異」三個帳戶,分別核算不同的製造費用差異。各種成本差異類帳戶的借方均核算發生的不利差異,貸方核算發生的有利差異。

2. 標準成本法帳務處理舉例

(1) 直接材料差異的帳務處理

在標準成本法下,會計處理為:借記「生產成本」,貸記「原材料」,其中原材料的金額以標準成本反應。根據標準成本和實際成本差異的性質,借記或貸記材料數量差異或材料價格差異,如果差異為節約差異,則貸記相關差異帳戶;如果差異為超支差異,則借記相關差異帳戶。

(2) 直接人工差異的帳務處理

在核算直接人工費用差異時,應設置「生產成本」「直接人工效率差異」和「直接人工工資率差異」三個帳戶。「生產成本」帳戶登記直接人工的標準成本,同時將實際人工成本與標準人工成本之差記入「直接人工效率差異」和「直接人工工資率差異」。

(3) 製造費用的帳務處理

在核算製造費用時,應借記「生產成本」,貸記「製造費用」,根據差異方向借或貸記相關差異帳戶。在變動製造費用差異方面,設置「變動製造費用開支差異」和「變動製造費用效率差異」兩個帳戶;在固定製造費用差異方面,設置「固定製造費用開支差異」「固定製造費用能力差異」和「固定製造費用效率差異」三個帳戶。

11.2 作業成本法

前面所介紹的各種成本計算方法,無論是產品成本計算的基本方法,還是與成本管理密切結合的成本核算的輔助方法,其製造費用一般都是以產品成本中的人工費用比例為依據在各種不同產品間進行分配的。在生產過程較為簡單、製造費用數額相對不大的情況下,採用上述計算方法有其合理性,但對於現代企業而言,生產過程複雜、製造費用在產品成本中所占比重極大,且與人工費用並無直接關係,如仍然採用上述方法分配製造費用,就會導致成本信息扭曲、誤導管理措施、致使決策失誤等嚴重後

果。在這種新的形勢下，作業成本法就應運而生了。

11.2.1　作業成本法的產生與發展

第一個對作業成本法核算進行理論研究和探討的是會計大師埃里克・科勒（Eric Kohler）教授。在 20 世紀 30 年代到 50 年代之間，埃里克・科勒教授開始論述作業成本核算思想。但對於它的全面研究則是 20 世紀七八十年代的事情，它在企業中的應用始於 20 世紀八十年代末期。

11.2.2　作業成本法的相關概念

作業成本法是指以作業為核心，以資源流動為線索，以成本動因為媒介，依據不同的成本動因，分別設置成本歸集對象即以成本庫來歸集、匯總費用，再以各種產品耗費的作業量將費用分攤至產品中，從而匯總計算各種產品總成本和單位成本的一種成本計算制度。作業成本法大大提高了成本的客觀性，它通過分別設置多樣化的成本庫，並按多樣化的成本動因進行製造費用的分配，使成本計算特別是比重日趨增長的製造費用，按產品對象化的過程大大明細了，提高了成本的可歸屬性，即產品成本中計算的經濟依據，能直接歸屬於有關產品的成本比重大大增加，而按照人為標準間接地分配與有關產品的成本比重縮減到最低限度。

1. 作業成本法的基本假定

作業成本法認為「作業消耗資源，成本消耗作業」。「作業」是成本計算的核心，而產品成本則是製造和傳遞產品所需全部作業的成本總和。成本計算的基本對象是作業。成本計算的程序是：先將企業耗用的各種資源向各作業中心分配，再將各作業中心所消耗資源匯總后向各類產品分配。這樣，在傳統成本計算程序下不可追溯的成本，在作業成本法下就轉變為可追溯成本，從而使間接費用的分配更為合理，成本計算結果更為準確。

2. 作業

作業是指基於一定的目的，以人為主體，消耗了一定資源的特定範圍的工作，是構成產品生產、服務程序的組成部分。作業就是為企業提供產品或流程中的各個工序和環節。實際工作中可能出現的作業類型一般有啟動設備、購貨訂單、材料採購、物料處理、設備維修、質量控制、生產計劃、動力消耗、存貨移動、工程處理、裝運發貨、管理協調等。作業具備以下特徵：

（1）作業是以人為主體的，並消耗一定的資源。由於現代製造業機械化、自動化程度很高，但人掌握和操縱各種機器設備仍然是現代製造業中各項具體生產工作的主體，也是作業的主體。由於作業以人為主體，至少要消耗一定的人力資源，同時，作業是人力作用於物的工作，因而也要消耗一定的物質資源。

（2）作業目的是區分作業的標準。在一個製造業企業中，隨著現代化程度的提高，生產程序的設計和人員分工也越合理，企業經營過程的可區分性越強。企業製造或服務過程按照一部分工作的特定目的區分若干作業，每個作業負責該作業職權範圍內的每一項工作，工作之間互補且互斥，構成了完整的經營過程。

(3) 作業可以按不同的標誌進行不同的分類。由於各企業間生產組織特點、生產工藝過程不同，以及管理要求也不同，因此，很難按統一的要求對作業進行分類。

3. 資源

資源是指生產資料或生活資料的天然來源。如果把整個製造中心看成是一個與外界進行物質交換的投入產出系統，則所有進入該系統的人力、物力、財力等都屬於資源範疇。作業成本法把資源作為成本計算對象，是要在價值形成的最初形態上反應被最終產品吸納的有意義的資源耗費價值。資源按其包括內容又可分為人力資源、物力資源、財力資源等。

4. 作業的層次與成本動因

作業成本計算中的作業（Activity）可以被看作企業生產經營中的一種業務活動。而成本動因，則為驅動一種業務活動成本的因素。作業成本計算中的作業在企業生產經營中可區分為「單位」「批」「產品」「綜合能力維持」四個層次。

(1) 單位層次的作業及其成本動因。這一類型的作業是生產每單位的產品都必須發生的。如用機器生產產品，機器必須運轉，產品才能生產出來。因而對於操作機器這一作業來說，機器運轉小時（以下簡稱機器小時）就是其成本動因，因而保證機器正常運轉所發生的成本，包括機器的折舊、維修費用、能源消耗、潤滑油等，都可歸屬於與機器相關的作業成本庫，按機器小時計算其成本庫分配率。

(2) 批層次的作業及其成本動因。這一類型的作業是為每一批產品而不是為每一單位產品必須完成的。如每一批產品的投產必須進行機器的準備，它以產品生產中的變換批次為成本動因，其成本歸屬於準備成本庫，按產品生產中變換的批次計算其成本庫分配率。屬於批層次的作業還有接收與測試、材料整理、質量保證和包裝與發運作業，為它們分別設置成本庫，以每一產品的生產線消耗各作業量的百分比計算各成本庫的分配率。

(3) 產品層次的作業及其成本動因。這一類型的作業是為維護一條生產線的整體運作的，並不總是直接服務於生產一個新單位或新批次產品的生產，其成本動因是工程師的工作量，其有關成本（如工程師的薪酬，工程設施的折舊、維修等）都歸屬於工程成本庫，以各產品耗用工程師工作量的百分比作為其成本庫分配率。

(4) 綜合能力維持層次的作業和成本動因。綜合能力維持作業又稱能量作業，是用於維持整個生產程序得以正常運行的作業，其作業成本包括工廠管理人員的薪金，廠房、設備的折舊、維修費、財產稅和保險費等，其成本動因具有很大的綜合性。其有關成本可歸屬於綜合生產維持成本庫，按各產品的直接人工小時計算成本庫分配率。

11.2.3　作業成本計算法的基本步驟

作業成本計算按以下兩個步驟進行：

1. 確認作業

按同質作業設置作業成本庫，以資源動因為基礎將間接費用分配到作業成本庫。

一項作業，可能是一項非常具體的活動，是某一部門各項活動中的一項；也可能是泛指一類活動，甚至是整個部門或過程的代名詞。作業引發資源的耗用，而資源動

因是作業消耗資源的原因或方式，因此，間接費用應當根據資源動因被歸集到代表不同作業的作業成本庫中。

由於生產經營的範圍擴大、複雜性提高，構成產品生產、服務程序的作業也大量增加，為每項作業單獨設置成本庫往往並不可行。於是，將有共同資源動因的作業確認為同質作業，將同質作業引發的成本歸集到同一作業成本庫中以合併分配。按同質作業成本庫歸集間接費用不但提高了作業成本計算的可操作性，而且減少了工作量，降低了信息成本。

2. 以作業動因為基礎將作業成本庫的成本分配到最終產品

產品消耗作業，產品的產量、生產批次及種類等決定作業的耗用量，作業動因是各項作業被最終產品消耗的方式和原因。例如，起動準備作業的作業動因是起動準備次數，質量檢驗作業的成本動因是檢驗小時。明確了作業動因，就可以將歸集在各個作業成本庫中的間接費用按各最終產品消耗的作業動因量的比例進行分配，計算出產品的各項作業成本，進而確定最終產品的成本。作業成本法核算程序如圖 11-1 所示。

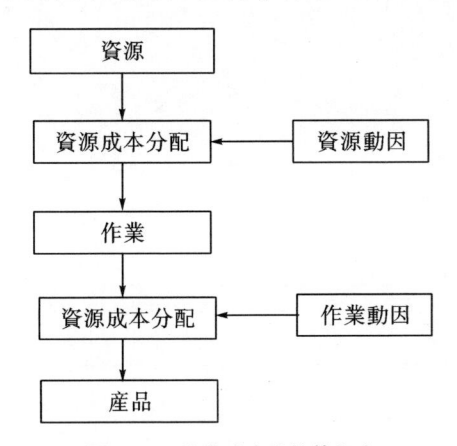

圖 11-1 作業成本法核算程序

11.2.3 作業成本法的應用舉例

【例 11-9】設某公司生產甲、乙、丙三種產品，有關資料如表 11-5 所示。

表 11-5　　　　　　　　某公司生產有關資料

項目	甲產品	乙產品	丙產品
產量（單位）	40,000	20,000	8,000
班次	40,000 單位由 4 個班次完成	20,000 單位由 4 個班次完成	8,000 單位由 10 個班次完成
直接材料	90	50	20
直接人工（不包括準備工時）	每單位 8 小時	每單位 6 小時	每單位 4 小時
準備時間	每變換一次班次 20 小時	每變換一次班次 20 小時	每變換一次班次 20 小時

表11-5(續)

機器小時	每單位2.5小時	每單位2小時	每單位4小時
直接人工成本（元）	每小時40	每小時40	每小時40
準備工時成本（元）	每小時40	每小時40	每小時40

根據上述資料，計算甲、乙、丙三種產品的單位成本。

(1) 按傳統的以數量為基礎的產品成本計算法

計算綜合性的預計製造費用分配率（按直接人工小時分配）。假設預計總製造費用為 3,894,000 元。

產品甲　40,000×8＝320,000（小時）
產品乙　20,000×6＝120,000（小時）
產品丙　8,000×4＝32,000（小時）
合計　　320,000+120,000+32,000＝472,000（元）

綜合性的預計製造費用分配率＝3,894,000÷472,000＝8.25（元/小時）

該公司的成本計算表如表11-6所示。

表11-6　　　　　　　　　　成本計算表

單位：元

項目	甲產品	乙產品	丙產品
直接材料	90	50	20
直接人工	320	240	160
製造費用	66	49.5	33
合計	476	339.5	213

設該公司是按成本的20%加成作為目標售價，各產品的實際售價分別為571.20元、407.40元、255.60元。

據此，可計算各產品的盈虧情況，如表11-7所示。

表11-7　　　　　　　　　該公司各產品盈虧情況

單位：元

項目	甲產品	乙產品	丙產品
單位成本	476.00	339.50	213.00
目標售價	571.20	404.70	255.60
實際售價	571.20	400.00	300.00

表11-7的計算表明，產品丙的實際售價與目標成本的差異最為有利，乙則出現不利差異，產品甲的差異為零。由此也可看到按這一成本計算法所顯示的各產品的營利性。

(2) 按作業成本法計算

①將製造費用按作業的成本動因歸屬於各層次的成本庫。假設有單位層次的成本庫，如機器運轉成本庫1,212,600元；批層次的成本庫（準備成本庫14,400元，接收

與測試成本庫 200,000 元，材料整理成本庫 600,000 元，質量保證成本庫 421,000 元，包裝與發運成本庫 250,000 元）；產品層次的成本庫（工程成本庫 700,000 元）；綜合能力維持層次的成本庫 496,000 元。

②各成本庫成本分配率的計算如表 11-8 至表 11-15 所示。

表 11-8　　　　　　　　　機器運轉成本分配表

單位：元

項目	本月發生額	動因（機器小時）	分配率	耗用作業動因	耗用作業成本	單位作業成本
甲產品				100,000	705,000	17.63
乙產品				40,000	282,000	14.1
丙產品				32,000	225,600	28.2
合計	1,212,600	172,000	7.05	172,000	1,212,600	

表 11-9　　　　　　　　　準備成本分配表

單位：元

項目	本月發生額	動因（生產交換次數）	分配率	耗用作業動因	耗用作業成本	單位作業成本
甲產品				4	3,200	0.08
乙產品				4	3,200	0.16
丙產品				10	8,000	1
合計	14,400	18	800	18	14,400	

表 11-10　　　　　　　　接收與測試成本分配表

單位：元

項目	本月發生額	耗用作業動因占比(%)	耗用作業成本	單位作業成本
甲產品		6	12,000	0.3
乙產品		24	48,000	2.4
丙產品		70	140,000	17.5
合計	200,000	100	200,000	

表 11-11　　　　　　　　材料整理成本分配表

單位：元

項目	本月發生額	耗用作業動因占比(%)	耗用作業成本	單位作業成本
甲產品		7	42,000	1.05
乙產品		30	180,000	9
丙產品		63	378,000	47.25
合計	600,000	100	600,000	

表 11-12　質量保證成本分配表

單位：元

項目	本月發生額	耗用作業動因占比(%)	耗用作業成本	單位作業成本
甲產品		20	84,200	2.11
乙產品		40	168,400	8.42
丙產品		40	168,400	21.05
合計	421,000	100	421,000	

表 11-13　包裝與發運成本分配表

單位：元

項目	本月發生額	耗用作業動因占比(%)	耗用作業成本	單位作業成本
甲產品		4	10,000	0.25
乙產品		30	75,000	3.75
丙產品		66	165,000	20.63
合計	250,000		250,000	

表 11-14　工程成本分配表

單位：元

項目	本月發生額	耗用作業動因占比(%)	耗用作業成本	單位作業成本
甲產品		25	175,000	4.375
乙產品		45	315,000	15.75
丙產品		30	210,000	26.25
合計	700,000	100	700,000	

表 11-15　綜合能力維持成本分配表

單位：元

項目	本月發生額	動因（直接人工小時）	分配率	耗用作業動因	耗用作業成本	單位作業成本
甲產品				320,000	336,271	8.41
乙產品				120,000	126,101.6	6.31
丙產品				32,000	33,627.4	4.20
合計	496,000	472,000	1.050,847	472,000	496,000	

表 11-16　產品成本計算表

單位：元

項目	甲產品	乙產品	丙產品
直接材料	90	50	20
直接人工	320	240	160
製造費用			

表11-16(續)

項目		甲產品	乙產品	丙產品
單位層次：機器運轉		17.63	14.1	28.2
批層次	準備成本	0.08	0.16	1
	接收與測試	0.3	2.4	17.5
	材料整理	1.05	9	47.25
	質量保證	2.11	8.42	21.05
	包裝與發運	0.25	3.75	20.63
產品層次：工程成本		4.38	15.75	26.25
綜合能力維持層次：綜合能力維持		8.41	6.31	4.20
合計		444.21	349.89	346.08

(3) 對比分析

對比兩種成本法得到的單位成本，可以看到：在作業成本法下，甲產品的單位成本有所降低，乙產品的單位成本略有提高，丙產品的單位成本大大提高。傳統成本法下，其發生的製造費用中由乙產品和丙產品負擔的部分轉嫁給了甲產品，造成了成本指標的嚴重扭曲，對企業以成本為基礎所進行的各項經營決策，特別是產品定價決策產生嚴重的誤導作用。

以下對採用不同的成本計算法所形成的成本扭曲進行具體的計算。

甲產品單位成本之差：476-444.21=31.79（元）

乙產品單位成本之差：339.5-349.89=-10.39（元）

丙產品單位成本之差：213-346.08=-133.08（元）

各種產品所負擔的總成本差異為：

甲產品：31.79×40,000=1,271,600（元）

乙產品：-10.39×20,000=-207,800（元）

丙產品：-133.08×8,000=-1,064,640（元）

上述計算表明：丙產品產量雖少，卻將其應負擔的成本大量轉嫁給了甲產品，造成成本指標嚴重失實。

(4) 啟示與結論

作業成本法的優越性，不僅表現在成本計算的明細化及其計算的結果更加符合實際，更為重要的是，它將重點放在成本發生的前因後果上。從原因來看，成本是由作業引起，因而經常分析企業生產經營過程中某一作業形成的必要性、作業組成的合理性和有效性、每一作業預期的資源消耗水平以及預期的作業最終可對顧客提供的價值的大小。從後果看，作業的執行以至完成實際耗費了多少資源，與同行的同類企業先進水平的差距如何，這些資源的耗費可對產品最終提供給顧客的價值貢獻如何，對所有這些問題及時進行動態分析，可以為作業管理提供有效信息，促進企業改進作業組成，提高作業完成的效率和質量水平，在所有環節上減少浪費，並盡可能地降低資源

消耗，以促進企業生產經營整個價值的提高。

11.2.4 作業成本法的評價

1. 作業成本法的優點

作業成本法是一種全新的成本核算系統，它對提供準確的成本信息發揮著不可估量的作用。通過與傳統成本法的比較，可以證明作業成本法更適應知識經濟、全球經濟一體化和會計發展的需要。首先，間接費用的分配更科學，與傳統成本計算方法相比，作業成本法的分配基礎發生了質變，它不再採用單一的數量分配標準，而是採用多元化分配基準，並且集財務變量和非財務變量於一體，使得作業成本法所提供的成本信息要比傳統成本計算法準確得多。其次，作業成本法通過價值鏈的分析，可以消除無效作業，達到對成本事前和事后控制，從而改善企業各項作業效率及質量，提高企業的效益。最后，作業成本法不僅是一種科學的成本計算方法，更是一種科學的管理方法。基於作業成本管理的過程，企業成本管理已不局限於企業內部，而是擴展到企業外部的供應鏈管理，不局限於生產領域，而是擴展到從產品設計到最終提供產品給用戶的所有環節，真正實現全過程管理。

2. 作業成本法的缺點

作業成本法在運用時，也有其局限性，主要表現在：首先，作業計量和分類主觀性強。運用作業成本法的前提就是將企業的各個經營環節劃分為一個個作業，有時一個部門就是一個作業，有時幾個部門是一個作業，有時在一個部門中就有若干個作業，特別是最后一種情況，這個部門的工作都是由該部門的員工共同完成的，沒有明確分工，因此在分解時難以操作，這使得作業成本的操作複雜化，許多時候作業的分解全憑管理人員的意願進行，使得作業的分類不客觀。其次，對一些間接費用的分配仍然不能避免產量對產品成本的影響。在分配間接費用時，間接費用總額除以成本動因量之和得到成本動因分配率，再用此分配率乘以收益對象的成本動因量，這一計算方式並未將成本動因與產品成本之間的真正關係體現出來，因此結果並非完全準確。最后，作業成本計算繁瑣。作業成本法的計算原理，決定了若某個企業分解的作業過多，則在期末進行間接費用計算分配時，大量的匯集與分配過程可能會延誤成本計算工作，從而影響會計信息的及時性，並且會增加企業的成本。

3. 作業成本法的適用範圍

作業成本法自出現以來，企業從原來的熱烈追捧，到如今的冷靜對待，反應出作業成本法的實施是需要一定的環境的，並不是所有的企業都能用作業成本法。運用作業成本法需要具備下列基本條件：

（1）作業成本法需要科學、高效的成本計算和生產管理系統。作業成本法採用多元化的製造費用分配標準，由此帶來的龐大計算工作，如果沒有現代電子計算的支持，是很難進行的。

（2）作業成本法需要擁有強大的管理會計師隊伍。在運用作業成本法時需要一批既掌握專業知識，又懂相應的管理知識及計算機應用技術的複合型會計人才，而且這是開展作業成本法的必要條件之一。

（3）企業內部作業中心必須相對獨立。作業成本法需要企業內部每一個作業中心彼此之間相對獨立，並能主動地提供所需要的準確數據資料。這就要求企業改變傳統的生產方式，即大規模少品種批量生產方式，以使企業內部各作業中心之間的依賴性盡可能地減弱，便於找出該作業中心的成本動因。

綜上所述，作業成本法主要適用於生產自動化程度較高、製造費用占成本比重較高且較複雜、生產經營的作業環節較多、會計電算化程度較高、產品種類繁多、各次生產營運數量差異很大且製造費用較高、隨時間推移作業變化很大但會計系統相應變化較小的企業。

此外，作業成本法除適用於製造業企業外，還適用於銀行、商店、高校、醫院等，這些行業也會發生與業務量非相關的較多間接費用，通過成本動因分析，使這些費用與服務相聯繫，可準確地提供所需的成本信息。

11.3　各種產品成本計算方法的實際應用

在前面的章節，我們根據企業各種類型生產的特點和管理的要求，分別講述了三種基本的成本計算方法，即品種法、分批法、分步法，兩種輔助的成本計算方法，即分類法和定額法，以及兩種擴展的成本計算方法，即標準成本法和作業成本法。在實際的工作中，一個企業的不同車間以及一個企業的不同產品，因生產特點和管理要求並不一定相同，可能採用幾種不同的成本計算方法。

11.3.1　幾種產品成本計算方法同時應用於一個企業

1. 一個企業可以採用不同的成本計算方法

例如，一個企業的基本生產車間大批大量多步驟生產某種產品，則需要採用分步法來核算成本。企業的輔助生產車間提供水電，對於輔助車間的成本計算方法可以採用品種法來計算。

2. 一個企業的一個車間可以採用多種成本計算方法

例如，一個企業生產車間中包含三個生產線，第一個生產線生產一種產品；第二個生產線分步驟生產一種產品，每個步驟的半成品很重要，管理上要求分步核算；第三個生產線是單件小批的生產。根據生產工藝、生產組織和管理要求，企業同一個車間內部可以採用多種成本計算方法。第一個生產線採用品種法，第二個生產線採用分步法，第三個生產線採用分批法。

11.3.2　幾種產品成本計算方法應用於一個產品的成本計算

1. 一種產品的不同生產步驟採用不同成本計算方法

比如，一個鑄造加工機械廠，生產需要經過冶煉、鑄造、機械加工、裝配四個步驟，最終加工出產成品。如果該廠是接受訂單加工的企業，那麼最終的產品成本計算應該採用分批法。從產品生產的各個階段來看，冶煉車間冶煉出高碳鋼錠和低碳鋼錠，

全部用於鑄造車間的生產所用，採用品種法。鑄造車間需要對冶煉車間的鋼錠進行加工，成本計算必然需要考慮到冶煉車間完工品的轉入，因此採用逐步結轉分步法。機械加工和裝配環節要考慮外部的訂單需求，因而採用分批法核算。總的來說，訂單產品的需求所用的成本計算方法是以分批法為主線，其中還有涉及前面環節的品種法和分步法的應用。

2. 一種產品的不同零部件之間採用不同的成本計算方法

某種產品由若干零部件組裝而成，一部分零部件進入產品裝配環節，另一部分零部件需要對外銷售，管理上要求企業的零部件需要明細核算。按照零部件生產類型和管理要求，成本計算方法有所不同。外售部分的零部件，採用品種法明細核算。自用的零部件，採用分步法成本核算。

本章小結

本章主要從加強成本管理與控制的角度講述了成本核算的兩種擴展方法：標準成本法和作業成本法。

標準成本法是一種將成本計算和成本控制結合，由包括制定標準成本、計算和分析差異、處理成本差異三個環節所組成的完整系統。所謂成本差異是指實際成本與標準成本之間的差額。標準成本的帳務處理的主要特點是：「在產品」「產成品」等帳戶可以登記標準成本，設置各種成本、差異帳戶，分別核算各種差異，在會計期末對成本差異進行處理。一種處理方法是將本期的各種差異，按標準成本的比例分配給期末在產品、期末庫存產成品和本期已售商品，另一種方法是將本期發生的各種差異全部計入當期損益。

作業成本法是基於作業成本管理要求而產生的一種成本計算方法，它是將間接成本更準確地分配到作業的一種成本計算方法。這種方法涉及幾個在傳統成本計算方法中從未出現的概念：作業、資源、成本動因等。作業成本法與傳統成本法的區別在於：傳統成本法是按照單一標準將間接成本分配給產品或勞務負擔，而作業成本法則將生產經營過程分解為若干作業，並分別設置為作業庫，然后找出每個作業的成本動因，接著按照成本動因將歸集於各作業庫的間接成本分配給產品或勞務負擔。因此，作業成本法更精確一些。當然作業成本法有一定的局限性。

通過本章學習，應瞭解成本計算方法的多樣性，理解在進行產品成本計算時可以根據產品的特性或企業管理的要求採用不同的方法，即掌握成本計算方法的實際應用問題。

習題

一、單項選擇題

1. 在標準成本法下的成本差異是指（　　）。

　　A. 實際成本與標準成本的差異　　B. 實際成本與計劃成本的差異

C. 預算成本與標準成本的差異 　　D. 實際成本與預算成本的差異
2. 在實際工作中較為廣泛的標準成本是（　　）。
   A. 基本標準成本　　　　　　　B. 理想標準成本
   C. 正常標準成本　　　　　　　D. 生產成本
3. 以現有生產經營條件處於最優狀態為基礎確定的最低水平的成本，稱為（　　）。
   A. 理想標準成本　　　　　　　B. 正常標準成本
   C. 現實標準成本　　　　　　　D. 可達到標準成本
4. 某廠預算產量為10,000件，固定性製造費用預算額為5,000元，單位產品直接人工耗用標準為1小時。本年實際生產了12,000件產品，實際固定性製造費用分配率為0.5元/小時，單位產品人工耗用為1小時，則固定性製造費用開支差異為（　　）。
   A. 0元　　　　　　　　　　　B. 100元（有利）
   C. 1,200元（不利）　　　　　D. 1,000元（不利）
5. 由於工人勞動情緒不佳所造成的損失，應由（　　）負責。
   A. 財務部門　　B. 勞動部門　　C. 生產部門　　D. 採購部門
6. 標準成本是一種（　　），它是根據歷史資料，結合目前已擁有的技術、經營水平，應用一定的經濟技術分析方法來確定的生產產品所必需的各項成本。
   A. 生產成本　　B. 目標成本　　C. 銷售成本　　D. 理想成本
7. 固定製造費用的實際金額與預算金額之間的差額稱為（　　）。
   A. 開支差異　　B. 能量差異　　C. 效率差異　　D. 閒置能量差異
8. 標準成本控制的重點是（　　）。
   A. 標準成本的制定　　　　　　B. 成本差異的計算和分析
   C. 成本差異的計算　　　　　　D. 成本差異帳務處理
9. 在作業成本法下，分配作業成本的標準是（　　）。
   A. 生產工時　　B. 生產工人工資　　C. 機器工時　　D. 成本動因
10. 一般來說，作業成本法適用於（　　）。
    A. 會計電算化程度較低的企業
    B. 作業類型較少的企業
    C. 生產自動化程度較低的企業
    D. 製造費用占成本比重較高的企業

二、多項選擇題
1. 下列各項中，屬於標準成本控制系統構成內容的有（　　）。
   A. 標準成本的制定　　　　　　B. 成本差異的計算與分析
   C. 成本差異的帳務處理　　　　D. 成本差異的分配
2. 下列各項中，能夠導致出現材料價格差異的原因是（　　）。
   A. 材料質量差，用料過多
   B. 材料調撥價格或市場價格的變動
   C. 材料採購計劃編製不準確

D. 機器設備效率增減，使材料耗用量發生變化

3. 在標準成本系統中，可將變動性製造費用成本差異分解為以下內容，包括（　）。

   A. 耗費差異　　　　　　　　B. 預算差異
   C. 開支差異　　　　　　　　D. 用量差異

4. 作業成本法與傳統的成本法相比，其優勢在於（　）。

   A. 拓寬了產品成本的計算範疇
   B. 提供更為客觀、準確的成本信息
   C. 成本計算對象是單一層次的對象
   D. 間接費用分配標準的單一，計算簡單

5. 下列方法中，屬於產品成本計算的擴展方法的有（　）。

   A. 作業成本法　B. 分類法　　C. 定額成本法　D. 標準成本法

6. 成本動因按其在作業成本中體現的分配性質不同，可以分為（　）。

   A. 資源動因　　B. 作業動因　C. 產品動因　　D. 價格動因

7. 下列各項中，可以揭示作業成本法與傳統成本法控制區別的是（　）。

   A. 成本控制的對象不同　　　B. 成本控制的性質不同
   C. 研究範疇不同　　　　　　D. 成本改進的側重點不同

8. 下列各項中，屬於作業成本計算與傳統成本計算的區別的是（　）。

   A. 以作業中心來歸集資源費用　B. 採用多元化的製造費用分配標準
   C. 不計算產品成本　　　　　　D. 計算作業消耗

9. 作業按其層級不同可以分為（　）。

   A. 單位層作業　　　　　　　B. 批量層作業
   C. 產品層作業　　　　　　　D. 綜合能力維持層次的作業

10. 下列各項中，可以為作業成本計算理論依據的是（　）。

    A. 作業消耗資源　　　　　　B. 產品消耗作業
    C. 成本性態分析　　　　　　D. 直接人工成本的增加

三、計算題

1. Y公司生產甲產品需要使用一種直接材料B，本期生產甲產品200件，耗用B材料900千克，B材料的實際價格為每千克100元。假設B材料的標準價格為每千克110元，單位甲產品的標準用量為5千克，要求對材料B進行成本差異分析。

2. Y公司本期生產甲產品200件，實際耗用人工8,000小時，實際工資總額為80,000元，平均每工時10元。假設標準工資率為9元/小時，單位產品的工時耗用標準為28小時，要求對直接人工進行差異分析。

3. Y公司本期生產甲產品200件，實際耗用人工8,000小時，實際發生變動製造費用20,000元，變動製造費用實際分配率為每直接人工工時2.5元。假設變動製造費用標準分配率為3元，標準耗用人工工時為6,000小時，要求對變動製造費用進行差異分析。

4. Y公司本期生產甲產品400件，發生固定製造費用1,424元，實際工時為890小

時，企業生產能力為 500 件，即 1,000 小時，每件產品固定製造費用標準成本為 3 元/件，即每件產品標準工時為 2 小時，標準分配率為 1.5 元/小時。要求用兩差異法和三差異法對固定製造費用進行差異分析。

四、案例應用分析

作業成本法應用案例：三德興公司

1. 企業背景及問題的提出

廈門三德興公司為生產硅橡膠按鍵的企業，主要給遙控器、普通電話、移動電話、計算器和電腦等電器設備提供按鍵。1985 年 11 月開始由新加坡廠商在廈門設廠生產，1999 年為美國 ITT 工業集團控股。廈門三德興公司年總生產品種約 6,000 種，月總生產型號 300 多個，每月總生產數量多達 2 千萬件，月產值為人民幣 1,500 萬元，員工約 1,700 人。企業的生產特點為品種多、數量大、成本不易精確核算。

廈門三德興公司在成本核算和成本管理方面大致經過兩個階段：

第一階段（1980—1994 年）：無控制階段。1994 年以前，國內外硅橡膠按鍵生產行業的競爭很少，基本上屬於賣方市場，產品的質量和價格完全控制在生產商手裡，廈門三德興公司作為國內主要的硅橡膠按鍵的生產商之一，在生產管理上最主要的工作是盡可能地增加產量，基本上沒有太多地考慮成本核算與成本管理的問題。

第二階段（1994—2000 年底）：傳統成本核算階段。從 1994 年開始，一方面，硅橡膠行業的競爭者增多，例如臺灣大洋、旭利等企業的加入；另一方面，由於通訊電子設備的價格下降，硅橡膠產品的價格也不斷下降，1994 年硅橡膠價格跌了近 20%。硅橡膠行業逐漸變為買方市場。成本核算問題突出表現出來，此時公司才開始意識到成本核算問題的重要性。在這個階段，公司主要採用傳統成本法進行核算，即首先將直接人工和直接原材料等打入產品的生產成本裡，再將各項間接資源的耗費歸集到製造費用帳戶，然后再以直接人工作為分配基礎對整個製造過程進行成本分配。分配率的計算公式為：分配率＝各種產品當月所消耗的直接人工/當月公司消耗的總直接人工。

由此分配率可得到各產品當月被分配到的製造成本，再除以當月生產的產品數量，從中可以得到產品的單位製造成本，將單位製造成本與直接原材料和直接人工相加即得到產品的單位生產總成本。企業簡單地將產品的單位總成本與產品單價進行比較，從中計算出產品的盈虧水平。

1997 年下半年的亞洲金融風暴造成整個硅橡膠市場需求量的大幅度下降，硅橡膠生產商之間的競爭變得異常激烈，產品價格一跌再跌，已經處在產品成本的邊緣，稍不注意就會虧本，因此，對訂單的選擇也開始成為一項必要的決策。廈門三德興公司的成本核算及管理變得非常的重要和敏感。此時，硅橡膠已經從單純的生產過程轉向生產和經營過程，一方面，生產過程複雜化了，廈門三德興公司每月生產的產品型號多達數百個，且經常變化，每月不同，其中消耗物料達上千種，工時或機器臺時在各生產車間很難精確界定，已經無法按照傳統成本法對每個產品分別進行合理、準確的成本核算，也無法為企業生產決策提供準確的成本數據；另一方面，企業中的行政管理、技術研究、后勤保障、採購供應、營銷推廣和公關宣傳等非生產性活動大大增加，為此類活動而發生的成本在總成本中所占的比重不斷提高，而此類成本在傳統成本法

下又同樣難以進行合理的分配。如此一來，以直接人工為基礎來分配間接製造費用和非生產成本的傳統成本法變得不適用，公司必須尋找其他更為合理的成本核算和成本管理方法。

2. 作業成本法在企業的實際運用

在作業成本法下，作業被認為是由生產引起的，生產導致作業的發生，產品消耗作業，作業消耗資源，並導致間接成本和間接費用的發生。產品成本就是製造和運送產品所需要的全部作業的成本之總和。因此，根據作業成本法的處理方法，間接費用或間接成本不在各產品之間進行間接分配，而是在各作業項間進行分配，體現了費用分配的因果關係，從而使作業成本乃至產品成本的計算都較為準確。作業成本法的實質就是在資源耗費與產品耗費之間借助「作業」這一「橋樑」來分離、歸納、組合，最后形成產品成本。具體來說，廈門三德興公司實施的作業成本法包括以下三個步驟：

(1) 確認主要作業，明確作業中心

作業是與企業內與產品相關或對產品有影響的活動。企業的作業可能多達數百種，通常只能對企業的重點作業進行分析。根據廈門三德興公司產品的生產特點，筆者從公司作業中劃分出備料、油壓、印刷、加硫和檢查等五種主要作業。其中，備料作業的製造成本主要是包裝物，油壓作業的製造成本主要是電力的消耗和機器的占用，印刷作業的成本大多為與印刷相關的成本與費用，加硫作業的製造成本則主要為電力消耗，而檢查作業的成本主要是人工費用。各項製造成本先後被歸集到上述五項作業中。

(2) 選擇成本動因，設立成本

成本庫按作業中心設置，每個成本庫代表它所在作業中心裡由作業引發的成本。成本庫按照某一成本動因解釋其成本變動。這當中成本動因的選擇非常重要，成本動因是一項作業產出的定量計算。通常成本動因的選擇可以從兩個方面來考慮：一是作業的層次，二是驅動的特點。所謂層次指作業概念中的單位作業、批作業和產品作業等構成。所謂驅動指產品消耗作業的性質。驅動一般包括經濟業務驅動、期間驅動、密度或直接收費驅動等。其中經濟作業驅動指依作業發生的頻率來計量的驅動；期間驅動指用完成每一項作業所花費的時間來計量的驅動；密度或直接收費驅動則指根據每次完成一項作業所實際消耗的資源來計量的驅動。

在廈門三德興公司備料、油壓、印刷、加硫和檢查等五項主要作業裡，對成本動因的各自選擇如下：

①備料作業。該作業很多工作標準或時間的設定都是以重量為依據。因此，該作業的製造成本與該作業產出半成品的重量直接相關，也就是說，產品消耗該作業的量與產品的重量直接相關。所以選擇產品的重量作為該作業的成本動因。

②油壓作業。該作業的製造成本主要表現為電力的消耗和機器的占用，這主要與產品在該作業的生產時間有關，即與產品消耗該作業的時間有關。因此，選擇油壓小時作為該作業的成本動因。

③印刷作業。從工藝特點來看，該作業主要與印刷的道數有關，因此，選擇印刷道數作為該作業的成本動因。

④加硫作業。該作業有兩個特點：一方面，該作業的製造成本主要為電力消耗，

而這與時間直接相關；另一方面，該作業產品的加工形式為成批加工，因此，選擇批產品的加硫小時作為該作業的成本動因。

⑤檢查作業。該作業以人工為主，而廈門三德興公司的工資以績效時間為基礎，因此，選擇檢查小時作為該作業的成本動因。

此外，三德興公司還有工程部、品管部以及電腦中心等基礎作業，根據公司產品的特點，產品直接原材料的消耗往往與上述基礎作業所發生的管理費用沒有直接關係，所以，在基礎作業的分配中沒有選擇直接原材料，而是以直接人工為基礎予以分配。

(3) 最終產品的成本分配

根據所選擇的成本動因，對各作業的動因量進行統計，再根據該作業的製造成本求出各作業的動因分配率，將製造成本分配到相應的各產品中去。然后根據各產品消耗的動因量算出各產品的總作業消耗及單位作業消耗。最后將所算出的單位作業消耗與直接原材料和直接人工相加得出各個產品的實際成本狀況。

由於廈門三德興公司總生產品種約 6,000 種，月總生產型號達 378 種，這裡主要說明三德興公司有代表性的產品型號各自在傳統成本法與作業成本法下分配製造成本上的差別。

3. 傳統成本法與作業成本法實地研究結果的比較

根據上述步驟，以三德興公司在 2000 年 9 月份的生產數據為基礎，對 378 種型號的產品分別核算其產品成本。表 11-17 和表 11-18 分別列出了兩組主要有代表性的計算結果。其中，表 11-17 為在傳統成本法計算下顯示虧本，而經作業成本法重新計算顯示並沒有虧本的產品型號。表 11-18 為在傳統成本法下顯示沒有虧本，而按作業成本法計算卻顯示為虧本的產品型號。

表 11-17　　　　　　　　　產品成本計算比較表

單位：元

產品型號	單價	生產數量（件）	傳統成本法 單位成本	傳統成本法 單位利潤	作業成本法 單位成本	作業成本法 單位利潤
3DS06070ACCA	0.12	385,233	0.120,7	-0.000,7	0.11	0.01
3DS06070AEAA	0.12	434	0.120,7	-0.000,7	0.11	0.01
7505832X01	0.34	424,376	0.36	-0.02	0.11	0.03

表 11-18　　　　　　　　　產品成本計算比較表

單位：元

產品型號	單價	生產數量（件）	傳統成本法 單位成本	傳統成本法 單位利潤	作業成本法 單位成本	作業成本法 單位利潤
EUR51CT78511	0.05	25	0.03	0.02	0.07	-0.02
3DS07206ACCA	0.19	3,015	0.02	0.17	0.47	-0.38
UR51CT984E	0.06	103	0.04	0.02	0.24	-0.18
ST-3000	0.04	1,519	0.038	0.002	0.043	-0.003

表11-18(續)

產品型號	單價	生產數量（件）	傳統成本法 單位成本	傳統成本法 單位利潤	作業成本法 單位成本	作業成本法 單位利潤
3104-207-73731	0.11	456	0.07	0.04	0.20	-0.09
3104-207-68052	0.16	1,533	0.12	0.04	0.18	-0.02
3139-227-64762	0.09	210	0.06	0.03	0.22	-0.13
3135-013-0211	0.09	68	0.07	0.02	1.99	-1.90
20578940	0.41	12	0.14	0.27	0.64	-0.23
BHG420008A	0.11	401	0.06	0.05	0.112	-0.002

通過作業成本法的核算不難看出：

（1）傳統成本法對成本的核算結果與作業成本法對成本的核算結果有相當大的差異。作業成本法是根據成本動因將作業成本分配到產品中去，而傳統成本法則是根據數量動因將成本分配到產品裡。按照傳統成本法核算出來的結果，停止那些虧本產品型號的生產事實上可能將是一個錯誤的決策。

（2）在傳統成本法下完全無法得到的各作業單位和各產品消耗作業的信息却可以在作業成本法中得到充分的反應，公司從而可以分析在那些虧本的產品型號中，究竟是哪些作業的使用偏多，進而探討減少使用這些作業的可能。比如對於與傳統成本法相比較成本較高的「20578940」型號產品，可以看出其主要的消耗在油壓和加硫兩項作業上，這樣公司就可以考慮今後如何改善工藝，減少此類產品在這兩項作業上的消耗，從而減少產品成本。

（3）對於在傳統成本法中核算為虧本而在作業成本法下不虧本的產品型號，可以通過作業成本法來瞭解成本分配的信息。比如型號為「3DS06070ACAA」的產品在傳統成本法中分配到的每單位製造成本為0.014,99美元，而在作業成本法中每單位製造成本却僅為0.000,54美元。此型號產品的各項作業消耗實際上都很小，主要是直接人工消耗相對較大，但按照傳統成本法以直接人工作為分配基礎，就導致該型號產品分攤到過多的並非其所消耗的製造成本，因而出現成本虛增，傳遞了錯誤的成本信號，容易導致判斷和決策上的失誤。

（4）通過作業成本法的計算，我們還可以瞭解到在公司總的生產過程中，哪一類作業的消耗最多，哪一類作業的成本最高，從而知道從哪個途徑來降低成本，提高生產效率。油壓作業的單位動因成本最高，其作業的總成本也最大。印刷作業的成本動因量及作業總成本次之。因此，今後應對這兩個作業從不同的角度來考慮如何予以進行改善。比如通過增加保溫，減少每小時電力消耗的方法來降低油壓作業每小時作業的成本；通過合併工序來減少印刷作業的動因量。如此，通過加強成本核算與成本管理把企業的管理水平帶動到作業管理層次上來。

4. 對廈門三德興公司作業成本法實地研究的體會與思考

在歷時半年多的對廈門三德興公司應用作業成本法的實地研究中，我們有如下四個方面的體會和思考：

（1）動因的選擇不必求全，但應該找到最重要的、與主要成本花費相關的關鍵因子

本文的實地研究伊始，曾試圖找出與所有成本耗用均相關的成本動因，但經多方面嘗試后證明該做法是不可能的，在一個獨立的作業中不可能所有的耗費都與同一個成本動因成正比。以后，筆者轉而試圖將作業進行進一步的細分，但隨即發現如此一來將會有非常之多的作業，在實際生產中要統計這些作業也是困難重重。經反覆探討並仔細研究作業成本法的原理后，最終採用如下方法：即先選擇出相對獨立的、對產品的形成影響較大的主要作業，然后再確定作業中與主要的成本消耗相關性較大的成本動因。這一做法雖然會在一定程度上降低成本核算的準確度，但正如卡普蘭教授和阿特金森教授所指出的，一個合理的作業成本制度的目標不是擁有最準確的成本計量方法。如果把一個產品實際的成本消耗看作是靶的中心，一個相對簡單的制度只要能始終如一地擊中靶的中環和外環就可以算得上準確。而傳統的成本制度實際上從來沒有擊到過靶，甚至連放靶的牆也沒有擊到。

（2）成本動因的選擇可採取多元化的方式，注意與傳統成本核算系統相結合

事實上，作業成本法與傳統成本法並不是相互排斥的，它是在解決傳統成本法存在問題的基礎上對傳統成本法的發展。例如在本文的實地研究中，選擇備料成本動因時，就選取了「備料重量」這一通常在傳統成本法裡使用的分配因子，這有助於提高成本核算的準確性和合理性。

（3）企業實施作業成本法必須要以完善的計算機系統為基礎

像廈門三德興公司這類消耗原材料的種類和生產的產品品種都較多的企業，如果沒有計算機系統的支持幾乎是完全不可能的。本文對作業成本法的應用完全基於以下計算機系統條件：企業的計算機已實現網路連接，已建立配方庫、標準庫等基礎數據系統，已按管理信息系統建立了獨立的核算系統，具有數據處理中心及形成相應的信息。

（4）在當今日益激烈的競爭環境裡，企業能否生存及獲得發展的關鍵之一就在於能否以較低的投入獲得較高的收益

在給定投資決策前提下，成本核算與成本管理成為企業能否獲利的一項重要決定因素。誰成本控制得好，誰就能以相對較低的價格獲得競爭優勢，而成本控制的前提之一在於獲得正確的成本信息，只有正確地掌握產品各類成本的構成及來源，才能有效地控制成本。但在傳統成本法下，企業各項間接性的成本大都以直接人工或機器小時等為標準分配到各產品中去，對於像廈門三德興公司這類原材料和產品品種數量繁多、差異又大的企業而言，傳統的成本分配方法非常不準確。它提供了產品成本的錯誤信息，使企業的成本控制無的放矢，難以真正達到控制成本的目的。

與此相反，作業成本法把企業的生產活動看成是由一系列的作業所組成的，它通過一定的成本動因將產品與實際所使用的作業聯繫在一起，而作業又再與所消耗的資源相聯繫，每完成一項作業都要消耗掉一定的資源。這樣核算出來的成本就比較能反應出企業真實的成本狀況，從而為管理者提供較為真實的成本信息，有利於企業的成本核算和成本管理。

請根據以上資料，回答下列問題：

(1) 你認為作業成本法實施以前三德興公司在成本核算方面存在的主要的問題是什麼？

(2) 為什麼說作業成本法較傳統成本核算及成本控制先進？

(3) 實施作業成本管理一定要先實現作業成本計算嗎？

(4) 如何設置作業中心？

12　成本報表和報表分析

教學目標：

通過本章的學習，瞭解成本報表的概念和種類，理解成本報表的作用與編製要求及成本分析的意義，掌握產品生產成本表、主要產品單位成本表和各種費用報表的結構及編製方法，掌握成本分析的方法及其應用。

教學要求：

知識要點	能力要求	相關知識
成本報表編製	(1) 瞭解成本報表的種類、作用及編製要求； (2) 掌握各種成本報表的編製方法	(1) 成本報表的種類、作用及編製要求； (2) 全部產品成本報表編製； (3) 主要產品成本報表編製； (4) 各種費用報表編製
成本報表分析	(1) 掌握成本分析的方法； (2) 掌握各種分析方法的應用	(1) 比較分析法及其應用； (2) 比例分析法及其應用； (3) 因素分析法及其應用

基本概念：

產品成本報表　全部產品　主要產品　可比產品　費用報表　報表分析　比較分析法　比率分析法　因素分析法

導入案例：

亞洲某公司曾經是一家典型的泡沫企業，它過去主要生產存儲器芯片，1995 年，其業務約占公司銷售額的 50%、利潤額的 90%。1997 年，公司的長期債務數額高達 180 億美元，是其總資產額的 3 倍。同年，席捲該國的經濟衰退造成存儲器芯片價格大幅度下滑，迫使該企業經營管理者不得不認真思考公司的未來和發展。經分析，他們逐漸認識到企業需要進行變革，因為浪費性的生產使企業存在的問題日趨惡化。截至 1997 年，該企業電視機的系列產品已經出現了相當於 3 個月產量的庫存積壓，究其原因主要是企業員工的績效評估只取決於單位生產成本這一項經濟指標。這促使他們僅關注生產盡可能多的產品，而對產品是否有銷路毫不關心。該公司改革的第一舉措就是裁減了半數的高級經理，裁員人數在 54,000～84,000 人之間，以此削減了公司大約

三分之一的支出。此后，又出售了價值19億美元的企業資產，包括一架專用飛機和一家半導體子公司。另外，還砍掉了許多不必要的費用開支，比如高爾夫俱樂部會員費、招待費以及專車的費用支出等。這些重大舉措使得企業削減了約108億美元的長期債務，企業的債務額降到了低於資產淨值的水平，這種財務狀況，使銀行對該公司重新恢復了信心。企業還認識到，單純削減開支還不會產生高額利潤。企業的收入將來源於無形資產，比如營銷能力、品牌形象以及新的產品線。以前，企業在市場份額、產品產量、出口額度等問題上苦苦掙扎。現在，企業的目標是通過創新，設計高端產品在市場中獲利。今天，該企業已經成為通信設備、液晶顯示和數字化產品的全球領先廠商。該案例給我們以下思考：企業要增加利潤取決於哪些因素？降低成本一定會給企業帶來利潤嗎？企業環境對成本分析有何影響？

12.1 成本報表概述

12.1.1 成本報表的概念

　　成本報表是指根據日常成本核算資料及其他有關資料編製的，用來反應企業一定時期產品成本和期間費用水平及其構成情況，反應企業一定時期內產品成本水平和費用支出情況，據以分析企業成本計劃執行情況和結果的報告文件。是用表格形式反應企業在一定會計期間生產經營耗費和產品成本水平，以作為考核和分析企業成本計劃執行情況的依據的書面報告。

　　正確、及時地編製成本報表是成本會計的一項重要內容。成本是綜合反應企業生產技術和經營、管理工作水平的一項重要質量指標。成本指標的綜合性特點，以及它與其他各項技術、經濟指標的關係，決定了企業各車間、班組和各職能部門及生產經營全過程的成本管理。成本報表是向企業經營管理者提供各種成本信息的內部管理會計報表，通過編製和分析成本報表，可以考核企業成本計劃和費用預算的執行情況，為正確進行成本決策提供信息資料。編製和分析成本報表，是企業成本會計工作的一個重要組成部分。

12.1.2 成本報表的特點

　　成本報表是為內部經營管理服務的內部管理會計報表，他一般不需要對外報送或公布。因此，與企業的財務會計報告中的資產負債表、利潤表和現金流量表等對外會計報表相比較，成本報表具有如下特點：

　　1. 成本報表是為滿足企業內部經營管理的需要而編製的報表

　　在市場經濟條件下，為了競爭的需要，對企業的生產和經營情況、費用支出的發生情況、產品成本水平及其構成情況等，一般採取保密的態度，因此反應成本信息的成本報表是企業的內部報表，反應企業的商業秘密，不對外報送和公開，它服務於企

業內部經營管理。雖然成本報表無需對外報送，但是企業管理者瞭解、分析業已完成的經營過程，並據此展望未來的發展趨勢，離不開成本報表。成本報表所提供的信息能否滿足企業經營管理的需要，是衡量成本會計工作質量的主要標準之一，為企業提供完整的生產業務信息是成本報表的主要功能。

2. 成本報表沒有統一的格式，其報送存在個性差異

一個企業的成本信息總是與其特定的生產工藝和生產組織緊密相聯的，不同企業對成本管理存在不同的要求，也必然反應到成本信息上來，因此，企業可以根據需要自行規定報表的種類、格式、編製時間、報送程序、報送範圍，並可定期修改與調整。這是成本報表這一內部管理會計報表區別於外部會計報表的一個重要特徵。值得注意的是，在一般情況未發生重大變化時，企業的成本報表應該保持穩定，便於企業不同期間進行比較。

3. 提供的信息具有綜合性和全面性

成本報表是會計核算資料與其他技術經濟資料密切結合的產物，成本指標是綜合反應企業生產、技術、經營和管理工作水平的重要質量指標。企業產品產量的多少，產品質量的高低，原材料、燃料與動力的節約和浪費，工人勞動生產率的高低，職工平均工資的增減，機器設備等固定資產的利用程度，廢品率的高低，以及企業生產經營管理工作的好壞等，都會或多或少、直接或間接地反應到費用成本上來，因此，成本報表提供的成本信息可以綜合反應企業經營管理工作的質量。

12.1.3 成本報表的作用

1. 反應企業一定時期內產品成本水平及其構成情況

成本報表所提供的產品成本是一項綜合性指標，它反應了企業產品產量的增減、產品質量的優劣、企業資源消耗的多少、勞動效率和技術水平的高低、資金週轉的快慢以及管理質量的高低等各方面的信息。利用這些信息，企業能夠及時發現企業在生產、技術、質量、管理等方面存在的問題，尋求降低產品成本的途徑，並調整生產策略。

2. 提供一定時期內各責任部門的費用水平及其構成情況

成本費用發生於日常的零星支出中，執行者可以是各管理部門，也可以是企業的各個員工。成本報表所提供的各項費用，既可以考核和明確生產、技術、質量、管理等有關部門和人員執行成本計劃的情況，瞭解成本結構的變化趨勢，發現成本管理工作中存在的問題；又可以評價各部門、各崗位執行成本計劃的成績和責任，總結經驗，實施合理的獎懲；同時還可以結合其他相關資料，進行綜合分析，為企業經營決策提供及時有效的依據。並在此基礎上獎勵先進，鞭策后進，增強職工崗位責任感，為全面完成企業成本降低任務而努力，並為以後編製成本計劃提供依據。

3. 為分析成本差異和編製成本計劃提供依據

成本報表提供的成本資料，與預先制定的成本計劃進行對比，可以發現產品成本的超支或節約情況。再將超支或節約的差異分解為若干個因素，分析各因素產生的原因及其影響程度，特別是重點分析那些屬於不正常的、不符合常規的關鍵性差異對產

品成本升降的影響，這為查明成本升降的主要原因和責任，加強成本控制提供了依據。成本報表作為本期成本計劃完成情況的系統總結，在本期產品成本實際水平的基礎上，管理部門將考慮計劃期內可能出現的有利因素和不利因素，重新制定計劃期內的成本計劃水平。同時，管理部門也根據成本報表資料對未來時期的成本進行預測，為企業制定正確的經營決策和加強成本控制與管理提供必要的依據。

4. 為確定產品定價方法提供參考

企業的最終目的是盈利，科學制定產品定價策略、合理進行產品定價，是企業實現盈利最大化經營目標的一個關鍵環節。在現實生活中，儘管有著眾多的產品定價策略和產品定價方法可供企業選擇，但產品成本是企業產品定價的底線，成本加利潤也是企業產品定價的一種基本方法。因此，成本報表提供的相關資料，是確定產品定價策略和進行產品定價的基本參考資料之一。

12.1.4 成本報表編製的要求

為了使成本報表能夠在企業生產經營和管理活動中發揮出應有的作用，在其編製中要注意以下問題：

1. 成本報表的設置和格式應具有針對性

成本報表作為內部報表，其設置要適應成本管理中某一方面的需要，突出成本管理中的重點問題，對成本形成影響大、費用發生集中的部門，要單獨設置有關成本報表，以提供充分的成本信息，從而使成本報表的編製能取得理想效果。例如，全部產品成本報表是反應企業全部產品總成本和各種主要產品單位成本及總成本的報表，一般按產品種類反應。但企業也可根據成本管理的需要，按成本項目反應，或按成本與產品產量的依存關係（即成本性態）反應。而為了突出反應和考核主要生產部門（產品生產集中，且對產品成本影響大、費用集中發生於此的部門），可以設置生產部門的產品成本表。

此外，成本報表格式的設計，應能針對某一具體業務的特點及其存在的問題，重點突出，簡明扼要，切忌表式複雜龐大，避免無用的繁瑣計算。例如，責任成本報表是反應各責任單位報告期內責任成本實際發生情況及其與預算差異情況的，因此，報表中必須反應預算和實際的責任成本指標及其差異。一般來說，無須根據產量及責任成本情況計算填列單位產品應負擔的責任成本，因為這種計算填列雖然看似指標更為詳細，但對考核責任單位的預算完成情況沒有重要意義，同時使報表的重點突出，增加了填列報表的工作量和成本。

2. 在計量和填報方法上，應保持一貫性

編製成本報表時，會計處理方法以及計算口徑和填報方法應當前後各期保持一致，以保證成本報表所反應的成本信息具有可比性。否則，將對成本信息的產生帶來不利影響。但是，當情況發生變化，計量和填報方法的變更成為合理和必須時，也應該採用新的填列方法，同時應在報表附註中加以說明，對成本費用的升降情況、原因及影響等做出分析，以避免前後各期成本信息的波動給企業經營管理者造成誤導。

3. 報表編製要做到數字真實、計算準確、內容完整、說明清楚、編報及時

在編製報表時，要根據實際的成本計算資料和有關的實際與計劃資料編製報表，不能任意調整成本數字和以估計數字代替實際數字，更不允許弄虛作假，篡改報表數字。要將報告期內所有的經濟業務全部入帳，不得將本期的經濟業務留到下期入帳，也不能將下期的經濟業務提前到本期入帳，並按有關規定做好對帳、結帳工作。在編製的報表中，主要報表種類要齊全，表內指標及表內補充資料要完整，並注意保持各成本報表計算口徑一致。對定期報送的主要成本報表，還應分析說明產生成本、費用升降的原因，應採取的措施等文字資料。會計部門與有關部門及車間要加強協作，相互配合，特別是有關部門應為成本報表編製及時提供所需要的有關資料。要充分掌握相關成本核算資料。不僅要做好日常成本核算工作，還要注意整理搜集有關的歷史成本、歷史成本計劃、費用預算資料等。

12.1.5 成本報表的分類

成本報表是服務於企業內部經營管理的企業內部報表，因此從報表的格式、編報項目到報送時間和報送對象，都是由企業根據自身生產經營過程的特點、企業經營管理，特別是成本管理的具體要求所確定的。同時，在瞬息萬變的市場中，企業還要適應其連續不斷的變化而斷調整其成本策略。所以，不僅各企業之間成本報表的內容不盡相同，就是同一企業，不同時期也可能會要求編製不同的成本報表。一般情況下，企業編製的成本報表都具有較大的靈活性和多樣性，可隨著生產條件的變化、管理要求的提高而隨時進行修改和調整，同時又緊密地聯繫著企業生產工藝和生產組織的特點及對成本管理的要求。為了充分而又正確地認識和理解各有關成本報表，有必要對其進行科學的分類。依據不同的標準，成本報表可分為不同的種類。

1. 成本報表按其反應的經濟內容不同，分為反應成本情況的報表和反應費用情況的報表

反應成本情況的報表是指反應企業產品生產成本情況的報表，包括全部產品生產成本表、主要產品單位成本表、責任成本表、質量成本表等。這類報表側重於揭示企業為生產一定種類和數量產品所花費的成本是否達到了預定的目標，通過分析比較，找出差距，明確薄弱環節，進一步採取有效措施，為挖掘降低成本的內部潛力提供有效的資料。

反應費用情況的報表是指反應企業各種費用預算執行情況的報表，包括製造費用明細表、銷售費用明細表、管理費用明細表、財務費用明細表等。這類報表側重於揭示在一定時期的費用支出總額及其構成，以瞭解費用支出的合理性以及支出變動的趨勢，有利於管理部門正確制定費用預算，控制費用支出，考核費用支出指標的合理性，明確有關部門和人員的經濟責任，防止隨意擴大費用開支出範圍。

2. 成本報表按其編製的時間，分為定期成本報表和不定期成本報表

成本報表在編製的時間上具有很大的靈活性，可以定期編製報送，也可以不定期地編製報送。定期成本報表一般按月、季、年編製。根據企業內部管理的要求，也可以按旬、周、日乃至工作班來編製。全部產品生產成本表、主要產品生產成本表、製

造費用明細表、銷售費用明細表、管理費用明細表、財務費用明細表等屬於定期成本報表。

不定期成本報表是為了將成本管理中急需解決的問題及時反饋給有關部門，隨時編製的與該問題相關的成本報表。如在發生較為異常的成本差異時，需及時將信息反饋給有關部門而編製的有關成本費用表，再生產加工過程中因出現內部故障而造成較大損失時需及時將信息反饋給有關部門而編製的質量成本表等。

3. 成本報表按編製的範圍不同，分為企業成本報表、車間成本報表、班組成本報表或個人成本報表等

一般情況下，全部產品生產成本表、主要產品生產成本表、製造費用明細表、銷售費用明細表、管理費用明細表、財務費用明細表等屬於企業成本報表。而責任成本表、質量成本表等既可以是企業成本報表，也可以是車間成本報表、班組成本報表或個人成本報表。此外，各企業還可以根據其生產特點和管理要求，對上述成本報表作必要的補充，也可以結合本企業經營決策的實際需要，編製其他必要的成本報表。

12.2 成本報表及其編製

12.2.1 成本報表的編製方法

成本報表中的指標，有的反應實際數，有的反應累計實際數，有的反應有關的計劃或預算數，還有的反應其他相關資料及補充資料等，多種多樣。其具體的填列方法大致有以下幾種：

（1）表中成本、費用等指標的實際數，一般根據有關的產品成本或費用明細帳的實際發生額填列。

（2）表中的實際成本、費用等指標的累計數，一般根據本期報表的本期成本、費用實際數加上上期報表的實際成本、費用累計數計算填列，如果有關的明細帳中記有期末實際成本、費用累計數，可以直接根據該數據填列。

（3）表中的成本、費用等指標計劃或預算數，一般根據有關的計劃或預算數填列。

（4）表中的其他資料和補充資料，應根據報表相應的編製規定填列。

12.2.2 常見企業成本報表的編製

1. 全部產品生產成本表

全部產品生產成本表是指反應企業在年度內生產和銷售的全部產品生產成本的報表。利用該表可以瞭解產品成本的構成，比較前後兩期的成本變動情況，分析產品成本變動的原因，為挖掘降低產品成本的潛力提供參考資料。企業根據管理的需要可以編製按可比產品和不可比產品分類反應的全部產品生產成本表，也可以編製按成本項目反應的產品生產成本表，還可以編製按成本性態反應的產品生產成本表以及按主要產品和非主要產品反應的全部產品的生產成本報表等。下面舉例說明從不同的角度編

製產品生產報表的方法。

(1) 按產品品種反應的全部產品生產成本報表

按產品品種反應的全部產品生產成本表，是指按產品種類匯總反應工業企業在報告期內生產的全部產品的單位成本和總成本的報表。該表可以分為實際產量、單位成本、本月總成本和本年累計總成本四部分。表中按照產品種類分別反應本月產量、本年累計產量，以及上年實際成本、本年計劃成本、本月實際成本和本年累計實際成本。

如某企201×年12月份的全部產品生產成本表（按產品品種反應）格式見表12-1。

表12-1　　　　　　　全部產品生產成本表（按產品品種反應）
　　　　　　　　　　　　　　　201×年12月　　　　　　　　　　　單位：元

產品名稱	計量單位	實際產量		單位成本			本月總成本			本年累計總成本		
^	^	本月	本年累計	上年實際平均	本年計劃	本月實際	本年實際平均	按上年實際平均單位成本計算	按本年計劃單位成本計算	本月實際	按上年實際平均單位成本計算	按本年計劃單位成本計算	本年實際
可比產品合計												
A												
B												
不可比產品合計												
C												
產品生產成本合計												

補充資料：

①可比產品成本降低額。

②可比產品成本降低率。

③按現行價格計算的商品產值。

④產值成本率。

在表12-1中，對於主要產品，應按產品品種反應實際產量和單位成本，以及本月總成本和本年累計總成本。對於非主要產品，則可按照產品類別，匯總反應本月總成本和本年累計總成本。對於上一年沒有正式生產過而沒有上年成本資料的產品，即不可比產品，不反應上年成本資料。對於上一年度正式生產過且具有上年成本資料的產品，一般稱為可比產品，還應反應上年成本資料。

在該表中，各種產品的本月實際產量，應根據相應的產品成本明細帳填列。本年累計實際產量，應根據本月實際產量，加上上月本表的本年累計實際產量計算填列。本月實際平均單位成本，應根據上年度本表所列全年累計實際平均單位成本填列。本年計劃單位成本，應根據本年度成本計劃填列。本月實際單位成本，應根據表中本月實際總成本除以本月實際產量計算填列。如果在產品成本明細帳或產成品成本匯總表中有著現成的本月產品實際的產量、總成本和單位成本，表中這些項目都可以根據產品成本明細帳或產成品成本匯總表填列。表中本年累計實際平均單位成本，應根據表中本年累計實際總成本除以本年累計實際產量計算填列。按上年實際平均單位成本計算的本月總成本和本年累計總成本，應根據本月實際產量和本年累計實際產量，乘以

上年實際平均單位成本計算填列。按本年計劃單位成本計算的本月總成本和本年累計總成本，應根據本月實際產量和本年累計實際產量，乘以本年計劃單位成本計算填列。本月實際總成本，應根據產品成本明細帳或產成品成本匯總表填列。本年累計實際總成本，應根據產品成本明細帳或產成品成本匯總表本年各月產成品成本計算填列。如果有不合格品，應單列一行，並註明「不合格品」字樣，不應與合格產品合併填列。對於可比產品，如果企業或上級機構規定有本年成本比上年成本的降低額或降低率的計劃指標，還應根據該表資料計算成本的實際相比降低額或降低率，作為表的補充資料填列在表的下端。如果本年可比產品成本與上年相比不是降低，而是升高，成本的降低額和降低率應用負數填列。如果企業可比產品品種不多，其成本降低額和降低率，也可以按產品品種分別計劃和計算。按產品種類反應的產品生產成本表中的本月實際總成本的合計數和本年累計實際總成本的合計數，應與按成本項目反應的產品生產成本表本月實際的產品生產成本合計數和本年累計實際的產品生產成本合計數分別核對相符。

（2）按成本項目反應的全部產品成本表

該表可以分為生產費用和產品生產成本兩部分。其中生產費用部分按照成本項目反應報告期內發生的各項生產費用及其合計數。產品生產成本部分是在生產費用合計基礎上，加上在產品和自制半成品的期初餘額，減去在產品和自制半成品的期末餘額，算出的產品生產成本合計數。各項費用和成本，還可以按上年實際數、本年計劃數、本月實際數和本年累計實際數分欄反應。按成本項目反應的全部產品成本表的具體格式見表12-2。

表12-2　　　　　　　　　全部產品生產成本表（按成本項目反應）

201×年12月　　　　　　　　　　單位：元

成本項目	上年實際	本年計劃	本月實際	本年累計實際
直接材料				
直接人工				
製造費用				
生產費用合計				
加：在產品、自制半成品期初餘額				
減：在產品、自制半成品期末餘額				
產品成本合計				

表內各項目的填寫方法如下：上年實際應根據上年度有關的成本明細帳填列。本年計劃數應根據成本計劃有關資料填列。本月實際數應根據各種產品成本明細帳所記本月生產費用合計數，按成本項目分別匯總填列。本年累計實際數應根據本月實際數，加上上月本表的本年累計實際數計算填列。期初、期末在產品和自制半成品餘額，應根據各種產品成本分別匯總填列。以生產費用合計數加（減）在產品、自制半成品期初、期末餘額，即可計算出產品成本合計數。

2. 主要產品單位成本表

主要產品是指企業經常生產，在企業全部產品中所占比重較大，能概括反應企業生產經營面貌的那些產品。主要產品單位成本表是指反應企業在報告期內生產的各種主要產品單位成本水平和構成情況的報表。該表應按主要產品分別編製，是對全部產品生產成本表所列主要產品成本的補充說明。利用此表，可以按照成本項目分析和考核主要產品單位成本計劃的完成情況。可以按照成本項目將本月實際和本年累計實際平均單位成本與上年實際平均單位成本進行對比，瞭解單位成本與上年相比的升降情況；與歷史先進水平進行比較，瞭解與歷史先進水平是否還有差距，借以分析單位成本變化、發展的趨勢。可以分析和考核各種主要產品的主要技術經濟指標的執行情況，進而查明主要產品單位成本升降的具體原因。

主要產品單位成本報表包括按成本項目反應的單位成本和單位成本的主要技術經濟指標兩部分。該表的單位成本部分分別反應歷史先進、上年實際平均、本年計劃、本月實際和本年累計實際平均單位成本。該表的技術經濟指標部分主要反應原材料、生產工時等消耗情況。其具體格式如表 12-3 所示。

表 12-3　　　　　　　　　　主要產品單位成本表
201×年度　　　　　　　　　　　　　　　　　　單位：元

產品名稱			本月實際產量		
規格			本年累計實際產量		
計量單位			銷售單價		
成本項目	歷史先進水平	上年實際平均	本年計劃	本月實際	本年實際平均
直接材料					
直接人工					
製造費用					
產品生產成本					
主要產品技術經濟指標	耗用量	耗用量	耗用量	耗用量	耗用量
原材料					
主要材料					
生產工時					
動力					

本表的填列方法如下：

（1）銷售單價。應根據產品定價單記錄填列。

（2）產量。本月及本年累計計劃產量應根據生產計劃填列。本月實際產量應根據產品成本明細帳或完工產品成本匯總表填列。本年累計實際產量應根據上月本表的本年累計實際產量，加上本月實際產量計算填列。

（3）單位成本。歷史先進水平，應根據歷史上該種產品成本最低年度本表的實際平均單位成本填列。上年實際平均單位成本，應根據上年度主要產品單位成本表累計

實際平均單位成本填列。本年計劃單位成本，應根據本年度成本計劃填列。本月實際單位成本，應根據產品成本明細帳或產成品成本匯總表填列。本年累計實際平均單位成本，應根據該種產品成本明細帳所記錄的自年初至報告期末完工入庫產品實際總成本除以累計實際產量計算填列。

（4）主要技術經濟指標，即該種產品主要原材料的耗用量和耗費的生產工時等，應根據業務技術核算資料填列。

3. 製造費用明細表

製造費用明細表是指反應企業及其生產單位在一定會計期間內發生的製造費用總額及其構成情況的報表。它可以考核製造費用計劃的執行結果，可以分析各項費用的構成情況和增減變動原因，可以為編製下期製造費用預算提供可靠的參考資料。為了加強費用管理，及時瞭解製造費用的發生情況，製造費用明細表一般按月編製。在某些季節性工業企業，製造費用明細表也可以按年編製。

製造費用明細表是按製造費用項目設置的，並分欄反應各費用的本年計劃數、上年同期實際數、本月實際數、本年累計實際數。製造費用明細表的內容與格式參見表12-4。

表12-4 製造費用明細表

201×年12月 單位：元

項目	本年計劃數	上年同期實際數	本月實際數	本年累計實際數
職工薪酬				
低值易耗品攤銷				
勞動保護費				
水費				
電費				
運輸費				
折舊費				
辦公費				
機物料消耗				
其他				
合計				

製造費用明細表按製造費用項目分別反應該費用的上年計劃數、本年同期實際數和本年累計實際數。其中：「上年同期實際數」應根據上年該表的數字填列；「本年計劃數」應根據本年度報審后的「製造費用計劃（預算）」填列；「本年累計實際數」反應本年製造費用的累計發生數額，應根據「製造費用明細帳」的記錄資料計算填列。

通過編製「製造費用明細表」可以分析製造費用計劃的執行情況，以及各個費用項目的增減變動情況，便於企業對增減變動幅度較大的項目進行深入分析，並採取相應措施，力求節約支出，降低產品成本。

4. 期間費用明細表

期間費用明細表是指反應企業一定會計期間內各項期間費用的發生額及其構成情況的報表，包括銷售費用明細表、管理費用明細表和財務費用明細表。

（1）銷售費用明細表

銷售費用明細表一般按其費用項目，分別反應該費用項目的上年實際數、本年計劃數、本月實際數和本年累計實際數。利用該表，可以分析各費用項目的構成及其增減變動情況，考核銷售費用計劃的執行情況。「銷售費用明細表」的構成情況如表12-5 所示。

表 12-5　　　　　　　　　　　　銷售費用明細表

201×年 12 月　　　　　　　　　　　　　　　　　　單位：元

項目	本年計劃數	上年同期實際數	本月實際數	本年累計實際數
職工薪酬				
低值易耗品攤銷				
業務費				
廣告費				
展覽費				
運輸費				
包裝費				
辦公費				
折舊費				
其他				
合計				

銷售費用明細表中，「上年實際數」根據上年 12 月份編製的銷售費用明細表中「本年累計實際數」欄的數字填列；「本年計劃數」根據本年銷售費用預算資料填列；「本月實際數」根據銷售費用明細帳中各費用項目本月發生額填列；「本年累計實際數」根據銷售費用明細帳中各費用項目本年累計發生額填列，也可以將「本月實際數」加上上月本表中「本年累計實際數」後填列。

（2）管理費用明細表

管理費用明細表一般按其費用項目，分別反應該費用項目的上年實際數、本年計劃數、本月實際數和本年累計實際數。利用該表，可以分析各費用項目的構成及其增減變動情況，考核管理費用計劃的執行情況。「管理費用明細表」的構成情況如表12-6 所示。

表 12-6 管理費用明細表
201×年 12 月　　　　　　　　　　　　　單位：元

項目	本年計劃數	上年同期實際數	本月實際數	本年累計實際數
職工薪酬				
物料消耗				
辦公費				
差旅費				
會議費				
仲介機構費				
業務招待費				
研究費				
修理費				
其他				
合計				

　　管理費用明細表中，「上年實際數」根據上年 12 月份編製的管理費用明細表「本年累計實際數」欄的數字填列；「本年計劃數」根據本年管理費用預算資料填列；「本月實際數」根據管理費用明細帳中各費用項目本月發生額填列；「本年累計實際數」根據管理費用明細帳中各費用項目本年累計發生額填列，也可以根據「本月實際數」加上上月本表中「本年累計實際數」後填列。

　　(3) 財務費用明細表

　　財務費用明細表一般按其費用項目，分別反應該費用項目的上年實際數、本年計劃數、本月實際數和本年累計實際數。利用該表，可以分析各費用項目的構成及其增減變動情況，考核財務費用計劃的執行情況。「財務費用明細表」的構成情況如表 12-7 所示。

表 12-7 財務費用明細表
201×年 12 月　　　　　　　　　　　　　單位：元

項目	本年計劃數	上年同期實際數	本月實際數	本年累計實際數
利息支出（減利息收入）				
匯兌損失（減匯兌收益）				
金融機構手續費				
其他籌資費用				
合計				

　　財務費用明細表中，「上年實際數」根據上年 12 月份編製的財務費用明細表「本年累計實際數」欄的數字填列；「本年計劃數」根據本年財務費用預算資料填列；「本月實際數」根據財務費用明細帳中各費用項目本月發生額填列；「本年累計實際數」根

據財務費用明細帳中各費用項目本年累計發生額填列，也可以根據「本月實際數」加上上月本表中「本年累計實際數」后填列。

12.3 成本分析

　　成本分析是指按照一定的原則，採取一定的方法，對一定時期內企業成本的計劃、定額和有關資料與成本的實際發生情況進行綜合分析評價，揭示成本各組成部分之間的關係以及成本各組成部分變動和其他有關因素變動對成本的影響，以尋找降低成本的途徑，促進企業成本不斷降低的一種成本管理工作。成本分析是成本管理的重要組成部分。由於成本是反應企業生產經營管理活動水平的綜合性指標，因此，對成本的組成進行剖析，分析成本的本質特性及其變化的規律，對正確認識和評價企業生產經營管理水平，採取有效措施降低成本，具有十分重要的作用。

12.3.1　成本分析的程序

　　進行成本分析，一般應遵循下列程序：
　　1. 明確分析目標
　　成本分析一定要有目標，它是分析的標準和評價的依據。首先必須全面瞭解情況，分析所依據的資料，如計劃和核算資料、實際情況的調查研究資料、企業歷史資料以及同類企業的先進水平資料等。同時，應明確分析的要求、範圍，結合所掌握的情況，擬定分析內容和步驟，逐步實施。
　　2. 研究比較，揭示差距
　　根據分析的目的，將有關指標的實際數與計劃數或同類型企業的數據相比較。其中，實際數與計劃數的比較是最重要的，可據以初步評價企業工作，指出進一步分析的重點和方向。
　　3. 分析原因，挖掘潛力，提出措施，改進工作
　　查明影響計劃完成的原因，才能提出改進措施。影響計劃完成的原因是多方面的、相互聯繫的，要採用一定的方法，瞭解有關因素的各自影響，並找出主要因素。在分析了影響計劃完成的因素之後，應初步明確哪些環節還有潛力可挖。要根據實際情況，提出挖掘潛力的措施並落實到有關崗位，使企業的生產經營工作不斷得到改進。

12.3.2　成本分析的內容

　　成本分析是對成本會計所提供的信息進行分析，由於成本報表是成本信息的主要載體，因此，從總體來講，成本分析的內容主要就是對成本報表中提供的成本信息行分析。具體來說成本分析的內容又可以分為以下幾種：
　　1. 成本計劃執行情況的定期分析
　　成本計劃執行情況的定期分析指對全部產品成本、可比產品成本、主要產品單位成本等指標的計劃執行情況進行分析和評價。

2. 成本效益分析

成本效益分析指對每百元商品產值成本指標、百元銷售收入成本費用、成本費用利潤率等指標的分析。

3. 成本技術經濟分析

成本技術經濟分析指主要技術經濟指標對產品單位成本影響的分析。

4. 產品單位成本的分析

產品單位成本的分析是為了確定產品設計結構、生產工藝過程、消耗定額等因素變動對成本的影響，計算分析各指標對單位成本的影響，以便全面、客觀地評價企業成本完成情況。主要產品單位成本進行分析是指先從總的方面分析主要產品的單位變動情況，然后再進一步按成本項目分析其成本升降變化狀況。

5. 其他成本分析

其他成本分析包括期間費用分析、責任成本分析、質量成本分析等。

12.3.3 成本分析的目的

成本分析的目的主要包括以下幾個方面：

1. 為選擇最優方案和正確編製成本計劃提供依據

成本決策和成本計劃離不開成本分析，成本決策分析包括分析和決策兩部分內容，分析是決策的一個重要環節。通過成本分析，對各方案有關成本的各種因素及其變化趨勢做出科學的估計，把技術的先進性、市場的可靠性和經濟的合理性綜合起來進行研究，為企業領導、決策人員做出決策提供客觀依據，從中選擇一個最佳方案。成本分析為編製成本計劃提供依據。成本計劃的編製既要分析上年成本計劃執行的情況，查明成本變動原因，又要預測計劃年度可能出現影響成本變動的各種因素，對已經發生和將要發生的問題採取措施，充分挖掘降低成本的潛力。所以，只有在成本分析基礎上制訂出的成本計劃，才是高質量的，才能保證企業經濟活動向既定的成本目標進行。

2. 揭示成本差異原因，實施成本控制

成本計劃在執行過程中受到多方面因素的影響，有技術因素和經濟因素、宏觀因素和微觀因素、人的因素和物的因素。這些因素對成本有不利影響，如果得不到及時的糾正，就會導致企業成本計劃不能順利完成，從而影響企業經營目標的實現。為此，企業必須對成本計劃的實施進行有效的過程控制分析，隨時確定計劃的執行情況，及時掌握實際脫離計劃的偏差，從而逐步認識和掌握成本變動的規律，同時，對差異形成原因和責任要進行全面的分析和評價，指出出現不合理的環節和相關責任人員，通知有關部門制定相應措施，促進成本計劃實現。

3. 合理評價成本計劃本身及其完成情況，正確考核成本責任單位的工作業績

應通過系統地、全面地分析成本計劃完成或沒有完成的原因，對成本計劃本身及其執行情況進行合理評價，總結本期實施成本計劃的經驗教訓，以便今后更好地完成計劃任務，並為下期成本計劃的編製提供重要依據。同時，通過分析，還要評價成本責任單位的成績或不足，查明哪裡先進，何處落後，並分析先進的原因、落後的原因。

這樣可以正確考核成本責任單位工作業績，為落實獎懲制度提供可靠依據，從而調動各責任單位提高成本效益的積極性和主動性。

　　4. 挖掘降低成本的潛力，不斷提高企業經濟效益

　　成本分析的根本任務是為了挖掘降低成本的潛力，促使企業以較少的勞動消耗生產出更多更好的產品，實現更快的增長。因此，成本分析的核心就是圍繞著提高經濟效益不斷挖掘降低成本的潛力，充分認識未被利用的勞動和物資資源，尋找利用不完善的部分和原因，發現進一步提高利用效率的可能性，以便從各方面揭露矛盾，找出差距，制定措施，使企業經濟效益不斷提高。

12.3.4　成本分析原則

　　企業在進行成本分析時，必須遵守一定的原則。成本分析的原則是組織成本分析工作的規範，是發揮成本分析職能作用、完成成本分析任務和使用分析方法的準繩。成本分析所遵循的原則主要有以下幾點：

　　1. 把事前預測分析、事中控制分析和事後核查分析結合起來

　　在成本發生之前就開展預測分析。在成本發生過程中，實行控制分析。在成本形成之後，搞好考核分析。只有把事前分析、事中分析和事後分析結合起來，建立起完整的分析體系，才能將成本分析貫穿於企業再生產全過程，從而做到事前發現問題、事中及時揭示差異、事後正確評價業績。這對於提前採取相應措施，把影響成本差異因素消滅在發生之前或萌芽狀態之中，以及總結經驗教訓、指導下期成本工作，都具有明顯的積極意義。

　　2. 把定量分析和定性分析結合起來

　　在進行成本分析時，沒有定性分析就弄不清事物的本質、趨勢和與其他事物之間的聯繫。沒有定量分析就弄不清影響因素的數量界限及事物發展的階段性和特殊性。兩者的關係是：定性分析是基礎，定量分析是深化，兩者相輔相成，互為補充。所以，在成本分析中，要貫徹定性分析與定量分析相結合的原則。切忌以純粹的數學計算代替經濟分析，也不能毫無根據地憑主觀想像下結論。只有在定量分析的基礎上進行科學的定性分析，才能得出正確結論。

　　3. 經濟分析與技術分析相結合的原則

　　成本的高低既受經濟因素影響，又受技術因素影響，在一定程度上技術因素起決定性作用。所以，成本分析如果只停留在經濟指標的分析，而不深入技術領域，結合技術指標進行分析，就不能達到其目的。為此，必須要求分析人員通曉一些技術知識並注意發動技術人員參加成本分析，把經濟分析與技術分析結合起來。所謂經濟分析與技術分析相結合，就是指通過經濟分析為技術分析提供課題，增強技術分析的目的性。而技術分析又可反過來提高經濟分析的深度，並從經濟效果角度對所採取的技術措施加以評價，從而通過改進技術來提高經濟效果，通過這兩方面分析的結合，就能防止片面性，並能結合技術等因素查明成本指標變動的原因，以全面改進工作，提高效率。

4. 全面分析與重點分析相結合的原則

分析成本報表，既要有總的評價，又要有深入細緻的具體分析。進行成本報表分析，應從全部產品生產成本計劃和各項費用計劃完成情況的總評價開始，然後按照影響成本計劃完成情況的因素逐步深入，具體地分析。從總評價開始，可以防止分析的片面性，並可從複雜的多種影響因素中找出需要進一步分析的具體問題。但是，分析不能停留在對成本總體指標計劃完成情況的總評價上。為了弄清成本升降的具體原因，挖掘降低成本的潛力，找出降低成本的途徑，還必須在總評價的基礎上，根據總括分析中發現的問題，對重點產品的單位成本及其成本項目或重點費用項目進行深入具體的分析。

12.3.5 成本分析的方法

成本分析方法是計算各項成本數據的重要手段，也被稱為技術方法。企業進行成本分析，應根據企業本身的成本費用特點、成本分析的要求和掌握的資料情況確定採用的成本分析方法。企業在採用某些方法進行成本分析時，既要注意定量分析，又要注意定性分析，通過事物現象的分析來揭示問題的本質。企業進行成本分析時採用的方法主要有以下幾種：

1. 比較分析法

比較分析法是指通過對不同時間或不同情況下相互關聯的指標進行對比來確定數量差異的一種方法。主要是通過指標對比，從數量上確定指標間的差異，進而分析差異產生的原因，揭示客觀上存在的差距，從而為進一步分析指出方向，以便採取措施，降低成本。在成本分析的實際工作中，比較分析法主要有以下幾種指標間的對比形式：

（1）實際指標與計劃或定額指標對比。通過對比，可以說明計劃（定額）的完成情況，揭示完成計劃（定額）和未完成計劃（定額）指標的差異。但是在對比時，計劃或定額指標必須合理、可行，才有實際意義。

（2）本期實際指標與前期（上期、上年同期或歷史上最好水平）實際指標對比。通過對比，可以發現企業成本指標的變動情況和變動趨勢，以便採取措施改進企業生產經營工作。

（3）本企業實際指標與國內外同行業先進指標對比。通過對比，可以瞭解企業成本水平在國內外同行業中所處的地位，在更大範圍內揭示差異，有利於學習先進經驗，促進企業改善經營管理，逐步縮短與先進企業之間距離。

採用比較分析法，要注意對比指標的同質性，即對比指標採用的計價標準、時間單位、計算方法、指標口徑等是可比的。在比較同類企業成本指標時，還必須考慮到客觀條件、技術經濟條件等。如果相比的指標之間有不可比因素，應先將可比的口徑進行調整，然後再進行對比。此外，比較分析法只能用於絕對指標的對比。在很多情況下需要進行相對數的比較分析時，要將比較分析法和其他分析方法結合起來使用。

2. 比率分析法

比率分析法是指通過計算和對比經濟指標的比率進行數量分析的一種方法。它是利用兩個經濟指標的相關性，通過計算比率來考察和評價企業經營活動效益的一種技

術方法。所謂比率，就是一個指標與另一個指標的比率。比率數字計算簡便，並且由於它把兩項指標的絕對數變成了相對數，從而使一些條件不同、不可比的指標成為可比的相對數，拓寬了比較的基礎和比較分析法的應用範圍。比率分析法是經濟分析中被廣泛採用的一種方法，這種方法實際上也是一種比較分析法，是相對數指標的實際數同基數的對比分析。由於分析的內容和要求不同，比率分析法也有不同的表現形式：

（1）相關指標比率分析法。相關指標比率分析法就是指計算兩個性質不同但又相關的指標的比率（即相對數），進行數量分析的一種方法。在實際工作中，由於不同企業之間或同一企業的不同時期，生產規模不同等原因，某些指標如產值、銷售收入或利潤等絕對數缺乏可比性。

此時，將兩個性質不同但又相關的指標進行對比求出比率，然後再以實際數與計劃（或前期實際）數進行對比分析，便可以從經濟活動的客觀聯繫中，更深入地認識企業的生產經營狀況。例如，利潤總額與營業成本總額的比率，反應了企業一定時期內所得（利潤總額）與所費（營業成本總額）之間的比例關係。這一比率是反應成本效益的重要指標，稱作營業成本利潤率。營業成本利潤率越高，說明企業的經濟效益越好。再如，生產成本總額與產值的比率稱作產值成本率，產值成本率反應了企業一定時期內生產耗費與生產成果的關係，該指標越低說明每元錢所帶來的產值越高。

（2）構成比率分析法。構成比率也叫做結構比率，是指某項經濟指標的各個組成部分佔總體的比重。構成比率分析法是通過計算部分與全部的比率，並通過比較構成比率，瞭解某項經濟指標的構成情況，考察總體組成部分的變動情況的一種數量分析方法，也稱比重分析法。其計算公式如下：

構成比率＝某個組成部分的數額/該總體總額

例如，在單位產品成本或產品總成本中，各個成本項目所佔的比重；期間費用總額中，銷售費用、管理費用和財務費用各自所佔的比重，在某一期間費用總額中，各個具體費用項目所佔的比重等，都是構成比率。

通過計算產品成本中各個成本項目的比重、費用總額中各個費用項目的比重，可以反應產品成本、費用總額的構成是否合理。將不同時期的成本構成比率相比較，可以觀察產品成本構成的變動，掌握經濟活動情況，瞭解企業改進生產技術和經營管理對產品成本的影響。此外，將實際指標與計劃或定額指標相比較，可以反應實際與計劃或定額之間的差異。

（3）動態比率分析法。動態比率分析法是指通過連續若干期相同指標的數值對比，來揭示各期指標之間的增減變動的情況，據以預測發展趨勢的一種分析方法，也稱趨勢分析法。其中分析時所採用的指標既可以是絕對指標，也可以是相對指標。對比時，可以以某個時期為基數，其他時期分別與該時期的基數進行對比，這種比率稱為定基比率；也可以分別以前一時期為基數，後一時期與前一時期的基數進行對比，這種比率稱作環比比率。

通過計算動態比率，可以分析客觀事物的發展方向、增減速度及其發展趨勢。例如，將不同期的產值成本率、銷售成本率、成本利潤率或構成產品成本的各個費用項目的比重等，同某一期進行比較，就可以發現這些指標的增減速度和變動趨勢，並從中發

現企業在生產經營管理方面的成績或不足，有助於企業管理者做出合理的經營決策。

【例 12-1】某企業連續四年的銷售費用分別為 100 萬元、95 萬元、93 萬元、101 萬元。以第一年度為基期，計算其各年產品銷售費用的定基比率和環比比率。

定基比率：

第一年定為：100%

第二年：95÷100×100% = 95%

第三年：93÷100×100% = 93%

第四年：101÷100×100% = 101%

環比比率：

第一年定為 100%

第二年：95÷100×100% = 95%

第三年：93÷95×100% = 97.89%

第四年：101÷93×100% = 108.60%

比較各年度的定基比率和環比比率可以看出，該企業銷售費用的總體趨勢是下降的，但第四年有所上升，應進一步分析其原因。如果上升的原因是因為企業合理的支出（如為了擴大影響或增加產品銷售量，在第四年度增加廣告與展覽費用，就屬於合理的費用），企業就不用過多地加以關注；如果造成銷售費用上升的原因是不合理的（如在沒有擴大規模的前提下，銷售部門的日常支出增加就不屬於合理的費用），則應加以控制，以求降低企業的費用支出。

3. 因素分析法

因素分析法是指將某一綜合經濟指標分解成若干相互聯繫的原始因素，採用一定的計算方法，確定各因素變動對該項經濟指標的影響方向和影響程度的方法。某些成本指標是綜合性價值指標，它受到許多因素的影響，只有把成本指標分解為若干個構成因素，才能明確成本指標完成情況的原因和責任，因此必須運用因素分析法進行成本分析。運用因素分析法時，首先要確定綜合指標由哪幾個因素構成，並建立各因素與該指標之間的函數關係。然后根據分析目的，選用適當的方法進行分析，測定各因素變動對指標的影響程度。因素分析法按照計算程序和方法的不同可分為以下兩種：

(1) 連環替代法

連環替代法是指在影響綜合指標的各因素中，順序地把其中一個因素當作可變的，而暫時把其他因素看做不變的，進行替代，從而測定出各個因素對綜合指標影響程度的一種分析方法。其基本程序是：

①確定綜合經濟指標及其影響因素的實際數與基數（計劃數或前期實際數）。

②以綜合指標實際數和基數的差額作為分析對象，並確定各因素影響指標的排列順序。

③以基數為計算基礎，按照各因素的排列順序，逐次以各因素的實際數替代其基數，且每次替換後實際數就被保留下來，直到所有因素的基數都被實際數所替代為止。每次替換後都計算出新的結果。

④將每次替換所計算的結果減去替換前的結果，其差額就是替換因素變動對綜合

指標變動的影響結果。

⑤計算各因素變動影響結果的代數和，這個代數和就是分析對象，即綜合指標的實際數與基數的差額。這個代數和應等於該指標的實際指標值與標準指標值的差異總數，否則，計算過程中就有錯誤。

假定 M 為一綜合指標，可以分解成 A、B、C 三項構成因素，其中 A 為最主要因素即第一因素，B 為次主要因素即第二因素，C 為次要因素即第三因素。如果用 M_0 代表基期數、用 M_1 代表對比期指標數，分別 M'用 M"和代表第一次和第二次替換后的指標，用 P 代表差異，則連環替代法的計算原理如下：

基期指標：　　　　　　　　　　$M_0 = A_0 \times B_0 \times C_0$
第一次替代后：　　　　　　　　$M' = A_1 \times B_0 \times C_0$
第一因素 A 對 M 的影響：　　　$P_1 = M' - M_0$
第二次替代后：　　　　　　　　$M'' = A_1 \times B_1 \times C_0$
第二因素 B 對 M 的影響：　　　$P_2 = M'' - M'$
第三次替代后：　　　　　　　　$M_1 = A_1 \times B_1 \times C_1$
第三因素 C 對 M 的影響：　　　$P_3 = M_1 - M''$
我們可以驗證一下，總的差異　　$P = P_1 + P_2 + P_3$
　　　　　　　　　　　　　　　$= M' - M_0 + M'' - M' + M_1 - M''$
　　　　　　　　　　　　　　　$= M_1 - M_0$

下面以影響產品原材料成本總額變動的三個因素為例，說明這一分析方法的計算程序。

【例 11-2】某企業材料費用的有關資料如表 12-8 所示。

表 11-8　　　　　　　　　材料費用相關資料匯總表

項目	綜合指標	構成因素		
	材料費用（元）	產品產量（件）	單位產品消耗量（千克/件）	材料單價（千克/元）
計劃數	15,000	100	5	30
實際數	11,000	110	4	25
差異數	-4,000	+10	-1	-5

從上述資料中可以看出，影響材料費用總額變動的因素有三個：產品產量、單位產品的材料用量和材料單價。它們之間的關係可以用下列公式表示：

材料費用總額＝產品產量×單位產品的材料用量×材料單價

利用這個公式逐項替代和測定各因素的影響，就可以較為清楚地看到材料費用總額以及實際數低於計劃數的 4,000 元是怎樣形成的。其計算過程如下：

計劃指標：　　　　　　　　$M_0 = 100 \times 5 \times 30 = 15,000$（元）
第一次替代后：　　　　　　$M' = 110 \times 5 \times 30 = 16,500$（元）
第一因素 A 對 M 的影響：　$P_1 = 16,500 - 15,000 = 1,500$（元）

第二次替代后： $M'' = 110 \times 4 \times 30 = 13,200$（元）
第二因素 B 對 M 的影響： $P_2 = 13,200 - 16,500 = -3,300$（元）
第三次替代后： $M_1 = 110 \times 4 \times 25 = 11,000$（元）
第三因素 C 對 M 的影響： $P_3 = 11,000 - 13,200 = -2,200$（元）
我們可以驗證一下，總的差異：
$$P = P_1 + P_2 + P_3$$
$$= 1,500 - 3,300 - 2,200$$
$$= -4,000（元）$$

　　從以上的分析可以看出，產品單耗對材料的影響是使材料總成本節約 3,300 元。由於材料單價的降低使得材料總成本降低 2,200 元。而由於產品產量的升高使得材料總成本上升 1,500 元。總體來說該企業的材料成本超額完成了計劃目標，但是，還應該具體分析。材料單耗一般是生產部門所做出的貢獻，應對生產部門進行獎勵，但是材料單耗的降低必須是在保證質量的前提下所產生的，不能只求完成計劃的單耗目標而偷工減料。產品產量的增加所引起的材料超計劃領用應結合產品的銷售狀況進行分析，若是銷售很好，材料的超計劃領用是可以的，若是一味地追求產品產量，造成產品的積壓就是浪費損失。此外，對材料單價的降低也需要進一步查明原因，看看材料單價的降低是材料採購部門努力地結果還是其他的原因，存不存在以次充好的現象。只有查明以上各個因素變動的具體原因，才能採取有效的措施，實現降低成本、節約費用的目的。

　　從上述計算程序中，可以看出這一分析方法具有以下特點：

　　①計算程序的連環性。這種連環性體現在兩個方面：一方面，除第一次替換外，每個因素的替換都是在前一個因素替換的基礎上進行的；另一方面，在計算各因素的影響額時，都是將每次替換後所得的結果與其相鄰近的前一次計算的結果相比較，兩者的差額就是所替換那個因素變動對綜合經濟指標變動的影響程度。

　　②因素替換的順序性。採用連環替代法，改變因素的排列順序，計算結果會有所不同。為了便於比較和分析，應當確定因素的排列順序。在實際工作中，一般將反應數量的因素排列在前，反應質量的因素排列在後；反應實物量和勞動量的因素排列在前，反應價值量的因素排列在後。例如，影響產品原材料消耗總額的因素有產品產量、單位產品材料消耗量和材料單價三個因素，一般按產品產量、單位產品材料消耗量、材料單價的順序排列。

　　③運用這一方法測定某一因素變動的影響時，是以假定其他因素不變為條件的。因此，計算結果只能說明是在某種假定條件下計算的結果。這種科學的抽象分析方法，是在確定事物內部各種因素影響程度時必不可少的。

　　（2）差額計算法。差額計算法是連環替代法的簡化形式，它是根據各因素本期實際數值與計劃（基期）數值的差額，直接計算各因素變動對經濟指標影響程度的方法。運用這一方法時，先要確定各因素實際數與計劃（基期）數之間的差異，然後按照各因素的排列順序，依次求出各因素變動的影響程度。它的應用原理與連環替代法一樣，只是計算程序不同。仍用上例數字資料，以差額計算法測定各因素影響程度。

分析對象：　　　　　　　　　　11,000-15,000=-4,000（元）
產品產量變動對材料費用的影響：10×5×30=1,500（元）
材料單耗變動對材料費用的影響：110×（-1）×30=-3,300（元）
材料單價變動對材料費用的影響：110×4×（-5）=-2,200（元）
總差異：　　　　　　　　　　　1,500-3,300-2,200=-4,000（元）

從計算分析結果可以看出，差額分析法與前述連環替代法計算的結果相同。但由於計算更簡便，所以，差額計算法應用比較廣泛，特別是在影響因素較少的時候更為適用。

以上介紹了成本分析的比較分析法、比率分析法和因素分析法，這些分析方法從其本質上來說都是比較分析法。比率分析法是通過分子指標與分母指標的比較，來考察經濟業務的相對效益；因素分析法是通過各項因素替換結果的比較，來揭示實際數與基數之間產生差異的因素和各因素的影響程度。趨勢分析法是通過連續若干指標之間的比較，來預測企業經濟發展的趨勢。成本分析除了以上方法外，還有許多具有專門用途的方法，如直接法、餘額法、成本性態分析法等，所有這些方法共同構成了成本分析的方法體系。

12.4　成本報表分析

12.4.1　全部產品成本報表分析

全部產品成本報表分析，主要是指全部產品成本計劃的完成情況分析和可比產品成本降低目標的完成情況分析，一般是在月份、季度或年度的終了，根據「全部產品成本表」，結合其他有關的成本資料，採用指標對比法進行分析。首先將全部產品的實際總成本與按實際產量調整計算的計劃總成本相比較，確定本期產品實際總成本與計劃總成本相比的節約或超支額。然後分別計算可比產品成本和不可比產品成本的節約或超支額。最後，根據以上計算結果，進行節約或超支額情況的因素分析等。

1. 全部產品總成本計劃完成情況分析

全部產品總成本完成情況分析，就是對本期產品實際總成本比計劃總成本的節約或超支額的分析，是一種總括性的分析。在實際工作中，根據需要可按產品種類、成本項目、成本性態等方面進行分析。下面主要以產品類別為例進行有關分析。

按產品種類編製的全部產品成本表上列明了本年累計實際數、本年計劃數和上年實際數，都是整個年度的生產費用和產品成本。可以就產品生產成本合計數、生產費用合計數及其各項生產費用進行對比，分析全部產品成本計劃完成的總括情況，揭示差異，以便進一步分析。

【例 12-3】假定某企業 201×年 12 月份的全部產品生產成本表（按產品品種反應）如表 12-9 所示。

表 12-9　　　　　　　　全部產品生產成本表（按產品品種反應）
201×年 12 月　　　　　　　　　　　　單位：元

產品名稱	計量單位	實際產量 本月	實際產量 本年累計	單位成本 上年實際平均	單位成本 本年計劃	單位成本 本月實際	單位成本 本年實際平均	本月總成本 按上年實際平均單位成本計算	本月總成本 按本年計劃單位成本計算	本月總成本 本月實際	本年累計總成本 按上年實際平均單位成本計算	本年累計總成本 按本年計劃單位成本計算	本年累計總成本 本年實際
可比產品合計								76,000	70,000	72,000	776,000	715,000	719,500
A	件	1,000	10,000	60	55	58	56	60,000	55,000	58,000	600,000	550,000	560,000
B	件	500	5,500	32	30	28	29	16,000	15,000	14,000	176,000	165,000	159,500
不可比產品 C	件	20	230	—	120	110	115	—	2,400	2,200	—	27,600	26,450
合計									72,400	74,200		742,600	745,950

補充資料：

（1）可比產品成本降低額為 56,500 元。

（2）可比產品成本降低率為 7.281%。

（3）按現行價格計算的商品產值為 1,268,000 元。

（4）產值成本率為 58.83%（計劃值為 58.56%）。

　　表中，可比產品是企業過去曾經正式生產過，有完整的成本資料。而不可比產品是企業本年度初試生產的新產品，或雖非初次生產，但以前僅屬試製而未正式投產的產品，因此缺乏可比的成本資料。根據上述產品成本表資料編製全部產品成本計劃完成情況分析表，如表 12-10 所示。

表 12-10　　　　　　　全部產品成本計劃完成情況分析表
　　　　　　　　　　　　　　　　　　　　　　　　　　單位：元

產品名稱	計劃總成本	實際總成本	實際比計劃降低額	實際比計劃降低率
1. 可比產品	715,000	719,500	+4,500	+0.629%
其中：A	550,000	560,000	+10,000	+1.818%
B	165,000	159,500	-5,500	-3.33%
2. 不可比產品 C	27,600	26,450	-1,150	-4.167%
合計	742,600	745,950	+3,350	+0.451%

表中數字的計算如下：

本年累計全部產品成本實際比計劃升降額＝實際總成本－計劃總成本
$$=745,950-742,600$$
$$=3,350$$

本年累計全部產品成本計劃完成率 $=\dfrac{\sum(\text{各種產品實際單位成本}\times\text{實際產量})}{\sum(\text{各種產品計劃單位成本}\times\text{實際產量})}\times 100\%$

$$=\dfrac{745,950}{742,600}\times 100\%=1.045,1\%$$

成本升降率＝104.51%－100%＝0.451%

　　計算表明，本月全部產品實際總成本高於計劃成本 3,350 元，同比上升了

0.451%。其中，可比產品累計實際總成本超過計劃4,500元，主要是A產品成本超支，超支額為10,000元，而B產品成本是降低的，降低額為5,500元。不可比產品C實際成本比計劃降低1,150元。顯然，導致本年度全部產品實際成本沒有完成計劃任務的主要是因為A產品成本超支，應進一步查明A產品成本超支的具體原因。

為了把企業產品的生產耗費和生產成果聯繫起來，綜合評價企業生產經營的經濟效益，在全部產品成本計劃完成情況的總評價中，還應包括產值成本率指標的分析。從上述產品成本表補充資料中可知，本年累計實際產值成本率為58.83元/百元，比計劃超0.27元，說明該企業生產耗費的經濟效益有所下降。

2. 分析可比產品成本降低計劃的完成情況

所謂可比產品成本降低情況分析，就是指將可比產品實際成本與按實際產量和上年實際單位成本計算的上年實際總成本相比較，確定可比產品的實際降低額和降低率，並同計劃降低指標相比，評價企業可比產品成本降低任務完成情況，確定各因素的影響程度。

要分析可比產品成本降低計劃完成情況，就必須知道可比產品的有關計劃指標，以及計劃完成情況的資料。前者可以從相關管理部門所制定的計劃任務中獲悉，後者可以從全部產品生產成本表（按產品品種反應）中獲得。假設，企業的成本計劃中規定的可比產品產量如表11-9所示，可以編製可比產品成本降低計劃表，如表12-11所示。

表 12-11　　　　　　　　可比產品成本降低計劃表

單位：元

可比產品	全年計劃產量（件）	單位成本 上年實際平均	單位成本 本年計劃	總成本 按上年實際平均單位成本計算	總成本 按本年計劃單位成本計算	計劃降低指標 降低額	計劃降低指標 降低率（%）
A	12,000	60	55	720,000	660,000	60,000	8.33
B	5,000	32	30	160,000	150,000	10,000	6.25
合計				880,000	810,000	70,000	7.95

其中：

可比產品成本計劃降低額 = 880,000 − 81,000 = 70,000（元）。

可比產品成本計劃降低率 = $\frac{70,000}{880,000} \times 100\% = 7.95\%$。

根據表11-9可以編製可比產品成本計劃降低完成情況分析表，如表11-12所示。

表 11-12　　　　　　可比產品成本降低計劃完成情況分析表

單位：元

可比產品	總成本 按上年實際平均單位成本計算	總成本 本期實際	計劃完成情況 降低額	計劃完成情況 降低率（%）
A	600,000	560,000	40,000	6.67
B	176,000	159,500	16,500	9.38
合計	776,000	719,500	56,500	7.28

分析實際脫離計劃的差異：

對比表 11-10 和表 11-11：

計劃降低額 70,000 元，計劃降低率 7.95%。

實際降低額 56,500 元，實際降低率 7.28%。

實際脫離計劃差異：

降低額 = 56,500-70,000 = -13,500（元）

降低率 = 7.28%-7.95% = -0.67%

從以上對比中可以看出，可比產品成本降低計劃沒有完成，實際比計劃少降低 13,500 元，實際降低率比計劃降低率低 0.67%。

值得注意的是，成本降低額和成本降低率被同時用來作為可比產品的成本降低任務是必要的。因為一般來說，成本降低率愈大，成本降低額也愈大，但成本降低率只表示產品成本水平的升降變化情況，不受產量多少影響，而成本降低額則還受產量多少的影響。在實際工作中，當規定了這兩個指標的任務後，往往會出現以下情況：各種產品及全部產品的兩個指標任務都得以完成；沒有完成某種產品的成本降低率計劃，但完成了該產品成本降低額計劃；完成了某產品的成本降低率計劃，但沒有完成該產品成本降低額計劃；各種產品的成本降低率計劃都得以完成，但總的成本降低率計劃沒有完成；企業沒有一種產品的成本計劃降低額完成，但卻完成了總的降低率計劃；等等。因此，分析可比產品成本降低情況時必須從降低額和降低率兩個方面進行，並進一步分析各因素的影響程度。

影響可比產品成本降低計劃完成情況的因素，概括起來有以下三個：

一是產品產量。成本降低計劃是根據計劃產量制定的，實際降低額和降低率都是根據實際產量計算的。因此，產量的增減，必然會影響可比產品成本降低計劃的完成情況。但是，產量變動影響有其特點：假定其他條件不變，即產品品種構成和產品單位成本不變，單純產量變動，只影響成本降低額，而不影響成本降低率。

【例 12-4】假定在表 12-11 中可比產品的實際產量都比計劃產量提高 10%，而產品的品種構成和單位成本都不變，其成本降低額和成本降低率的情況見表 12-13。

表 12-13　　　　　　　　　產品成本降低額及降低率統計表

單位：元

可比產品	全年實際產量（件）	單位成本 上年實際平均	單位成本 本年計劃	總成本 按上年實際平均單位成本計算	總成本 按本年計劃單位成本計算	計劃完成情況 降低額	計劃完成情況 降低率（%）
A	13,200	60	55	792,000	726,000	66,000	8.33
B	5,500	32	30	176,000	165,000	11,000	6.25
合計				968,000	891,000	77,000	7.95

註：13,200 = 12,000×110%；5,500 = 5,000×110%。

由表 11-13 的計算中可以看出，當 A 產量從計劃的 12,000 件增加為 13,200 件，而單位成本和產品的品種構成都不變時，成本降低額也由原來的 60,000 元上升到

66,000元，即成本降低額也增加了10%，同產量的變化比率相同，但是計劃降低率仍然是8.33%不變。同樣分析B產品以及可比產品總成本也可以得出相同的結論，即單純的產量變動只影響成本降低額而不影響成本降低率。

二是產品品種構成。產品的品種構成是指各種產品產量在全部產品產量中的比重，由於，實物量不能簡單地相加，一般以上年實際平均單位成本或本年計劃成本為基礎計算求得。產品品種構成發生變動時，會影響可比產品成本降低額和降低率的升高或降低。在分析中之所以要單獨計量產品品種構成變動影響，目的在於揭示企業取得降低產品真實成果的具體途徑，從而對企業工作做出正確評價。某產品的品種構成計算公式如下：

$$某產品品種構成 = \frac{某產品實際產量 \times 該產品上年實際單位成本或本年計劃單位成本}{\sum(可比產品本年實際產量 \times 可比產品上年實際單位成本或本年計劃單位成本)} \times 100\%$$

三是產品單位成本。可比產品成本計劃降低額是本年度計劃成本比上年度（或以前年度）實際成本的降低數，而實際降低額則是本年度實際成本比上年度（或以前年度）實際成本的降低數。因此，當本年度可比產品實際單位成本與計劃單位成本相比降低或升高時，必然會引起成本降低額和降低率的變動。產品單位成本的降低意味著生產中活勞動和物化勞動消耗的節約。因此，分析時應特別注意這一因素的變動影響。

分析以上各個因素對成本計劃完成情況的影響可以採用因素分析法中的連環替代法，也可以採用差額分析法。用連環替代法時，一般以計劃產量、計劃品種構成、計劃單位成本下的成本降低額為基數，然后將其依次代替為實際數。其計算公式如下：

產品產量變動對成本降低額的影響

$$= \left[\sum \begin{pmatrix} 本期實\\際產量 \end{pmatrix} \times \begin{pmatrix} 上年實際平\\均單位成本 \end{pmatrix}\right] \times 計劃成本降低率 - 計劃成本降低額$$

$$= \sum \left[\begin{pmatrix} 本期實\\際產量 \end{pmatrix} - \begin{pmatrix} 本期計\\劃產量 \end{pmatrix}\right] \times 計劃成本降低率$$

$$= \frac{-4,500}{776,000} \times 100\% = 0.58\%$$

產品產量變動對成本降低率的影響為0，即在其他因素不變時，單純產量變動不影響成本降低率。

產品品種結構變動對成本降低額的影響為：

$$\left[\sum \begin{pmatrix} 本期實\\際產量 \end{pmatrix} \times \begin{pmatrix} 上年實際平\\均單位成本 \end{pmatrix} - \sum \begin{pmatrix} 本期實\\際產量 \end{pmatrix} \times \begin{pmatrix} 本年計劃\\單位成本 \end{pmatrix}\right]$$

$$- \left[\sum \begin{pmatrix} 本期實\\際產量 \end{pmatrix} \times \begin{pmatrix} 上年實際平\\均單位成本 \end{pmatrix} \times 計劃成本降低率\right]$$

產品品種結構變動對成本降低率的影響為：

$$\frac{產品品種結構變動對成本降低額的影響}{\sum(本期實際產量 \times 上年實際平均單位成本)} \times 100\%$$

產品單位成本變動對成本降低額的影響為：

$$\Sigma \begin{pmatrix} 本期實 \\ 際產量 \end{pmatrix} \times \begin{pmatrix} 本年計劃 \\ 單位成本 \end{pmatrix} - \Sigma \begin{pmatrix} 本期實 \\ 際產量 \end{pmatrix} \times \begin{pmatrix} 本期實際平 \\ 均單位成本 \end{pmatrix}$$

$$= \Sigma \left[本期實際產量 - \begin{pmatrix} 本年計劃 \\ 單位成本 \end{pmatrix} - \begin{pmatrix} 本期實際平 \\ 均單位成本 \end{pmatrix} \right]$$

產品單位成本變動對成本降低率的影響為：

$$\frac{產品單位成本變動對成本降低額的影響}{\Sigma(本期實際產量 \times 上年實際平均單位成本)} \times 100\%$$

【例12-5】根據例12-3的資料，分別分析產品產量、產品品種結構以及單位成本對產品成本計劃降低額及計劃降低率的影響。

產品產量變動對成本降低額的影響為：

77,600×7.95%−70,000=−8,308（元）

即單純產量變動使得成本計劃降低額尚有8,308元的任務沒有完成。

產品產量變動對成本降低率的影響為0。

在分析產品產量變動對成本計劃完成情況的影響時，也可以採用簡化的方法。由之前的分析可知，在其他因素不變的情況下，單純的產量變動只影響產品成本計劃降低額而不影響計劃降低率，因此，產量變動對產品成本降低率的影響為0。即，如果只有單純的產量變動，則實際成本降低率等於計劃成本降低率。

$$實際降低率 = \frac{實際降低額}{按上年實際平均單位成本計算的總成本} \times 100\%$$

實際降低額＝按上年實際平均單位成本計算的總成本×計劃降低率

＝776,000×7.95%

＝61,692（元）

則產量變動對計劃降低額的影響為−8,308元（61,692−70,000）。

產品品種結構變動對成本降低額的影響為：

(776,000−715,000)−77,600×7.95%=−692（元）

產品品種結構變動對成本降低額的影響為：

$$\frac{-692}{776,000} \times 100\% = -0.089\%$$

產品單位成本變動對成本降低額的影響為：

715,000−719,000=−4,500（元）

產品單位成本變動對成本降低率的影響為：

$$\frac{-4,500}{776,000} \times 100\% = -0.58\%$$

各因素對成本降低額的綜合影響為：

−8,308＋（−692）＋（−4,500）＝−13,500（元）

各因素對成本降低率的綜合影響為：

0＋（−0.09%）＋（−0.58%）＝−0.67%

各因素對成本計劃完成情況的綜合影響與之前的分析完全吻合。

12.4.2 主要產品單位成本表的分析

　　主要產品單位成本分析就是指對成本變動較大的主要產品單位成本進行各方面的深入分析。如：主要產品單位成本比計劃、比上期的升降情況；按成本項目分析成本變動情況，查明造成單位成本升降的原因；各項消耗定額的執行情況；產品結構、工藝、操作方法的改變及有關技術經濟指標變動對產品單位成本的影響；等等。

　　進行單位產品成本分析，有利於針對成本升降的具體原因採取措施，從而降低產品成本。單位產品成本分析主要依據主要產品單位成本表、成本計劃和各項消耗定額資料，以及反應各項技術經濟指標的業務技術資料。分析一般是先檢查主要產品單位成本實際比計劃、比上年實際、比歷史最好水平的升降情況，然後按成本項目分析單位產品成本變動的具體原因。因此，單位產品成本分析主要包括兩個方面：主要產品單位成本變動情況的分析和主要成本項目的分析。主要產品單位成本變動情況的分析是對主要產品單位成本所作的一般分析。分析時依據主要產品單位成本表及有關技術經濟指標，查明單位實際成本與基準的差異，確定單位成本是升高還是降低及升降幅度，然后按成本項目進行對比分析，分別確定各成本項目的消耗定額差異和價格差異。必要時還要進一步分析產品產量變動、產品質量水平變動等對單位產品成本的影響。

　　【例 12-6】假設前述例子中所涉及的企業的主要產品 A 單位成本的相關資料如表 12-14 所示，對該企業 12 月份 A 產品單位成本進行分析。

表 12-14　　　　　　　　　　　主要產品單位成本表

201×年 12 月　　　　　　　　　　　　　　　　單位：元

產品名稱	A		本月實際產量	1,000
規格	略		本年累計實際產量	10,000
計量單位	件		銷售單價	94
成本項目	歷史先進水平	上年實際平均	本年計劃	本月實際	本年實際平均
直接材料	30	32	31	32	33
直接人工	11	13	11	13	12
製造費用	14	15	13	11	13
產品生產成本	55	60	55	56	58
主要產品技術經濟指標	耗用量	耗用量	耗用量	耗用量	耗用量
原材料（千克）	10	12	10	12	11

　　根據表 12-14 提供的資料，可以編製 A 產品 12 月份的成本分析表，如表 12-15 所示。

表 12-15　　　　　　　　　　　A 產品成本分析表

201×年 12 月　　　　　　　　　　　　　　　單位：元

成本項目	歷史最好水平	上年實際平均	本年計劃	本年累計實際平均	本月實際	本月差異			
						比歷史最好水平	比上年實際平均	比計劃	比本年實際平均
直接材料	30	32	31	33	32	+2	0	+1	−1
直接人工	11	13	11	12	13	+2	0	+2	+1
製造費用	14	15	13	13	11	−3	−4	−2	−2
單位成本合計	55	60	55	58	56	+1	−4	+1	−2

1. 主要產品單位成本變動情況分析

根據表 12-15 中計算的 A 產品單位成本各項差異可知，A 產品本月實際單位成本與上年實際單位成本相比下降了 4 元，但是與歷史最好水平還相差 1 元，而且與本年計劃水平相比，也有 1 元沒有完成計劃任務。但是當月的單位成本較全年平均水平還是下降了，說明當月對 A 產品單位成本的控制還是有效的。分析單位成本的具體構成項目，可以看出，A 產品製造費用控制得最好，應當總結推廣有益的經驗，並獎勵降低成本的相關工作人員。而單位成本計劃目標沒有完成的主要原因應該是直接材料和直接人工的超支。為了查明具體的原因，還須進一步結合企業的生產技術、生產組織的狀況、經營管理水平和採取的技術組織措施等因素，對各個成本項目（特別是直接材料和直接人工項目）做進一步的具體分析。

2. 主要成本項目分析

一定時期內單位產品成本的高低，是與企業該時期的生產技術、生產組織的狀況和經營管理水平、採取的技術組織措施效果相聯繫的。應緊密地結合技術經濟方面的資料，查明成本升降的具體原因。在一定生產技術條件下，某種類型的產品單位成本項目的構成，應保持在一定的相對水平上。通過成本項目的結構分析，可以大體瞭解單位成本水平變動的原因。例如上述 A 產品中，12 月的直接材料成本項目超支，可能是原材料單耗或單價上升的結果；直接人工項目超支，可能是工資水平上升或勞動生產率下降的結果；等等。因此，在進行具體成本項目分析前，首先要進行成本項目結構的一般分析，以確定成本項目分析的重點。

（1）直接材料費用的分析

直接材料費用的變動主要受單位產品原材料消耗數量和原材料價格兩個因素的變動影響。其變動影響可用以下公式表示：

原材料消耗數量變動的影響＝（實際單位耗用量−計劃單位耗用量）×原材料計劃單價

原材料價格變動的影響＝（原材料實際單價−計劃單價）×原材料單位實際耗用量

【例 12-7】接例 12-6，根據該公司其他資料，A 產品所用的原材料的計劃單價為 3.1 元/千克，實際單價為 2.91 元/千克。結合表 11-14 中材料，分析 A 產品 12 月份直接材料費用。

材料消耗量變動的影響＝（11-10）×3.1＝3.1（元）

材料單價變動的影響＝（2.91-3.1）×11＝-2.1（元）

兩因素變動共使 A 產品 12 月份原材料費用實際比計劃增加了 1 元，即 3.1 元（即 -2.1）元。經過分析可知：直接材料超支的主要原因為材料單位消耗量的增加，這是企業自身的因素，應從產品零部件結構、原材料加工方法、原材料利用率、材料質量、配料比例等技術指標入手分析單耗增加的原因，這是下一步分析的重點。

在上述兩因素中，影響材料單價的因素有材料買價的變動、材料運費的變動、運輸送中的合理損耗的變化、材料整理加工及檢驗貨的變化等。這些因素多屬外界因素，需結合市場供求和材料價格變動情況進行具體分析。

影響單位產品原材料消耗數量變動的因素有很多，歸納起來主要有：第一，產品或產品零部件結構的變化。在保證產品質量的前提下，改進產品設計，使產品結構合理、體積縮小、重量減輕，就能減少原材料消耗，降低原材料費用。第二，原材料加工方法的改變。改進工藝和加工方法或採取合理的套裁下料措施，減少毛坯的切削余量和工藝損耗，就能提高原材料利用率，節約原材料消耗，降低產品成本。第三，材料質量的變化。實際耗用的原材料質量如高於計劃規定，可能會提高產品質量，或者節約材料消耗，但材料費用會升高；反之，如果質量低於計劃要求，價格雖低，但會增大材料消耗量，從而增加生產操作時間，或者降低產品質量。第四，原材料代用或配料比例的變化。在保證產品質量的前提下，採用廉價的代用材料，選用經濟合理的技術配方，就會節約原材料或降低原材料費用。第五，原材料綜合利用。有些工業企業在利用原材料生產主產品的同時，還生產副產品，開展原材料的綜合利用。這樣就可以將同樣多的原材料費用分配到更多品種和數量的產品中去，從而降低主產品的原材料費用。第六，生產中的廢料數量和廢料回收利用情況的變化。此外，生產工人的勞動態度、技術操作水平、機械設備性能以及材料節約獎勵制度的實施等，都會影響原材料消耗數量的增減。

（2）直接人工費用的分析

單位成本中的直接人工費用分析，應按不同的工資制度和不同的工資費用計入成本的方法來進行。企業如果實行的是計件工資制度，這些工資費用的變動主要是由計件單價變動引起的，應該查明該種產品計件單價變動的原因。如果是計時工資制度，單位成本中的直接工資費用是根據單位產品所耗工時數和每小時的工資費用分配計入的，可以比照直接材料費用採用差額計算分析法進行分析（單位產品所耗工時數相當於單位產品的材料消耗數量，每小時的工資費用相當於材料單價），計算產品所耗工時數變動（量差）和小時工資變動（價差）對直接人工費用變動的影響。

單位產品所耗工時變動的影響＝（實際工時單耗-計劃工時單耗）×計劃小時工資率

小時工資率變動的影響＝（實際小時工資率-計劃小時工資率）×實際工時單耗

【例 11-8】假定 A 產品單位工時消耗和小時工資率的計劃數和實際數如表 12-16 所示。

表 12-16　　　　　　　　　A 產品直接人工費用分析表

項目	工時單耗（小時）	小時工資率（元/小時）	單位直接人工費用（元）
本年計劃	2	5.5	11
本月實際	2.6	5	13
直接人工費用差異	+0.6	−0.5	+2

根據計算公式及表 12-16 中有關單位產品工資費用的資料，分析工時單耗及小時工資率的影響程度。

單位產品所耗工時變動的影響＝（2.6−2）×5.5＝3.3（元）
小時工資率變動的影響＝（5−5.5）×2.6＝−1.3（元）
兩個因素綜合影響＝3.3+（−1.3）＝2（元）

以上分析表明：該種產品直接人工費用實際比計劃超支 2 元，完全是由於實際單位工時消耗大於計劃工時單位消耗，而小時工資率則是節約的，它抵消了一部分由於工時消耗超支所產生的直接人工費用的超支額。應結合機器設備性能、材料質量、生產工藝及產品設計的改變、工人勞動技術熟練程度、工作態度等主客觀原因進行分析，並進一步查明單位產品工時消耗超支和每小時工資費用節約的原因。採取一定措施抑制不利影響，進一步提高勞動生產率。

單位產品所耗工時一般和生產工人勞動生產率相關。工人操作的熟練程度越高，勞動生產率就越高，單位產品所耗工時就越低。企業不能一味地追求產品工時單耗的降低，應該查明節約工時以後是否影響了產品的質量。通過降低產品質量來節約工時，是絕對不允許的。每小時工資費用是以生產工資總額除以生產工時總額計算求出的。工資總額控制得好，生產工資總額減少，會使每小時工資費用節約；否則會使每小時工資費用超支。在工時總額固定的情況下，非生產工時控制得好，減少非生產工時，增加生產，會使每小時工資費用節約；否則會使每小時工資費用超支。因此，要查明每小時工資費用變動的具體原因，還應對生產工時的利用情況進行調查研究。

(3) 製造費用的分析

製造費用一般是間接計入費用，產品成本中的製造費用一般是根據生產工時等分配標準分配計入的。因此，產品單位成本中製造費用的分析，通常與計時工資制度下直接人工費用的分析相類似，先要分析單位產品所耗工時變動和每小時製造費用變動兩個因素對製造費用變動的影響，然后查明這兩個因素變動的具體原因。

【例 11-9】假定 A 產品單位工時消耗和小時製造費用率的計劃數和實際數如表 12-17 所示。

表 12-17　　　　　　　　　A 產品製造費用分析表

項目	工時單耗（小時）	小時製造費用率（元/小時）	單位直接人工費用（元）
本年計劃	2	6.5	13
本月實際	2.6	4.23	11
製造費用差異	+0.6	−2.27	−2

根據計算公式及表 12-16 中有關單位產品工資費用的資料，分析工時單耗及小時工資率的影響程度。

單位產品所耗工時變動的影響＝（2.6-2）×6.5＝3.9（元）

小時製造費用率率變動的影響＝（4.23-6.5）×2.6＝-5.9（元）

兩個因素綜合影響＝3.9+（-5.9）＝2（元）

以上計算結果表明：由於實際單位生產工時比計劃單位生產工時延長，A 產品的製造費用增加 3.9 元；由於本月實際小時製造費用率比計劃小時工資率降低，單位產品的製造費用減少 2.27 元；兩者共同作用的結果使 A 產品實際單位製造費用比計劃降低 2 元。為了進一步瞭解製造費用變動的具體原因，提出改進措施，降低單位產品成本，應按製造費用的詳細項目逐項分析。

12.4.2 各種費用的分析

本節中提到的各種費用是指企業在生產經營過程中，各個車間、部門為進行產品生產、組織和管理生產經營活動所發生的製造費用、產品銷售費用、管理費用和財務費用。前者屬於產品成本的組成部分，后三種屬於期間費用。製造費用、產品銷售費用、管理費用和財務費用，都是由許多具有不同經濟性質和不同經濟用途的費用組成的。這些費用支出的節約或浪費，往往與公司（總廠）行政管理部門和生產車間工作的質量和有關責任制度、節約制度的貫徹執行情況密切相關。因此，向各有關部門、車間編報上述報表，分析這些費用的支出情況，不僅是節約各項費用支出、杜絕一切鋪張浪費、不斷降低成本和增加盈利的重要途徑，同時也是推動企業改進生產經營管理工作、提高工作效率的重要措施。

對上述各種費用進行分析，首先應按各組成項目分別進行，而不能只檢查各種費用總額計劃的完成情況，不能用其中一些費用項目的節約來抵補其他費用項目的超支。同時，要注意不同費用項目支出的特點，不能簡單地把任何超過計劃的費用支出都看做是不合理的。同樣，對某些費用項目支出的減少也要做具體分析：有的可能是企業工作成績，有的則可能是企業工作中的問題。不能孤立地看費用是超支了還是節約了，而應結合其他有關情況，結合各項技術組織措施效果來分析，結合各項費用支出的經濟效益進行評價。

在按費用組成項目進行分析時，由於費用項目多，因此每次分析只能抓住重點，對其中費用支出占總支出比重較大的，或與計劃相比發生較大偏差的項目進行分析。特別應注意那些非生產性的損失項目，如材料、在產品和產成品等存貨的盤虧和毀損。因為這些費用的發生與企業管理不善直接相關。分析時，除將本年實際與本年計劃相比，檢查計劃完成情況外，為了從動態上觀察、比較各項費用的變動情況和變動趨勢，還應將本月實際與上年同期實際進行對比，以瞭解企業工作的改進情況，並將這一分析與推行經濟責任制結合，與檢查各項管理制度的執行情況結合，以推動企業改進經營管理，提高工作效率，降低各項費用支出。

為了深入地研究製造費用、經營費用、管理費用和財務費用變動的原因，評價費用支出的合理性，尋求降低各種費用支出的途徑和方法。也可按費用的用途和影響費

用變動的因素，將上述費用包括的各種費用項目按以下類別歸類，然后進行研究。

（1）生產性費用。如製造費用中的折舊費、修理費、機物料消耗等，這些費用的變動與企業生產規模、生產組織、設備利用程度等有直接聯繫。這些費用的特點，既不同於與產量增減成正比例變動的變動費用，又不同於固定費用，即在業務量一定的範圍內，相對固定，超過這個範圍就可能上升。分析時就應根據這些費用的特點，聯繫有關因素的變動，評價其變動的合理性。不能簡單地將一切超支都看成是不合理的、不利的，也不能簡單地將一切節約都看成是合理的、有利的。例如，修理費和勞動保護費的節約，可能使機器帶病運轉，影響機器壽命，可能缺少必要的勞動保護措施，影響生產安全，只有在保證機器設備的維修質量和正常運轉，保證生產安全的條件下節約修理費和勞動保護費才是合理的、有利的。又如，機、物、料消耗的超支也可能是由於追加了生產計劃或增加了開工班次，相應增加了機、物、料消耗的結果，這樣的超支也是合理的，不是成本管理的責任。

（2）管理性費用。如行政管理部門人員的工資、辦公費、業務招待費等。管理性費用的多少主要取決於企業行政管理系統的設置和運行情況以及各項開支標準的執行情況。分析時，除按明細項目與限額指標，分析其變動的原因外，還應從緊縮開支、提高工作效率的要求出發，檢查企業對有關精簡機構、減少層次、合併職能、壓縮人員等措施的執行情況。

（3）發展性費用。如職工教育經費、設計制圖費、試驗檢驗費、研究開發費等。這些費用與企業的發展相關，實際上是對企業未來的投資。但是這些費用應當建立在規劃的合理、經濟、可行的基礎上，而不是盲目地進行研究開發或職工培訓，應將費用的支出與取得的效果聯繫起來進行分析評價。

（4）防護性費用。如勞動保護費、保險費等。這類費用的變動直接與勞動條件的改善、安全生產等相關。同樣，對這類費用的分析就不能認為是支出越少越好，而應結合勞動保護工作的開展情況，分析費用支出的效果。

（5）非生產性費用。主要指材料、在產品、產成品的盤虧和毀損。分析這類費用發生的原因，必須從檢查企業生產工作質量、各項管理制度是否健全以及庫存材料、在產品和產成品的保管情況入手，並把分析與推廣和加強經濟責任制結合起來。

總之，通過上述分析，應促使企業不斷總結經驗，改進企業的生產經營管理，有效控制各種費用支出，最終提高企業的經濟效益。

本章小結

本章首先闡述了成本報表的含義、作用、分類及其編製要求。成本報表是企業為滿足自身管理需要而設置的內部會計報表，它可以向企業領導、內部各管理職能部門和員工提供成本信息，用以加強成本管理，提高經濟效益。成本報表可以依據不同的標準進行分類。反應成本計劃執行情況的報表主要有產品成本表和主要產品單位成本表等，反應費用支出情況的報表主要有製造費用明細表、管理費用明細表、營業費用明細表、財務費用明細表等。為了提高成本信息的質量，成本報表的編製應符合真實

性、完整性和及時性等基本要求。同時，本章還闡述了成本分析的意義和方法，包括按產品類別對全部產品成本計劃完成情況進行分析，可比產品成本降低任務和實際完成情況的計算，產品產量、品種結構和單位成本變動對可比產品成本降低任務完成情況的影響以及產品單位成本的一般分析和產品單位成本分成本項目的分橋。然後，介紹技術經濟指標變動對成本影響。此外還介紹了各種費用報表的分析方法。

習題

一、單項選擇題

1. 全部商品產品包括（   ）。
   A. 合格品和不合格品   B. 可比產品和不可比產品
   C. 標準產品和非標準產品   D. 聯產品和副產品
2. 成本報表綜合反應了企業一定時期內的（   ）。
   A. 實際單位成本   B. 實際總成本
   C. 成本計劃完成情況   D. 產品成本水平
3. 成本報表為分析和考核一定時期內的成本計劃或預算執行情況提供了（   ）。
   A. 參考資料   B. 實際資料
   C. 決策資料   D. 預算資料
4. 成本報表的編製要注意指標內容的（   ）。
   A. 及時性   B. 靈活性
   C. 實用性   D. 重要性
5. 全部商品產品成本分析只能用實際總成本與（   ）對比。
   A. 上年實際總成本   B. 本年計劃總成本
   C. 上年計劃總成本   D. 同行業平均成本

二、判斷題

1. 成本報表綜合地反應了一定時期內的管理水平。   （   ）
2. 按報表編製的時間分類可以分為定期和不定期成本報表。   （   ）
3. 成本報表只能按固定的格式編製。   （   ）
5. 產量變動只影響成本降低額，不影響成本降低率。   （   ）
4. 不可比產品不能進行成本分析。   （   ）
6. 期間費用明細表就是指管理明細表。   （   ）
7. 產品品種結構是指各種可比產品在全部可比產品中所占的比重。 （   ）

三、計算分析題

1. 建新公司 2010 年度及該年 12 月份有關產品、產量、單位成本等資料如表 12-18 所示。

表 12-18　　　　　　　　　　　建新公司相關資料

單位：元

產品名稱		全年計劃產量	全年實際產量	12月份實際產量	上年實際平均單位成本	本年計劃單位成本	12月份實際單位成本	本年累計實際平均單位成本
可比產品	甲	820	800	68	408	396	385	386
	乙	640	700	60	818	802	810	808
不可比產品	丙	180	200	20	-	320	326	330
	丁	310	300	25	-	960	901	900

要求：
(1) 編製按產品品種反應的商品產品成本表。
(2) 以表格及文字說明形式，按產品品種分析全部商品成本計劃完成情況。
2. 建新公司甲產品有關原材料資料如表 12-19 所示。

表 12-19　　　　　　　建新公司有關原材料資料

單位：元

甲產品	計劃	實際
產品單位成本	280	270
單位成本中材料成本	140	-
原材料利用率	80%	83%

要求：假定其他條件不變，試分析原材料利用率的提高對甲產品單位成本的影響。

習題參考答案

第一、二章略

第三章

1.

（1） A 產品甲材料定額消耗量＝1,800×4.5＝8,100（千克）

B 產品甲材料定額消耗量＝1,200×2.25＝2,700（千克）

材料消耗量分配率＝13,500÷（8,100+2,700）＝1.25（元/千克）

A 產品應分配甲材料數量＝8,100×1.25＝10,125（千克）

B 產品應分配甲材料數量＝2,700×1.25＝3,375（千克）

A 產品應分配甲材料費用＝10,125×2.16＝21,870（元）

B 產品應分配甲材料費用＝3,375×2.16＝7,290（元）

（2） 借：生產成本——基本生產成本——A 產品（直接材料）　　21,870

　　　　　　　　　　　　　　　　——B 產品（直接材料）　　7,290

　　　貸：原材料——甲材料　　　　　　　　　　　　　　　　29,160

2.

（1） 電力分配率＝24,950÷（35,000+8,900+6,000）＝0.5

基本生產車間產品用電費＝30,000×0.5＝15,000（元）

基本生產車間照明用電費＝5,000×0.5＝2,500（元）

輔助生產車間產品用電費＝7,000×0.5＝3,500（元）

輔助生產車間照明用電費＝1,900×0.5＝950（元）

企業行政管理部門照明用電費＝6,000×0.5＝3,000（元）

分配 A、B 兩種產品動力費：

分配率＝15,000÷（36,000+24,000）＝0.25

A 產品應負擔動力費＝36,000×0.25＝9,000（元）

B 產品應負擔動力費＝24,000×0.25＝6,000（元）

（2） 借：應付帳款　　　　　　　　　　　　　　　　24,000

　　　貸：銀行存款　　　　　　　　　　　　　　　　24,000

（3） 借：生產成本——基本生產成本——A 產品（燃料及動力）　9,000

　　　　　　　　　　　　　　　　　——B 產品　　　　　　　6,000

```
                    ——輔助生產成本（燃料及動力）
                                                    3,500
        製造費用——基本生產車間                    2,500
              ——輔助生產車間                       950
        管理費用                                   3,000
     貸：應付帳款                                 24,950
```

3.

薪酬費用分配匯總表

2015 年 6 月   單位：元

借方帳戶	貸方帳戶	成本或費用項目	應付職工薪酬 直接計入	分配計入	合計
基本生產成本	甲產品	直接人工		36,000	36,000
	乙產品	直接人工		24,000	24,000
	小計			60,000	60,000
輔助生產成本	機修車間	直接人工	19,000		19,000
製造費用	第一車間	人工費用	2,000		2,000
	第二車間	人工費用	3,000		3,000
管理費用		人工費用	22,600		22,600
合計			46,600	60,000	106,600

```
  根據上表編製的會計分錄如下：
  借：生產成本——基本生產成本——甲產品          36,000
                              ——乙產品          24,000
              ——輔助生產成本——機修車間         19,000
      製造費用——第一車間                         2,000
              ——第二車間                         3,000
      管理費用                                   22,600
    貸：應付職工薪酬                            106,600
```

第四章

一、單項選擇題

1. A　2. D　3. C　4. D　5. B　6. C　7. C　8. B　9. B　10. A

二、多項選擇題

1. BC　2. ABCD　3. ABD　4. AC　5. ACD　6. AD

三、計算業務題

```
1.（1）借：生產成本——輔助生產成本（直接材料）   51,200
           製造費用——輔助生產車間                  3,420
         貸：原材料                                54,620
```

借：生產成本——輔助生產成本（直接人工） 5,472
　　　製造費用——輔助生產車間 2,374
　　貸：應付職工薪酬——工資 6,900
　　　　　　　　　　——福利費 966
借：製造費用——輔助生產車間 3,340
　　貸：累計折舊 3,340
借：製造費用——輔助生產車間 7,500
　　貸：銀行存款 7,500

（2）輔助車間製造費用：3,420+2,100+294+3,340+7,500＝16,654（元）
借：生產成本——輔助生產成本（製造費用） 16,654
　　貸：製造費用——輔助車間 16,654

2.
（1）借：生產成本——輔助生產成本 9,918
　　　　貸：應付職工薪酬 9,918
（2）借：生產成本——輔助生產成本 7,500
　　　　貸：原材料 7,500
（3）借：生產成本——輔助生產成本 3,000
　　　　貸：銀行存款 3,000
（4）借：生產成本——輔助生產成本 2,700
　　　　貸：累計折舊 2,700
（6）借：生產成本——輔助生產成本 2,400
　　　　貸：銀行存款 2,400
（7）借：低值易耗品 25,518
　　　　貸：生產成本——輔助生產成本 25,518

3.（1）直接分配法
修理車間分配率＝19,000/19,000＝1（元/小時）
運輸部門分配率＝20,000/38,500＝0.519,5（元/千米）

輔助生產費用分配表（直接分配法）

單位：元

項目	待分配費用	分配數量	分配率	基本車間 數量	基本車間 金額	管理部門 數量	管理部門 金額
修理車間	19,000	19,000	1	16,000	16,000	3,000	3,000
運輸部門	20,000	38,500	0.519,5	30,000	15,585	8,500	4,415
合計					31,585		7,415

借：製造費用 31,585
　　　管理費用 7,415
　　貸：生產成本——輔助生產成本——修理車間 19,000
　　　　　　　　　　　　　　　　——運輸部門 20,000

順序分配法：

首先排序：修理車間耗用運輸部門的勞務價值為 1,500×（20,000/40,000）= 750元。

運輸部門耗用修理車間的勞務價值為 1,000×（19,000/20,000）= 950元。

故修理車間排在前，先將費用分配出去，不再承擔運輸部門的費用；運輸部門排在后，要承擔修理車間的費用。

然后分配：

修理車間分配率 = 19,000/20,000 = 0.95（元/小時）

運輸部門分配率 =（20,000+1,000×0.95）/38,500 = 0.544,2（元/千米）

輔助生產費用分配表（順序分配法）

單位：元

項目	分配費用	勞務數量	分配率	分配金額					
				運輸部門		基本車間		管理部門	
				數量	金額	數量	金額	數量	金額
修理車間	19,000	20,000	0.95	1,000	950	16,000	15,200	3,000	2,850
運輸部門	20,950	38,500	0.544,2			30,000	16,326	8,500	4,624
合計					950		31,526		7,474

分配修理費的會計分錄：

借：生產成本——輔助生產成本——供電車間 950
　　　製造費用 15,200
　　　管理費用 2,850
　　貸：生產成本——輔助生產成本——修理車間 19,000

分配運輸費的會計分錄：

借：製造費用 16,326
　　　管理費用 4,624
　　貸：生產成本——輔助生產成本——運輸部門 20,950

（2）代數分配法

設每小時的修理成本為 X，每千米的運輸成本為 Y。

建立如下聯立方程組：

$$\begin{cases} 20,000X = 19,000+1,500Y & ① \\ 40,000Y = 20,000+1,000X & ② \end{cases}$$

將①整理得：

282

$$X = \frac{19,000 + 1,500Y}{20,000} \qquad ③$$

將 X 代入②式中，得：

$$40,000Y = 20,000 + 1,000 \times \frac{19,000 + 1,500Y}{20,000}$$

化簡得：Y = 0.524,7

將 Y 代入③式：

$$X = \frac{19,000 + 1,500 \times 0.524,7}{20,000}$$

化簡得：X = 0.989,4

輔助生產費用分配表（代數分配法）

單位：元

項目		修理車間	運輸部門	合計
待分配費用		19,000	20,000	39,000
分配數量		20,000	40,000	
分配率（X、Y值）		0.524,7	0.989,4	
修理車間	數量		1,500	
	金額		1,484.1	1,484.1
運輸部門	數量	1,000		
	金額	524.7		524.7
基本車間	數量	16,000	30,000	
	金額	8,395.2	29,682	38,077.2
管理部門	數量	3,000	8,500	
	金額	1,574.1	8,409.9	9,984
合計		10,494	39,576	50,070

借：生產成本——輔助生產成本——修理車間　　　　1,484.1
　　　　　　　　　　　　　　　　　——運輸部門　　　　524.7
　　製造費用　　　　　　　　　　　　　　　　　　38,077.2
　　管理費用　　　　　　　　　　　　　　　　　　9,984
　　貸：生產成本——輔助生產成本——修理車間　　　　10,494
　　　　　　　　　　　　　　　　　——運輸部門　　　　39,576

4. (1) 一次交互分配法

①內部交互分配率的計算：

電費分配率 = $\frac{21,000}{30,000}$ = 0.7（元/度）

修理費分配率 = $\frac{20,700}{4,600}$ = 4.5（元/小時）

②對外分配率的計算：

電費分配率 = $\dfrac{21,000+2,700-3,500}{30,000-5,000}$ = 0.808（元/度）

修理費分配率 = $\dfrac{20,700+3,500-2,700}{4,600-600}$ = 5.375（元/小時）

輔助生產費用分配表（一次交互分配法）

單位：元

項目 輔助生產車間名稱		交互分配			對外分配		
		發電車間	修理車間	合計	發電車間	修理車間	合計
待分配費用		21,000	20,700	41,700	20,200	21,500	
分配數量		30,000	4,600		25,000	4,000	
分配率		0.7	4.5		0.808	5.375	
發電車間	數量		600				
	金額		2,700				2,700
修理車間	數量	5,000					
	金額	3,500					3,500
基本生產車間	數量				21,000	3,500	
	金額				16,968	18,812.5	35,780.5
行政管理部門	數量				4,000	500	
	金額				3,232	2,687.5	5,919.5
合計					20,200	21,500	

①交互分配的會計分錄：

借：生產成本——輔助生產成本——發電車間　　　　　2,700
　　　　　　　　　　　　　　　　——修理車間　　　　　3,500
　　貸：生產成本——輔助生產成本——修理車間　　　　　2,700
　　　　　　　　　　　　　　　　——發電車間　　　　　3,500

②對外分配的會計分錄：

借：製造費用　　　　　　　　　　　　　　　　　　　35,780.5
　　管理費用　　　　　　　　　　　　　　　　　　　　5,919.5
　　貸：生產成本——輔助生產成本——供電車間　　　　20,200
　　　　　　　　　　　　　　　　——修理車間　　　　21,500

（2）計劃成本分配法

輔助生產費用分配表（計劃成本分配法）

單位：元

項目			發電車間		修理車間		合計
			數量(度)	金額	數量(小時)	金額	
待分配費用				21,000		20,700	41,700
勞務供應量			30,000		4,600		
按計劃成本分配	計劃單位成本			0.42		4.25	
	輔助生產車間	發電車間			600	2,550	2,550
		修理車間	5,000	2,100			2,100
	基本生產車間		21,000	8,820	3,500	14,875	23,695
	行政管理部門		4,000	1,680	500	2,125	3,805
	計劃成本合計			12,600		19,550	32,150
輔助生產成本實際額				23,350		22,800	46,150
輔助生產成本差異額				+10,750		+3,250	+14,000

①按計劃成本分配的會計分錄：
借：生產成本——輔助生產成本——發電車間　　　　2,550
　　　　　　　　　　　　　　　　——修理車間　　　　2,100
　　製造費用　　　　　　　　　　　　　　　　　　　23,695
　　管理費用　　　　　　　　　　　　　　　　　　　　3,805
　貸：生產成本——輔助生產成本——發電車間　　　　12,600
　　　　　　　　　　　　　　　　——修理車間　　　　19,550

②輔助生產成本差異的會計分錄：
借：管理費用　　　　　　　　　　　　　　　　　　　14,000
　貸：生產成本——輔助生產成本——發電車間　　　　 3,250
　　　　　　　　　　　　　　　　——修理車間　　　　10,750

第五章

一、判斷題

1.【答案】錯。

【解析】：企業出售原材料應該確認其他業務收入，結轉其他業務成本。該題針對「其他業務成本核算的內容」知識點進行考核。

2.【答案】錯。

【解析】：企業為客戶提供的現金折扣應在實際發生時記入當期的「財務費用」。該題針對「財務費用核算的內容」知識點進行考核。

3.【答案】對。

該題針對「管理費用核算的內容」知識點進行考核。

4.【答案】對。

【解析】：本期發生的製造費用可能包含在期末存貨項目中，此時對本期的損益是不產生影響的。該題針對「製造費用和管理費用的區別」知識點進行考核。

5.【答案】錯。

【解析】：企業的期間費用包括管理費用、銷售費用和財務費用。製造費用是成本類科目，不屬於期間費用。該題針對「期間費用的內容」知識點進行考核。

6.【答案】錯。

【解析】：企業出售固定資產發生的處置淨損失應該計入營業外支出中，不屬於日常經營活動發生的，所以不屬於企業的費用。該題針對「費用的內容」知識點進行考核。

7.【答案】錯。

【解析】：對於用於固定資產等建造的專門借款，符合資本化條件的應記入「在建工程」中，對於籌建期間發生的不符合資本化條件的借款利息應該記入「管理費用」中。該題針對「財務費用核算的內容」知識點進行考核。

二、計算題

1.

(1) 輔助生產製造費用為：810+700+98+1,320+960＝3,888元。

結轉：

借：生產成本——輔助生產成本　　　　　　　　　　　　3,888
　　貸：製造費用——輔助生產車間　　　　　　　　　　　　　3,888

結轉后輔助生產總成本：2,620+1,500+210+3,888＝8,218元。

借：製造費用——基本生產車間　　　　　　　　　　　　5,890
　　管理費用　　　　　　　　　　　　　　　　　　　　2,328
　　貸：生產成本——輔助生產成本　　　　　　　　　　　　　8,218

(2) 基本生產車間共發生製造費用：

1,510+1,400+196+2,850+1,980+5,890＝13,826（元）

甲產品分配：13,826×910/（910+818.25）＝7,280（元）

乙產品分配：13,820×818.25/（910+818.25）＝6,546（元）

借：生產成本——直接生產成本——製造費用——甲產品　　7,280
　　生產成本——直接生產成本——製造費用——乙產品　　6,546
　　貸：製造費用　　　　　　　　　　　　　　　　　　　　13,826

2.

甲產品年度計劃產量的定額工時＝2,500×6＝15,000

乙產品年度計劃產量的定額工時＝1,000×5＝5,000

年度計劃分配率＝400,000÷（15,000+5,000）＝20

本月甲產品實際產量的定額工時＝200×6＝1,200

本月乙產品實際產量的定額工時＝80×5＝400

本月甲產品應分配的製造費用＝1,200×20＝24,000（元）

本月乙產品應分配的製造費用＝400×20＝8,000（元）

合計＝24,000+8,000＝32,000（元）

「製造費用」的期末余額為借方2,000（1,000+33,000-32,000）元。

3.

年度計劃分配率＝168,000/60,000＝2.8

本月甲產品應分配的製造費用＝6,000×2.8＝16,800元

本月乙產品應分配的製造費用＝3,750×2.8＝10,500元

借：生產成本——基本生產成本——甲產品　　　　　　16,800

　　　　　　　　　　　　　　——乙產品　　　　　　10,500

　貸：製造費用　　　　　　　　　　　　　　　　　　　27,300

年終調整差異：

年終該車間製造費用帳戶貸方余額為4,500元，按已分配的比例分別調減甲乙兩種產品的生產成本。

（104,160/168,000）×4,500＝2,790（元）

（63,840/168,000）×4,500＝1,710（元）

借：生產成本——基本生產成本——甲產品　　　　　　2,790

　　　　　　　　　　　　　　——乙產品　　　　　　1,710

　貸：製造費用　　　　　　　　　　　　　　　　　　　4,500

4.

甲產品年度計劃產量的定額工時＝2,500×6＝15,000

乙產品年度計劃產量的定額工時＝1,000×5＝5,000

年度計劃分配率＝400,000÷（15,000+5,000）＝20

本月甲產品實際產量的定額工時＝200×6＝1,200

本月乙產品實際產量的定額工時＝80×5＝400

本月甲產品應分配的製造費用＝1,200×20＝24,000（元）

本月乙產品應分配的製造費用＝400×20＝8,000（元）

合計＝24,000+8,000＝32,000（元）

5.

（1）計算A、B、C三種產品各自應承擔的間接費用：

分配率＝（4,000+2,000+3,000+20,000+1,000）/600＝50（元/小時）

A產品應承擔的間接費用＝50×300＝15,000（元）

B產品應承擔的間接費用＝50×200＝10,000（元）

C產品應承擔的間接費用＝50×100＝5,000（元）

（2）編製分配間接費用的會計分錄：

借：生產成本——A產品　　　　　　　　　　　　　　15,000

　　　　　　——B產品　　　　　　　　　　　　　　10,000

　　　　　　——C產品　　　　　　　　　　　　　　5,000

　貸：製造費用　　　　　　　　　　　　　　　　　　　30,000

6.

(1) 按生產工人工資比例分配製造費用：

分配率＝336,900/112,300＝3

甲產品應負擔的製造費用＝3×67,500＝202,500（元）

乙產品應負擔的製造費用＝3×44,800＝134,400（元）

(2) 編製分配製造費用會計分錄：

借：生產成本——甲產品	202,500
——乙產品	134,400
貸：製造費用	336,900

7.

調整分配率＝450÷1,670＝0.269,5

A 產品應分配製造費用＝330×3×0.269,5＝266.74（元）

B 產品應分配製造費用＝110×4×0.269,5＝118.58（元）

C 產品應分配製造費用＝120×2×0.269,5＝64.68（元）

會計分錄為：

借：生產成本——基本生產成本——A 產品	266.74
——B 產品	118.58
——C 產品	64.68
貸：製造費用	450

8.

製造費用分配率＝製造費用/生產工時總數＝6,000/1,000＝6（元/小時）

甲產品應負擔的製造費用＝600×6＝3,600 元

乙產品應負擔的製造費用＝400×6＝2,400 元

借：生產成品——基本生產成本——甲產品	3,600
——乙產品	2,400
貸：製造費用——基本生產	6,000

9.

(1) 領用原材料

借：生產成本——基本生產成本	8,000
製造費用	3,000
貸：原材料	11,000

(2) 應付職工薪酬

借：生產成本——基本生產成本	6,840
製造費用	2,280
貸：應付職工薪酬	9,120

(3) 計提固定資產折舊費

借：製造費用	2 000
貸：累計折舊	2,000

（4）用銀行存款支付其他費用

借：製造費用　　　　　　　　　　　　　　　　　　　4,000

　　貸：銀行存款　　　　　　　　　　　　　　　　　　　4,000

（5）分配製造費用

製造費用合計=3,000+2,280+2,000+4,000=11,280

製造費用分配率=製造費用總額÷各產品生產工人工時總數=11,280÷（900+1,100）=5.64

甲產品應分配製造費用=900×5.64=5,076（元）

乙產品應分配製造費用=1,100×5.64=6,204（元）

借：生產成本——基本生產成本（甲產品）　　　　　　5,076

　　　　——基本生產成本（乙產品）　　　　　　6,204

　　貸：製造費用　　　　　　　　　　　　　　　　　　11,280

三、業務計算題

1.

【解析】

（1）發生無形資產研究費用最終應該記入「管理費用」；

（2）發生專設銷售部門人員工資應該記入「銷售費用」；

（3）支付的業務招待費應該記入「管理費用」；

（4）支付的銷售產品保險費應該記入「銷售費用」；

（5）本月應交納的城市維護建設稅應該記入「營業稅金及附加」；

（6）支付本月未計提短期借款利息應該記入「財務費用」；企業的期間費用包括銷售費用、管理費用和財務費用。

該企業3月份發生的期間費用總額=10+25+15+5+0.1=55.1（萬元）。該題針對「期間費用的計算」知識點進行考核。

2.

【解析】

（1）2010年1月應計提的折舊額和攤銷額：

無形資產應該計提的攤銷額=120/（10×12）=1（萬元）

設備應該計提的折舊額=（160-10）×5/（15×12）=4.17（萬元）

（2）2010年1月計提折舊和攤銷的會計分錄

無形資產應該計提的攤銷：

借：其他業務成本　　　　　　　　　　　　　　　　　　1

　　貸：累計攤銷　　　　　　　　　　　　　　　　　　　1

設備應該計提的折舊：

借：銷售費用　　　　　　　　　　　　　　　　　　　4.17

　　貸：累計折舊　　　　　　　　　　　　　　　　　　4.17

該題針對「企業各項費用的核算」知識點進行考核。

3.

【解析】

(1) ①借：應收帳款 4,680,000
　　　　貸：主營業務收入 4,000,000
　　　　　　應交稅費——應交增值稅（銷項稅額） 680,000
　　　借：主營業務成本 2,000,000
　　　　貸：庫存商品 2,000,000
②借：預收帳款 600,000
　　　銀行存款 219,000
　　貸：其他業務收入 700,000
　　　　應交稅費——應交增值稅（銷項稅額） 119,000
　借：其他業務成本 500,000
　　貸：原材料 500,000
③借：主營業務收入 1,600,000
　　　應交稅費——應交增值稅（銷項稅額） 272,000
　　貸：銀行存款 1,872,000
　借：庫存商品 800,000
　　貸：主營業務成本 800,000
④借：銀行存款 300,000
　　貸：預收帳款 300,000
⑤借：營業稅金及附加 52,700
　　貸：應交稅費——應交城市維護建設稅 36,890
　　　　　　　　——應交教育費附加 15,810

(2) 2009 年 10 月甲公司發生的費用 = 2,000,000 + 500,000 − 800,000 + 52,700 = 1,752,700（元）

該題針對「企業各項費用的核算」知識點進行考核。

4.

(1)

借：生產成本——直接生產成本——直接材料 5,600
　　製造費用——基本生產車間 1,510
　　生產成本——輔助生產成本 2,620
　　製造費用——輔助生產車間 810
　　管理費用 1,030
　　貸：原材料 11,570

(2)

借：生產成本——直接生產成本——直接工資 3,200
　　製造費用——基本生產車間 1,400
　　生產成本——輔助生產成本 1,500

製造費用——輔助生產車間	700
管理費用	1,600
貸：應付職工薪酬——職工工資	8,400

（3）

借：生產成本——直接生產成本——直接工資	448
製造費用——基本生產車間	196
生產成本——輔助生產成本	210
製造費用——輔助生產車間	98
管理費用	224
貸：應付職工薪酬——職工福利費	1,176

（4）

借：製造費用——基本生產車間	2,850
製造費用——輔助生產車間	1,320
管理費用	1,970
貸：累計折舊	6,140

（5）

借：製造費用——基本生產車間	1,980
製造費用——輔助生產車間	960
管理費用	1,080
貸：銀行存款	4,020

第六章

一、單項選擇

1. D　　2. B　　3. B　　4. A　　5. C　　6. B　　7. 8　　8. B　　9. A
10. C

二、多項選擇

1. AB　　2. ABC　　3. BC　　4. AB　　5. CD

三、計算題

1. 編製的不可修復廢品損失計算表見下表：

不可修復廢品損失計算表

單位：元

項目	數量（件）	直接材料	生產工時	直接工資	製造費用	合計
費用總額	180	4,500	2,780	2,224	5,560	12,284
費用分配率		25		0.8	2	
廢品成本	30	750	420	336	840	1,926
減：殘值		110				110
廢品報廢損失		640		336	840	1,816

應作如下的帳務處理：
(1) 將廢品成本從「生產成本」總帳及其明細帳的貸方轉出時，應作如下的會計分錄：
借：廢品損失——丁產品　　　　　　　　　　　　　　1,926
　貸：生產成本——基本生產成本——丁產品　　　　　1,926
(2) 回收廢品殘料價值時，應作如下的會計分錄：
借：原材料　　　　　　　　　　　　　　　　　　　　110
　貸：廢品損失——丁產品　　　　　　　　　　　　　110
(3) 假定應向某過失人索取賠款 200 元時，應作如下的會計分錄：
借：其他應收款——某責任人　　　　　　　　　　　　200
　貸：廢品損失——丁產品　　　　　　　　　　　　　200
(4) 將廢品淨損失 1,616（1,926-110-200）元轉入合格產品成本，應作如下的會計分錄：
借：生產成本——基本生產成本——丁產品　　　　　　1,616
　貸：廢品損失——丁產品　　　　　　　　　　　　　1,616
2. 編製的不可修復廢品報廢損失計算表如下：

不可修復廢品損失計算表

單位：元

項目	直接材料	定額工時	直接工資	製造費用	合計
單件、小時費用定額	50		1.2	1.4	-
廢品定額成本	200	100	120	140	460
減：殘值	15				15
廢品損失	185		120	140	445

第七章

一、單項選擇題

1. C　2. A　3. B　4. C　5. A　6. B　7. D　8. B　9. B　10. A

二、多項選擇題

1. AC　2. ABCD　3. BCD　4. ABCD　5. ABC　6. BCD　7. AC　8. ACD

三、業務題

1. 原材料費用分配率＝（2,000+15,000）／（150+50×40%）＝100
完工產品原材料費用＝150×100＝15,000（元）
在產品原材料費用＝50×40%×100＝2,000（元）
完工產品成本＝15,000+1,500+1,000＝17,500（元）
月末在產品成本＝2,000（元）

2. A 產品成本計算單

單位：元

項目		原材料	人工費用	製造費用	燃料及動力	合計
月初在產品費用		3,528	2,916	3,519	2,023	11,986
本月費用		4,872	4,284	6,081	3,577	18,814
合計		8,400	7,200	9,600	5,600	30,800
分配率		1.4	0.9	1.2	0.7	
完工產品成本	定額	4,500	6,000 小時	6,000 小時	6,000 小時	
	實際	6,300	5,400	7,200	4,200	23,100
月末在產品成本	定額	1,500	2,000 小時	2,000 小時	2,000 小時	
	實際	2,100	1,800	2,400	1,400	7,700

3.

期末在產品定額成本：

直接材料成本＝100×20＝2,000（元）

直接人工成本＝100×40×0.05＝200（元）

製造費用＝100×40×0.02＝80（元）

期末在產品定額成本＝2,000+200+80＝2,280（元）

完工產品成本＝2,600+45,000-2,280＝45,320（元）

4.（1）第一工序在產品完工率＝4×50%/20＝10%

第二工序在產品完工率＝（4+8×50%）/20＝40%

第三工序在產品完工率＝（4+8+8×50%）/20＝80%

（2）第一工序月末在產品約當產量＝20×10%＝2

第二工序月末在產品約當產量＝40×40%＝16

第三工序月末在產品約當產量＝60×80%＝48

在產品約當產量合計＝2+16+48＝66

（3）原材料費用分配率＝16,000/（200+120）＝50

完工產品的原材料費用＝200×50＝10,000（元）

在產品的原材料費用＝120×50＝6,000（元）

人工費用分配率＝7,980/（200+66）＝30

完工產品的人工費用＝200×30＝6,000（元）

在產品的人工費用＝66×30＝1,980（元）

製造費用分配率＝8,512/（200+66）＝32

完工產品的製造費用＝200×32＝6,400（元）

在產品的製造費用＝66×32＝2,112（元）

完工產品成本＝10,000+6,000+6,400＝22,400（元）

月末在產品成本＝6,000+1,980+2,112＝10,092（元）

5.

直接材料分配率＝（1,550+10,000）/（450+100×60%）＝22.6

完工產品應負擔的材料費用＝450×22.6＝10,170（元）

月末在產品應負擔的材料費用＝11,550-10,170＝1,380（元）

直接人工分配率＝（1,000+3,500）/（450+100×50%）＝9

完工產品應負擔的人工費用＝450×9＝4,050（元）

月末在產品應負擔的人工費用＝100×50%×9＝450（元）

製造費用分配率＝（1,100+4,000）/（450+100×50%）＝10.2

完工產品應負擔的製造費用＝450×10.2＝4,590（元）

月末在產品應負擔的製造費用＝100×50%×10.2＝510（元）

完工產品成本＝10,170+4,050+4,590＝18,810（元）

期末在產品成本＝1,380+450+510＝2,340（元）

第八章

一、單項選擇題

1. A 2. D 3. A 4. C 5. B 6. D 7. B 8. D 9. B 10. A

二、多項選擇題

1. CD 2. AB 3. BCD 4. ACD 5. BC

6. AB 7. ABD 8. BC 9. ABF 10. AE

三、案例

1.

（1）分步法。

第一分廠以燃燒熱量為核算對象，第二分廠以鍋爐為核算對象，第三分廠以熱力作為成本核算對象，第四分廠以電氣作為成本核算對象。

（2）設置電力和熱力成本核算對象，設置成本項目為直接材料、燃料及動力、直接人工、製造費用。

2.

（1）確定生產材料定額；（2）材料定額領料單制度；（3）材料余缺及時入庫；（4）期末清點完工產品數量，乘以材料定額得到完工產品材料定額，採用領料+期初-期末完工品定額=期末在產品材料；（5）生產費用在完工產品和再產品之間分配，採用定額比例和定額費用法分配。

第九章

一、單項選擇題

1. B 2. A 3. B 4. C 5. B 6. A 7. C 8. B 9. D 10. B 11. A 12. B 13. D 14. C 15. A 16. D 17. B 18. C 19. B 20. D 21. A

二、多項選擇題

1. AD 2. ACD 3. ABD 4. ABCD 5. AB

6. AD   7. BC   8. BD   9. BC   10. ABDE

三、判斷

1. 對   2. 對   3. 錯   4. 對   5. 對   6. 錯   7. 錯   8. 對   9. 錯   10. 對
11. 錯   12. 錯   13. 錯   14. 錯   15. 錯

四、計算

（1）編製各項要素費用分配表

①分配材料費用：

A、B 產品耗用材料分配表
201×年 8 月   單位：元

產品名稱	直接耗用材料	共同耗用原材料	分配率	分配共耗材料	耗用材料合計
A 產品	980,000	49,000	0.8	392,000	1,019,200
B 產品	790,000		0.2	98,000	799,800
合計	1,770,000		1	49,000	1,819,000

材料費用分配表
201×年 8 月   單位：元

會計科目	明細科目	原材料	包裝物	合計
基本生產成本	A 產品 B 產品 小計	1,019,200 799,800 1,819,000	19,000 5,600 24,600	1,038,200 805,400 183,400
輔助生產成本	供電車間 供汽車間 小計	2,800 3,200 6,000		2,800 3,200 6,000
製造費用	基本生產車間	4,000	800	4,800
管理費用	修理費	2,600	900	3,500
合　計		1,831,600	509,000	1,857,900

根據材料費用匯總表，編製如下發出材料的會計分錄：

借：生產成本——基本生產成本——A 產品　　　　　1,038,200
　　　　　　　　　　　　　　　——B 產品　　　　　805,400
　　輔助生產成本——供電車間　　　　　　　　　　2,800
　　　　　　　　——供汽車間　　　　　　　　　　3,200
　　製造費用——基本生產車間　　　　　　　　　　4,800
　　管理費用　　　　　　　　　　　　　　　　　　3,500
　　貸：原材料　　　　　　　　　　　　　　　　　1,831,600
　　　　週轉材料　　　　　　　　　　　　　　　　509,000

②分配職工薪酬：

職工薪酬費用分配表

201×年8月　　　　　　　　　　　　　　　　　　　　　單位：元

分配對象		職工薪酬		
會計科目	明細科目	待分配費用	分配率	分配額
基本生產成本	A 產品	440,000	0.8	352,000
	B 產品		0.2	88,000
	小計	440,000	2.80	440,000
輔助生產成本	供電車間			9,000
	供汽車間			8,000
	小計			17,000
製造費用	基本生產車間			40,000
管理費用	工資、福利費			52,000
合　計				549,000

根據職工薪酬分配表，編製如下會計分錄：

借：基本生產成本——A 產品　　　　　　　　　352,000
　　　　　　　　——B 產品　　　　　　　　　 88,000
　　輔助生產成本——供電車間　　　　　　　　 9,000
　　　　　　　　——供汽車間　　　　　　　　 8,000
　　製造費用——基本生產車間　　　　　　　　 40,000
　　管理費用　　　　　　　　　　　　　　　　 52,000
　　貸：應付職工薪酬　　　　　　　　　　　　549,000

③計提固定資產折舊費用：

折舊費用計算表

201×年8月　　　　　　　　　　　　　　　　　　　　　單位：元

會計科目	明細科目	費用項目	分配金額
製造費用	基本生產車間	折舊費	20,000
輔助生產成本	供電車間	折舊費	2,000
	供汽車間	折舊費	4,000
管理費用		折舊費	6,000
合　計			32,000

根據折舊計算表，編製如下計提折舊的會計分錄：

借：製造費用——基本生產車間　　　　　　　　20,000
　　輔助生產成本——供電車間　　　　　　　　 2,000
　　　　　　　　——供汽車間　　　　　　　　 4,000
　　管理費用　　　　　　　　　　　　　　　　 6,000
　　貸：累計折舊　　　　　　　　　　　　　　32,000

④分配本月現金和銀行存款支付費用：

其他費用分配表
201×年 8 月　　　　　　　　　　　　　　　　　單位：元

會計科目	明細科目	現金支付	銀行存款支付	合　計
製造費用	基本生產車間	715	11,000	11,715
輔助生產成本	供電車間	345	4,300	4,645
	機修車間	980	1,400	2,380
管理費用		2,960	9,000	11,960
合計		5,000	25,700	30,700

根據其他費用分配表，編製如下會計分錄：

借：製造費用——基本生產車間　　　　　　　　　　11,715
　　輔助生產成本——供電車間　　　　　　　　　　4,645
　　　　　　　　——供汽車間　　　　　　　　　　2,380
　　管理費用　　　　　　　　　　　　　　　　　　11,960
　　貸：庫存現金　　　　　　　　　　　　　　　　5,000
　　　　銀行存款　　　　　　　　　　　　　　　　25,700

（2）歸集和分配輔助生產費用
①根據各項要素費用分配表，登記輔助生產成本明細帳：

輔助生產成本明細帳
車間名稱：供電車間　　　　　　　　　　　　　　　單位：元

201×年		憑證字號	摘　要	直接材料	直接人工	製造費用	合計
月	日						
8	1	略	材料費用分配表	2,800			2,800
	31		職工薪酬分配表		9,000		9,000
	31		計提折舊費			2,000	2,000
	31		其他費用			4,645	4,645
	31		本月合計	2,800	9,000		18,445
	31		結轉受益部門	[2,800]	[9,000]	[6,645]	[18,445]

輔助生產成本明細帳
車間名稱：供汽車間　　　　　　　　　　　　　　　單位：元

201×年		憑證字號	摘　要	直接材料	直接人工	製造費用	合計
月	日						
8	31	略	材料費用分配表	3,200			1,200
	31		職工薪酬分配表		8,000		7,000
	31		計提折舊費			4,000	4,000
	31		其他費用			2,380	2,380
	31		本月合計	3,200	8,000	6,380	17,580
	31		結轉各受益部門	[3,200]	[8,000]	[6,380]	[17,580]

②分配輔助生產費用：

輔助生產費用分配表

201×年 8 月　　　　　　　　　　　　　　　　　　　單位：元

受益部門	供電（單位成本 0.21 元）		供汽（單位成本 3.50 元）	
	用電度數	計劃成本	供汽量	計劃成本
供電車間			400	1,400
供汽車間	5,000	1,050		
基本生產車間耗用	72,000	15,120	3,470	12,145
廠部管理部門	12,000	2,520	1,250	4,375
合　　計	89,000	18,690	5,120	17,920
實際成本		19,845		18,630
成本差異		1,155		710

備註：供電車間實際成本＝18,445＋1,400＝19,845（元）；供汽車間實際成本＝17,580＋1,050＝18,630（元）。

根據輔助生產費用分配表，編製如下會計分錄：
結轉輔助生產計劃成本：
借：生產成本——輔助生產成本——供電車間　　　　　　　　1,400
　　　　　　　　　　　　　　　——供汽車間　　　　　　　　1,050
　　製造費用——基本生產車間——供電　　　　　　　　　　15,120
　　　　　　　　　　　　　　——供汽　　　　　　　　　　12,145
　　管理費用　　　　　　　　　　　　　　　　　　　　　　 6,895
　　貸：生產成本——輔助生產成本——供電車間　　　　　　18,690
　　　　　　　　　　　　　　　　——機修車間　　　　　　17,920
結轉輔助生產成本差異（為了簡化成本計算工作，成本差異全部計入管理費用）：
借：管理費用　　　　　　　　　　　　　　　　　　　　　　 1,865
　　貸：生產成本——輔助生產成本——供電車間　　　　　　 1,155
　　　　　　　　　　　　　　　　——機修車間　　　　　　　 710

(3) 歸集和分配製造費用
①根據各項要素費用分配表，登記製造費用明細帳。

製造費用明細帳

車間名稱：基本生產車間　　　　　　　　　　　　　　　　　單位：元

年		憑證號	摘要	材料費	人工費	折舊費	供氣費	水電費	其他	合計
月	日									
8	31	略	材料費用分配表	4,800						4,800
	31		職工薪酬分配表		40,000					40,000
	31		折舊費用計算表			20,000				20,000
	31		其他費用分配表						11,715	11,715

298

續表

年		憑證號	摘　要	材料費	人工費	折舊費	供氣費	水電費	其他	合計
月	日									
	31		輔助生產分配表				12,145	15,120		27,265
	31		本月合計	4,800	40,000	20,000	12,145	15,120	11,715	103,780
	31		結轉製造費用	4,800	40,000	20,000	12,145	15,120	11,715	103,780

②分配製造費用：

製造費用分配表

車間名稱：基本生產車間　　　　　　　　　　　　　　　　　　　　　　　　單位：元

產　品	生產工時	分配率	分配金額
A 產品	80,000	0.8	83,024
B 產品	20,000	0.2	20,756
合　計	100,000	1	103,780

根據製造費用分配表，編製如下會計分錄：

借：生產成本——基本生產成本——A 產品　　　　　83,024
　　　　　　　　　　　　　　　——B 產品　　　　　20,756
　　貸：製造費用——基本生產車間　　　　　　　　　103,780

（4）分配計算 A、B 產品的完工產品成本和月末在產品成本

在產品約當產量計算表

產品名稱：A 產品　　　　　　　　　　　　　　　　　　　　　　　　　　　單位：件

成本項目	在產品數量	投料程度（加工程度）	約當產量
直接材料	100	100%	100
直接人工	100	50%	50
製造費用	100	50%	50

在產品約當產量計算表

產品名稱：B 產品　　　　　　　　　　　　　　　　　　　　　　　　　　　單位：件

成本項目	在產品數量	投料程度（加工程度）	約當產量
直接材料	40	100%	40
直接人工	40	50%	20
製造費用	40	50%	20

　　根據 A、B 兩種產品的月末在產品約當產量，採用約當產量法在 A、B 兩種產品的完工產品與月末在產品之間分配生產費用。

產品成本計算單

產品名稱：A 產品　　　　　　　　　產成品：500 件　　　　　　　　　　　　在產品：100 件

摘　要	直接材料	直接人工	製造費用	合計
月初在產品成本	285,000	43,680	5,675	334,355
本月發生生產費用	1,038,200	350,000	83,024	1,473,224
生產費用合計	1,323,200	395,680	88,699	1,807,579
完工產品數量	500	500	500	
在產品約當量	100	50	50	
總約當產量	600	550	550	
分配率（單位成本）	2,205.33	719.42	161.27	3,086.02
完工產品總成本	1,102,665	359,710	80,635	1,543,010
月末在產品成本	220,535	35,970	8,064	264,569

產品成本計算單

產品名稱：B 產品　　　　　　　　　產成品：200 件　　　　　　　　　　　　在產品：40 件

摘　要	直接材料	直接人工	製造費用	合計
月初在產品成本	225,740	27,500	4,560	257,800
本月發生生產費用	805,400	880,000	20,756	914,156
生產費用合計	1,031,140	115,500	25,316	1,171,956
完工產品數量	200	200	200	
在產品約當量	40	20	20	
總約當產量	240	220	220	
分配率（單位成本）	4,296.42	525	115.07	4,936.49
完工產品總成本	859,284	105,000	23,014	987,298
月末在產品成本	171,856	10,500	2,302	184,658

（5）編製完工產品成本匯總表

完工產品成本匯總表

201×年 8 月　　　　　　　　　　　　　　　　　　　　　　　　　　　單位：元

成本項目	A 產品（500 件）總成本	A 產品（500 件）單位成本	B 產品（200 件）總成本	B 產品（200 件）單位成本
直接材料	1,102,665	2,205.33	859,284	4,296.42
直接人工	359,710	719.42	105,000	525
製造費用	80,635	161.27	23,014	115.07
合計	1,148,960	2,297.92	780,004	4,936.49

　　根據完工產品成本匯總表或成本計算單及成品入庫單，結轉完工入庫產品的生產成本。編製如下會計分錄：

借：庫存商品——A 產品　　　　　　　　　　　　1,543,010
　　　　　　　——B 產品　　　　　　　　　　　　　987,298
　　貸：生產成本——基本生產成本——A 產品　　　1,543,010
　　　　　　　　　　　　　　　　　——B 產品　　　987,298

2.
6 月份：

產品成本計算單

701 號：　　　　　　　　　　　　　　　　　　　　　　　　單位：元

項目	直接材料	直接人工	製造費用	合計
本月費用	59,800	8,800	6,900	75,500
完工成本	35,880	6,800	5,175	47,655
在產品	23,920	2,200	1,725	27,845

產品成本計算單

802 號：　　　　　　　　　　　　　　　　　　　　　　　　單位：元

項目	直接材料	直接人工	製造費用	合計
本月費用	10,200	8,600	4,960	23,760
完工成本	8,280	7,180	4,080	19,540
單位定額	960	710	440	2,110
在產品定額（2 件）	1,920	1,420	880	4,220

7 月份：

產品成本計算單

701 號：　　　　　　　　　　　　　　　　　　　　　　　　單位：元

項目	直接材料	直接人工	製造費用	合計
月初費用	23,920	2,200	1,725	27,845
本月費用		1,800	1,400	3,200
合計	23,920	4,000	3,125	31,045
完工成本	23,920	4,000	3,125	31,045

產品成本計算單

802 號：　　　　　　　　　　　　　　　　　　　　　　　　單位：元

項目	直接材料	直接人工	製造費用	合計
月初費用	1,920	1,400	880	4,220
本月費用		8,100	4,050	12,150
合計	1,920	9,520	4,930	16,370
完工成本	1,920	9,520	4,930	16,370

3.

基本生產成本二級帳

單位：元

	直接材料	生產工時	直接人工	製造費用	合計
本月發生費用	52,700	43,260	18,169.2	21,630	92,499.2
累計數及累計間接費用分配率			0.42	0.5	
完工產品成本	26,000	19,560	8,215.2	9,780	55,340
余額	39,200	23,00	9,954	11,850	61,004

註：職工薪酬分配率＝18,169.2/43,260＝0.42；製造費用分配率＝21,630/43,260＝0.5。

產品生產成本明細帳

產品批號：1301　　　　　　　　　　　　　　　　　　　　　　投產日期：7月
產品名稱：A產品　　　批量：6件　　　單位：元　　　　　　完工日期：8月

月	日	摘要	直接材料	生產工時	直接人工	製造費用	合計
6	30	累計數及累計間接費用	15,000	9,060	3,805.2	4,530	23,335.2
6	30	完工產品成本（6件）	15,000	9,060	3,805.2	4,530	23,335.2
6	30	完工單位成本	2,500		634.2	755	3,889.2

產品生產成本明細帳

產品批號：1302　　　　　　　　　　　　　　　　　　　　　　投產日期：7月
產品名稱：B產品　　　批量：12件　　　單位：元　　　完工日期：8月　完工6件

月	日	摘要	直接材料	生產工時	直接人工	製造費用	合計
6	30	累計數及累計間接費用	19,200	17,500			
6	30	累計數及累計間接費用分配率			0.42	0.5	
6	30	完工產品負擔費用			7,350	8,750	
6	30	完工產品成本（6件）	9,600	10,500	1,225	4,375	15,200
6	30	完工單位成本	1,600		204.17	729.17	2,533.34

產品生產成本明細帳

產品批號：1303　　　　　　　　　　　　　　　　　　　　　　投產日期：5月
產品名稱：C產品　　　批量：7件　　　單位：元　　　　　　完工日期：未完工

月	日	摘要	直接材料	生產工時	直接人工	製造費用	合計
6	30	本月發生	9,600	8,500			

產品生產成本明細帳

產品批號：1304　　　　　　　　　　　　　　　　　　　　　　投產日期：6月
產品名稱：D產品　　　批量：9件　　　單位：元　　　　　　完工日期：未完工

月	日	摘要	直接材料	生產工時	直接人工	製造費用	合計
6	30	本月發生	8,900	8,200			

4. E 半成品生產成本明細帳（第一步驟）

單位：元

摘要	直接材料	直接人工	製造費用	合計
月初在產品成本	6,520	440	600	7,560
本月發生費用	20,480	2,260	4,800	27,540
合計	27,000	2,700	5,400	35,100
本月完工數量	250	250	250	
月末在產品數量	50	20	20	
分配率	90	10	20	
完工產品成本	22,500	2,500	5,000	30,000
在產品成本	4,500	200	400	5,100
完工產品單位成本	90	10	20	

直接材料分配率＝27,000／（250＋50）＝90

直接人工分配率＝2,700／（250＋50×40%）＝10

製造費用分配率＝5,400／（250＋50×40%）＝20

E 產品生產成本明細帳（第二步驟）

單位：元

摘要	自制半成品	直接人工	製造費用	合計
月初在產品成本	1,226	88	108	1,656
本月發生費用		1,706	3,595	5,301
上步轉入	30,000			30,000
合計	31,226	1,794	3,703	36,723
本月完工數量	200	200	200	
月末在產品數量	60	30	30	
完工產品成本	24,020	1,560	3,220	28,800
在產品成本	7,206	234	483	7,923
完工產品單位成本	120.1	7.8	16.1	144

自制半成品分配率＝31,226／（200＋60）＝120.1

直接人工分配率＝1,794／（200＋60×50%）＝7.8

製造費用分配率＝3,703／（200＋60×50%）＝16.1

成本還原計算表

單位：元

項目	還原率	直接材料	直接人工	製造費用	合計
還原前成本		24,020	1,560	3,220	28,800
第一步驟轉入第二步驟費用	0.8＝24,020/30,000	22,500	2,500	5,000	30,000
還原費用		18,000	2,000	4,020	24,020

續表

項目	還原率	直接材料	直接人工	製造費用	合計
還原后總成本		18,000	3,560	7,240	28,800
還原后單位成本		90	17.8	36.2	144

5.

第二車間成本計算單（綜合結轉）

單位：元

項目	半成品	直接人工	製造費用	合計
期初成本	15,000	4,300	4,700	24,000
本月投入費用	99,000	8,000	12,500	119,500
合計	114,000	12,300	17,200	143,500
本月完工產品成本	99,000	11,200	15,300	125,500
期末成本（定額）	15,000	1,100	1,900	18,000

第二車間成本計算單（分項結轉）

單位：元

項目		直接材料	直接人工	製造費用	合計
期初成本		15,000	4,300	4,700	24,000
本月投入	上步轉來	35,000	26,000	38,000	99,000
	本步		8,000	12,500	20,500
合計		50,000	38,300	55,200	143,500
本月完工產品成本		35,000	37,200	53,300	125,500
期末成本		15,000	1,100	1,900	18,000

6.

（1）

產品成本計算單（第一步驟）

單位：元

項目		直接材料	直接人工	製造費用	合計
月初在產品成本		8,400	4,800	4,200	17,400
本月生產費用		36,000	12,000	11,400	59,400
費用合計		44,400	16,800	15,600	76,800
分配率		1.776	1.05	0.975	—
完工產品份額	定額	20,000	10,000	10,000	—
	實際	35,520	10,500	9,750	55,770
月末在產品成本	定額	5,000	6,000	6,000	—
	實際	8,880	6,300	5,850	21,030

材料費用分配率 = 44,400/25,000 = 1.776

人工費用分配率 = 16,800/16,000 = 1.05

製造費用分配率＝15,600/16,000 ＝ 0.975

產品成本計算單（第二步驟）

單位：元

項目		直接材料	直接人工	製造費用	合計
月初在產品成本			1,604	1,480	3,084
本月生產費用			8,600	5,800	14,400
費用合計			10,204	7,280	17,484
分配率			1.020,4	0.728	——
完工產品 份額	定額		6,800	6,800	——
	實際		6,938.72	4,950.4	11,889.12
月末在 產品成本	定額		3,200	3,200	——
	實際		3,265.28	2,329.6	5,594.88

人工費用分配率 ＝ 10,204/10,000＝ 1.020,4

製造費用分配率＝ 7,280/10,000＝ 0.728

（2） **產品成本匯總表**

名稱：B 產品　　產量：500 噸　　　　　　　　　　單位：元

成本項目	第一步驟份額	第二步驟份額	總成本	單位成本
直接材料	35,520		35,520	71.04
直接人工	10,500	6,938.72	17,438.72	34.88
製造費用	9,750	4,950.4	14,700.4	29.40
合計	55,770	11,889.12	67,659.12	135.32

（3）借：庫存商品——B 產品　　　　　　　　　　67,659.12
　　　貸：生產成本——基本生產成本——第一車間——直接材料　35,520
　　　　　　　　　　　　　　　　　　　　　　　——直接人工　10,500
　　　　　　　　　　　　　　　　　　　　　　　——製造費用　9,750
　　　　　　　　　　　　　　　　　　——第二車間——直接人工　6,938.72
　　　　　　　　　　　　　　　　　　　　　　　——製造費用　4,950.4

7.

（1）　　　　產品成本計算單（第一步驟，取兩位小數）

單位：元

項目	直接材料	直接人工	製造費用	合計
月初在產品成本	8,400	4,800	4,200	17,400
本月生產費用	36,000	12,000	11,400	59,400
費用合計	44,400	16,800	15,600	76,800
約當產量	335+20+30 =385	335+20+30*40% =367	335+20+30*40% =367	——

續表

項目	直接材料	直接人工	製造費用	合計
應計入產成品份額(335 件)	38,632.2	15,332.95	14,240.85	68,206
月末在產品成本	5,767.8	1,467.05	1,359.15	8,594

直接材料約當產量= 335+20+30 = 385

材料分配率 = 44,400/ 385 = 115.32

計入完工品的材料費用= 335 × 115.32 = 38,632.2（元）

直接人工和製造費用的約當產量 = 30×40%+ 20 + 335 = 367

直接人工分配率 = 16,800/ 367 = 45.77

計入完工品的人工費用 = 45.77×335=15,332.95（元）

製造費用分配率 = 15,600/367 = 42.51

計入完工品的製造費用 = 42.51×335 = 14,240.85（元）

產品成本計算單（第二步驟）

單位：元

項目	直接材料	直接人工	製造費用	合計
月初在產品成本		1,604	1,480	3,084
本月生產費用		8,600	5,800	14,400
費用合計		10,204	7,280	17,484
約當產量		345	345	
應計入產成品份額(335 件)		9,909.3	7,068.5	16,977.8
月末在產品成本		294.7	211.5	506.2

直接人工和製造費用的約當產量 = 20×50% + 335 = 345

直接人工分配率 = 10,204/ 345 = 29.58

計入完工品的人工費用=29.58×335=9,909.3（元）

製造費用分配率 = 7,280/345 = 21.10

計入完工品的製造費用=21.10×335= 7,068.5（元）

（2）　　　　　　　　　　**產品成本匯總表**

名稱：F 產品　　　　產量：335 件　　　　　　　　　　　單位：元

成本項目	第一步驟份額	第二步驟份額	總成本	單位成本
直接材料	38,632.2		38,632.2	115.32
直接人工	15,332.95	9,909.3	25,242.25	75.35
製造費用	14,240.85	7,068.5	21,309.35	63.61
合計	68,206	16,977.8	85,183.8	254.28

（3）　借：庫存商品——F 產品　　　　　　　　　　　67,659.12

　　　　　貸：生產成本——基本生產成本——第一車間——直接材料　35,520

　　　　　　　　　　——直接人工　　10,500

　　　　　　　　　　——製造費用　　9,750

　　　　　　——第二車間——直接人工　6,938.72

　　　　　　　　　　——製造費用　　4,950.4

8.　　　　　　　　成本還原計算表

單位：元

	成本項目	還原前產品成本	本月生產	還原分配率	半成品成本還原	還原后總成本
按第二步半成品成本結構進行還原	直接材料			0.85		
	半成品	38,896	37,050		31,492.5	31,492.5
	燃料及動力	5,600	3,510		2,983.5	8,583.5
	直接人工	3,840	3,250		2,762.5	6,602.5
	製造費用	2,720	1,950		1,657.5	4,377.5
	合計	51,056	45,760		38,896	51,056
按第一步半成品成本結構進行還原	直接材料		21,500	0.730,68	15,709.62	15,709.62
	半成品	31,492.5				
	燃料及動力	8,583.5	9,000		6,576.12	15,159.62
	直接人工	6,602.5	8,100		5,918.51	12,521.01
	製造費用	4,377.5	4,500		3,288.25	7,665.75
	合計	51,056	43,100		31,492.5	51,056

9.

(1)

第一步驟：10×50%+12+4+4＝25（件）

第二步驟：12×50%+4+4＝14（件）

第三步驟：4×50%+4＝6（件）

第四步驟：4×50%＝2（件）

(2)

第一步驟：10×50%+7×2+4×2＝27（件）

第二步驟：7×50%+40＝7.5（件）

第三步驟：4×50%＝2（件）

(3)

第一步驟：10×50%+7×2+4×4＝35（件）

第二步驟：7×50%+4×2＝11.5（件）

第三步驟：4×50%＝2（件）

10.

(1) 連續式。

(2) 可以。完工產品和在產品的確定。

(3) 可以。

11.

成本計算對象：單次營運成本。營運中的耗費有：旅客免費餐、營運者的打掃清理費、機場設備費、機場停靠時間、空調發動機耗電。成本費用有：旅客免費餐、營運者的打掃清理費、機場設備費、機場停靠時間、空調發動機耗電、空姐服裝費、飛機油耗、飛機操作人員工資、飛機購置投入使用的折舊費、飛機水電費、飛機座椅清洗和更換。

期間費用有：航空公司辦公樓租賃費、網路售票系統費用。

直接成本有：餐費、打掃清理費、機場設備費、機場停靠時間費、空調發動機維修費、人工工資、空姐和飛機飛行員工資、飛機水電費。

間接成本有：折舊、飛機水電費。

第十章

一、單項選擇題

1. D 2. C 3. D 4. B 5. A 6. C 7. C 8. B 9. A 10. A

二、多項選擇題

1. AC 2. ABCD 3. ABC 4. AC 5. BC 6. ABC 7. ABC 8. ABC 9. AB 10. ABCD

三、計算題

1. 耗用材料金額：8,000×5.4元=43,200（元）

甲產品：500×6千克=3,000（千克）

乙產品：400×5千克=2,000（千克）

計算分配率：8,000÷（3,000+2,000）=1.6

甲產品實際耗用的原材料費用：3,000×1.6×5.4=25,920（元）

乙產品實際耗用的原材料費用：2,000×1.6×5.4=17,280（元）

2. 本月產成品材料成本=65,100+7,300−5,200=67,200（元）

本月產成品人工費用=12,250+1,500−1,000=12,750（元）

本月產成品製造費用=36,750+4,500−3,000=38,250（元）

A類產品耗用材料費用=67,200×9.6×1,500÷（9.6×1,500+8×2,000+6.4×500）=28,800（元）

B類產品耗用材料費用67,200×8×2,000÷（9.6×1,500+8×2,000+6.4×500）=32,000（元）

C類產品耗用材料費用=67,200×6.4×500÷（9.6×1,500+8×2,000+6.4×500）=6,400（元）

A類產品耗用人工費用=12,750×6×1,500÷（6×1,500+7×2,000+5×500）=4,500（元）

B類產品耗用人工費用=12,750×7×2,000÷（6×1,500+7×2,000+5×500）=7,000（元）

C 類產品耗用人工費用 = 12,750×5×500÷（6×1,500+7×2,000+5×500）= 1,250（元）

A 類產品耗用製造費用 = 38,250×6×1,500÷（6×1,500+7×2,000+5×500）= 13,500（元）

B 類產品耗用製造費用 = 38,250×7×2,000÷（6×1,500+7×2,000+5×500）= 21,000（元）

C 類產品耗用製造費用 = 38,250×5×500÷（6×1,500+7×2,000+5×500）= 3,750（元）

A 類產品成本 = 28,800+4,500+13,500 = 46,800（元）

B 類產品成本 = 32,000+7,000+21,000 = 60,000（元）

C 類產品成本 = 6,400+1,250+3,750 = 11,400（元）

3. 略

4. 實際小時工資率 = 240,000÷20,000 = 12（元/小時）

甲產品定額生產工資 = 2,200×10×10 = 220,000（元）

甲產品實際生產工資 = 12×20,000 = 240,000（元）

甲產品生產工資脫離定額的差異 = 240,000−220,000 = 20,000（元）（超支差異）

根據計算結果，本月生產工資脫離定額的差異為超支 20,000 元，可從產量和工人生產效率等角度分析差異產生的原因。

四、案例應用分析（略）

第十一章

一、單項選擇題

1. A 2. C 3. A 4. D 5. C 6. B 7. A 8. B 9. D 10. D

二、多項選擇題

1. ABC 2. BC 3. CD 4. AB 5. AD 6. AB 7. ABCD 8. ABCD 9. ABCD 10. AB

三、計算題

1. B 材料的成本差異分析如下：

材料成本差異 = 100×900−110×1,000 = −20,000（元）（有利差異）

其中，

材料價格差異 =（100−110）×900 = −9,000（元）（有利差異）

材料用量差異 =（900−200×5）×110 = −11,000（元）（有利差異）

2. 直接人工成本差異分析如下：

直接人工成本差異 = 10×8,000−9×200×28 = 29,600（元）（不利差異）

其中，

直接人工工資率差異 =（10−9）×8,000 = 8,000（元）（不利差異）

直接人工效率差異 =（8,000−200×28）×9 = 21,600（元）（不利差異）

3. 變動製造費用差異分析如下：

變動製造費用差異＝20,000-3×6,000＝2,000（元）（不利差異）

其中，

變動製造費用開支差異＝（2.5-3）×8,000＝-4,000（元）（不利差異）

變動製造費用效率差異＝（8,000-6,000）×3＝6,000（元）

4. 固定製造費用差異分析如下：

固定製造費用成本差異＝1,424-400×3＝224（元）（不利差異）

兩差異分析：

固定製造費用開支差異＝1,424-1,000×1.5＝-76（元）（有利差異）

固定製造費用能量差異＝1,000×1.5-400×2×1.5＝300（元）（不利差異）

三差異分析：

固定製造費用開支差異＝1,424-1,000×1.5＝-76（元）（有利差異）

固定製造費用能力差異＝（1,000-890）×1.5＝165（元）（不利差異）

固定製造費用效率差異＝（890-400×2）×1.5＝135（元）（不利差異）

四、案例應用分析（略）

第十二章

一、判斷題

1. × 2. √ 3. × 4. × 5. × 6. × 7. √

二、單項選擇題

1. B 2. D 3. B 4. C 5. B

三、計算分析題

1.

全部產品生產成本表（按產品品種反應）

2010 年 12 月　　　　　　　　　　　　　　　　　　　　單位：元

產品名稱	計量單位	實際產量本月	實際產量本年累計	單位成本上年實際平均	單位成本本年計劃	單位成本本月實際	單位成本本年實際平均	本月總成本按上年實際平均單位成本計算	本月總成本按本年計劃單位成本計算	本月總成本本月實際	本年累計總成本按上年實際平均單位成本計算	本年累計總成本按本年計劃單位成本計算	本年累計總成本本年實際
可比產品合計								76,824	75,048	74,780	899,000	878,200	874,400
甲	臺	68	800	408	396	385	386	27,744	26,928	26,180	326,400	316,800	308,800
乙	臺	60	700	818	802	8,810	808	19,080	48,120	48,600	572,600	561,400	565,600
不可比產品合計								-	30,400	29,120	-	352,000	336,000
丙	臺	20	200	-	320	326	330	6,400	6,520	6,400	66,000
丁	臺	25	300	-	9,960	904	900	-	24,000	22,600	-	28,800	270,000
產品生產成本合計								76,824	105,448	103,900	899,000	1,230,200	1,210,400

2.

產品成本分析表

單位：元

產品名稱	實際產量 計劃總成本	實際總成本	實際比計劃的差異 降低額	降低率（％）	各產品的成本差異對總成本影響的百分比（％）
可比產品合計	878,200	874,400	−3,800	−0.13	−0.31
其中：甲產品	316,800	308,800	−8,000	−2.53	−0.65
乙產品	561,400	565,600	4,200	0.75	0.34
不可比產品合計	352,000	336,000	−16,000	−1.55	−1.30
其中：丙產品	64,000	66,000	2,000	3.13	0.16
丁產品	288,000	270,000	−18,000	−6.25	−1.46
全部產品合計	1,230,200	1,210,400	−19,800	−1.61	−1.61

以上分析表表明：

（1）該企業全部商品產品成本實際總成本比計劃總成本節約 19,800 元，節約率為 1.61％。

（2）全部商品產品成本計劃已經完成，從產品品種上看，成本計劃完成情況不平衡，其中：可比產品中甲產品實際成本比計劃降低了 8,000 元，成本降低率為 2.53％；乙產品實際成本比計劃增加了 4,200 元，成本超支率為 0.75％。甲、乙產品構成了可比產品成本降低額 3,800 元，成本降低率為 0.43％。不可比產品丙產品實際成本比計劃超支了 2,000 元，成本超支率為 3.13％；丁產品實際成本比計劃成本降低了 18,000 元，成本降低率為 6.25％。丙、丁產品構成了不可比產品成本降低額為 6,000 元，成本降低率為 4.55％。

（3）應進一步對超支率較高的丙產品進行分析，究其原因，是否是成本計劃制度制定得不合實際，無法完成，還是實際生產過程中遇到特殊情況，或者人為地將屬於可比產品的成本費用擠進不可比產品成本，以達到完成可比產品成本降低任務的目的等。

2. 原材料利用率變動對單位產品成本的影響率＝（80％÷83％−1）×140÷280×100％＝−1.807,2％

原材料利用率變動對單位產品成本的影響額＝270×（−1.807,2）＝−4.88（元）

由於原材料利用率的提高，甲產品單位成本比上年降低了 1.807,2％，約 4.88 元。

國家圖書館出版品預行編目(CIP)資料

成本會計學 / 劉艷麗 主編. -- 第一版.
-- 臺北市：崧博出版：崧燁文化發行, 2018.09
　面；　公分
ISBN 978-957-735-443-3(平裝)
1.成本會計
495.71　　　107015096

書　名：成本會計學
作　者：劉艷麗 主編
發行人：黃振庭
出版者：崧博出版事業有限公司
發行者：崧燁文化事業有限公司
E-mail：sonbookservice@gmail.com
粉絲頁　　　　　網　址：
地　址：台北市中正區重慶南路一段六十一號八樓 815 室
8F.-815, No.61, Sec. 1, Chongqing S. Rd., Zhongzheng Dist., Taipei City 100, Taiwan (R.O.C.)
電　話：(02)2370-3310　傳　真：(02) 2370-3210
總經銷：紅螞蟻圖書有限公司
地　址：台北市內湖區舊宗路二段 121 巷 19 號
電　話：02-2795-3656　傳真：02-2795-4100　網址：
印　刷：京峯彩色印刷有限公司（京峰數位）

　　本書版權為西南財經大學出版社所有授權崧博出版事業有限公司獨家發行電子書及繁體書繁體版。若有其他相關權利及授權需求請與本公司聯繫。

定價：550 元
發行日期：2018 年 9 月第一版
◎ 本書以POD印製發行